中国轻工业"十四五"规划教材

乳品智能加工技术

韩双 主编　　　　　许晓曦 主审

化学工业出版社

·北京·

内容简介

《乳品智能加工技术》是中国轻工业"十四五"规划教材,以学习脑图为编写思路,构建了清晰且系统的知识和技能架构,引入大量实际案例,详细剖析了成功的智能化转型升级经验,将理论知识与实际操作相结合,内容涵盖原料乳验收与贮存、液态乳、乳粉、发酵乳、干酪、其他乳制品智能加工工艺,详细介绍先进的乳品加工设备与智能化控制系统,包括智能监测、智能控制、智能优化等先进技术,以及如何通过大数据分析实现高品质乳品的精准生产,同时融入大数据在生产中的应用、智能化仓储与物流管理等行业最新发展动态和前沿技术,设置了丰富的实践环节和思考问题,培养解决实际问题的能力和绿色环保、科技创新的思维素质。教材配套《项目工序卡》,电子课件可从www.cipedu.com.cn下载参考;视频等数字资源可扫描二维码学习。

本书可作为高职高专食品智能加工技术等食品相关专业的师生用书,也可作为相关企事业单位的参考用书。

图书在版编目(CIP)数据

乳品智能加工技术 / 韩双主编. --北京 : 化学工业出版社, 2025.3. --(中国轻工业"十四五"规划教材). -- ISBN 978-7-122-46869-7

Ⅰ. TS252.42

中国国家版本馆CIP数据核字第2025LM8728号

责任编辑:迟 蕾 李植峰　　　　　　　　文字编辑:药欣荣
责任校对:宋 夏　　　　　　　　　　　　装帧设计:王晓宇

出版发行:化学工业出版社(北京市东城区青年湖南街13号 邮政编码100011)
印　　装:河北鑫兆源印刷有限公司
787mm×1092mm 1/16 印张16½ 字数401千字 2025年3月北京第1版第1次印刷

购书咨询:010-64518888　　　　　　　　售后服务:010-64518899
网　　址:http://www.cip.com.cn
凡购买本书,如有缺损质量问题,本社销售中心负责调换。

定　　价:49.80元　　　　　　　　　　　　　　　　　　　版权所有　违者必究

《乳品智能加工技术》编审人员名单

主　编　韩　双　（黑龙江职业学院）
副主编　张　慧　（黑龙江职业学院）
　　　　曹志军　（内蒙古农业大学职业技术学院）
　　　　白　雪　（黑龙江职业学院）
　　　　程健博　（黑龙江飞鹤乳业有限公司）
　　　　韩丽英　（黑龙江民族职业学院）
参　编　肖凤娟　（黑龙江职业学院）
　　　　崔　畅　（黑龙江职业学院）
　　　　孙璐璐　（黑龙江职业学院）
　　　　张冬梅　（山东商务职业学院）
　　　　陈　亮　（吉林工程职业学院）
　　　　宋　戈　（黑龙江省绿色食品科学研究院）
　　　　李　杰　（黑龙江完达山哈尔滨乳品有限公司）
　　　　赵婷婷　（光明乳业股份有限公司）
主　审　许晓曦　（东北农业大学）

前言

近年来，我国乳业在国家产业政策支持和各级政府高度重视下，呈现出蓬勃发展态势。《乳制品工业产业政策》《乳制品质量安全提升行动方案》《关于食品生产经营企业建立食品安全追溯体系的若干规定》《国产婴幼儿配方乳粉提升行动方案》等数十项政策为我国乳制品行业的发展提供了明确、广阔的市场前景，为企业提供了良好的生产经营环境。以工业4.0为代表的"智能制造"概念越来越清晰，以及国家发布的《智能制造2025》国家战略，乳制品行业也迎来新一轮技术革新。"品质"是乳业的生命力，智能化科技便是打造"品质好奶"的**新质生产力**，乳制品加工行业在加速"智能工厂"建设，推动产业智能化升级，促进生产销售各环节准确把控，确保品质安全，助力乳企实现全链条降本增效。

为适应产业发展人才需求，服务行业，本书立足于高素质技术技能人才的职业需求，以典型乳制品加工技术应用能力培养为主线，以指导学生树牢**科技创新、产业报国、绿色生产、精益求精**职业信念为根本任务，突出"**学生为中心**"职业教育理念，"**项目工序卡**"新形式结合**案例法、问题导向法**等进行编写，着重学生**自主诊断式学习能力、产业前沿视角、创新思维能力培养**，提高学生综合职业素养。

本书编写特色如下：

1. 融合行业动态，塑造教材前沿视野

教材紧密对接**智能化**乳品生产工作岗位需求，以**真实生产项目**和**典型生产任务**为载体，强调职业教育的**实践性和应用性**，同时，融入产业发展的**新技术、新工艺、新规范、新标准**，确保教学内容与产业发展同步。

2. 行校企多方联合，保证教材内容权威性

联合**乳品企业**、**东北农业大学**教育部乳品重点实验室、黑龙江省绿色食品**科学研究院**等科研机构，共同开发教材内容，确保教学资源的**权威性**和**实用性**。

3. 模块化设计，突出岗课证融通

根据乳制品生产企业工作岗位设计了6个学习模块15个典型项目，每个模块以相应领域最新产品或企业发展典型案例导入引发学生思考，提高学习兴趣。将乳品评鉴师新职业标准相关内容对应具体产品融入各项目，边学边练，实现以证融课。

4. 融入知识图谱理念，创新学习新思维

通过**必备知识和技能空间链接相应知识点和技能点**构建知识图谱理念下的学习思维模式，以"**工序卡**"为引领，有效整合乳制品生产过程中相同工序单元重复性学习。工序卡内容以工艺流程、工艺条件、关键设备为核心，通过**链接标明新旧知识和技能关系**，有效助力学生贯通前后知识关系，诊断学习效果，**靶向巩固学习薄弱部分**，提高学习成效。

5. 数字化资源丰富，引导学生有效学习

充分发挥信息化教育教学技术的应用，同步建设在线课程资源，通过扫描二维码获取可视化学习资源，支持微课视频、动画等突破重难点学习。同时，融入BOPPPS课堂组织模式

设置丰富的学习环节，包括知识目标、技能目标、素质目标、案例导入、必备知识、关键技能、项目描述、相关标准、项目评价等，循序渐进地引导学生学习关键工艺和质量控制，了解智能化生产流程和方式，提升综合素养。

本书编写情况如下：黑龙江民族职业学院韩丽英编写绪论；黑龙江职业学院张慧编写模块一；黑龙江职业学院韩双编写模块二；黑龙江职业学院白雪编写模块三；黑龙江职业学院肖凤娟编写模块四；黑龙江职业学院崔畅编写模块五；黑龙江职业学院孙璐璐编写模块六；黑龙江飞鹤乳业有限公司程健博编写各项目洞察产业前沿内容；光明乳业股份有限公司赵婷婷、黑龙江省绿色食品科学研究院宋戈、黑龙江完达山哈尔滨乳品有限公司李杰指导编写关键技能内容。黑龙江职业学院韩双、内蒙古农业大学职业技术学院曹志军、吉林工程职业学院陈亮、山东商务职业学院张冬梅编写工序卡。全书由韩双统稿，东北农业大学许晓曦审定。

本书可供食品智能加工技术、食品质量与安全等高职院校食品类专业学生使用，也可作为相关企业员工培训教材。

由于编者知识水平和资料有限，不妥之处敬请广大读者在使用中多提宝贵意见，以便及时修改完善。

编 者
2024年12月

目 录

绪 论 /001

一、乳及乳制品概述 /001
二、我国乳业现状与发展 /004
三、乳品行业从业知识 /004

模块一 原料乳验收与贮存 /007

学习脑图 /007
知识目标 /007
技能目标 /007
素质目标 /007
案例导入 以"奶业振兴"为目标，实现高质量多元化发展 /008
必备知识 /008
 一、乳的加工特点 /008
 二、乳的物理性质 /010
 三、乳的化学性质 /012
 四、乳中的微生物 /016

项目1 原料乳验收 /018

项目描述 /018
相关标准 /018
工艺流程 /018
关键技能 /019
 一、原料乳的检验规则 /019
 二、原料乳的检验标准 /019
 三、原料乳检验环境设施、仪器设备 /021

  检验提升 /024

项目 2　原料乳贮存 /025

  项目描述 /025
  相关标准 /025
  工艺流程 /025
  关键技能 /025
    一、原料乳运输 /025
    二、原料乳脱气 /026
    三、原料乳计量 /028
    四、原料乳过滤与净化 /029
    五、原料乳冷却 /030
    六、原料乳贮存 /032
  检验提升 /035

模块二　液态乳智能化生产　/036

  学习脑图 /036
  知识目标 /037
  技能目标 /037
  素质目标 /037
  案例导入　后千亿时代，乳企如何做到剑指"全球第一" /037
  必备知识 /038
    一、液态乳定义 /038
    二、分类和特点 /038
    三、液态乳行业的发展现状和趋势 /039

项目 1　巴氏杀菌乳生产 /041

  项目描述 /041
  相关标准 /041
  工艺流程 /041
  关键技能 /042
    一、原料乳验收 /042
    二、乳标准化 /044
    三、均质 /046

  四、巴氏杀菌 /048
  五、灌装 /050
  六、设备及管道清洗消毒 /052
  七、CIP 清洗 /054
  八、成品检验 /058
  九、冷链销售 /059
 拓展知识
  超巴氏乳横空出世 /060
 检验提升 /061

项目 2　UHT 灭菌乳的生产 /061

 项目描述 /061
 相关标准 /062
 工艺流程 /062
 关键技能 /063
  一、原料乳验收 /063
  二、闪蒸 /064
  三、UHT 灭菌 /064
  四、UHT 循环生产工艺 /070
  五、无菌包装 /072
  六、无菌平衡罐 /076
  七、成品检验 /077
  八、UHT 灭菌乳生产质量控制 /078
  九、UHT 灭菌乳产品常见问题分析及解决办法 /078
 检验提升 /079

项目 3　调制乳生产 /079

 项目描述 /079
 相关标准 /080
 工艺流程 /080
 关键技能 /081
  一、原料乳验收 /081
  二、乳粉还原 /081
  三、配料 /083
 检验提升 /085
 岗位拓展
  乳品评鉴师 /085

模块三　乳粉智能化生产　　　　　　　　　　/087

　　学习脑图　　　　　　　　　　　　　　　　/087
　　知识目标　　　　　　　　　　　　　　　　/088
　　技能目标　　　　　　　　　　　　　　　　/088
　　素质目标　　　　　　　　　　　　　　　　/088
　　案例导入　智造＋智管助乳企"一飞冲天"　/088
　　必备知识　　　　　　　　　　　　　　　　/089
　　　　一、乳粉定义　　　　　　　　　　　　/089
　　　　二、乳粉的分类　　　　　　　　　　　/089
　　　　三、乳粉的理化特性　　　　　　　　　/090
　　　　四、乳粉生产工艺　　　　　　　　　　/092
　　　　五、乳粉产业现状和发展趋势　　　　　/093

项目1　全脂乳粉（湿法）生产　　　　　　/095

　　项目描述　　　　　　　　　　　　　　　　/095
　　相关标准　　　　　　　　　　　　　　　　/095
　　工艺流程　　　　　　　　　　　　　　　　/095
　　关键技能　　　　　　　　　　　　　　　　/096
　　　　一、原料乳验收　　　　　　　　　　　/096
　　　　二、标准化　　　　　　　　　　　　　/096
　　　　三、均质　　　　　　　　　　　　　　/097
　　　　四、杀菌　　　　　　　　　　　　　　/097
　　　　五、浓缩　　　　　　　　　　　　　　/097
　　　　六、喷雾干燥　　　　　　　　　　　　/101
　　　　七、冷却筛粉　　　　　　　　　　　　/107
　　　　八、包装　　　　　　　　　　　　　　/109
　　　　九、检验合格出厂　　　　　　　　　　/111
　　检验提升　　　　　　　　　　　　　　　　/111

项目2　婴幼儿配方乳粉（干湿混合）生产　/112

　　项目描述　　　　　　　　　　　　　　　　/112
　　相关标准　　　　　　　　　　　　　　　　/112
　　工艺流程　　　　　　　　　　　　　　　　/112
　　关键技能　　　　　　　　　　　　　　　　/113
　　　　一、配料　　　　　　　　　　　　　　/115
　　　　二、喷雾干燥　　　　　　　　　　　　/120

三、干混 /120
　　四、灌装 /121
　　五、成品检验 /121
　　六、合格出厂 /122
　检验提升 /122

项目3　脱脂乳粉生产 /123

　项目描述 /123
　相关标准 /123
　工艺流程 /123
　关键技能 /124
　　一、牛乳的预热与分离 /124
　　二、杀菌 /125
　检验提升 /126
　岗位拓展 /126
　　一、样品制备 /126
　　二、操作步骤 /126
　　三、评鉴要求 /127
　拓展知识 /127
　　一、小众乳粉发展现状 /128
　　二、小众乳粉生产 /129

模块四　发酵乳智能化生产 /134

　学习脑图 /134
　知识目标 /135
　技能目标 /135
　素质目标 /135
　案例导入　造就一杯酸乳的工业技改之旅 /135
　必备知识 /136
　　一、发酵乳和酸乳的定义 /136
　　二、酸乳分类 /137
　　三、发酵剂 /139
　　四、酸乳行业发展历史 /141
　　五、酸乳的工业化发展历程 /141
　　六、乳酸菌饮料 /142

项目1 凝固型酸乳生产 /143
- 项目描述 /143
- 相关标准 /144
- 工艺流程 /144
- 关键技能 /144
  - 一、原辅料要求及处理 /144
  - 二、杀菌 /146
  - 三、接种 /146
  - 四、灌装 /147
  - 五、发酵 /147
  - 六、冷却、冷藏后熟 /148
  - 七、成品检验 /149
- 检验提升 /149

项目2 搅拌型酸乳生产 /149
- 项目描述 /149
- 相关标准 /150
- 工艺流程 /150
- 关键技能 /151
  - 一、发酵 /151
  - 二、冷却、搅拌 /152
  - 三、加果料 /154
  - 四、灌装 /155
- 检验提升 /156

项目3 乳酸菌饮料生产 /156
- 项目描述 /156
- 相关标准 /157
- 工艺流程 /157
- 关键技能 /157
  - 一、原辅料选择及处理 /157
  - 二、后杀菌 /158
  - 三、成品检验 /159
  - 四、乳酸菌饮料的质量控制 /159
- 检验提升 /160
- 拓展知识 /160
  - 一、无糖酸乳 /160

  二、功能性酸乳　　/161
岗位拓展　　/161
  一、样品准备　　/161
  二、评鉴要求　　/162

模块五　干酪生产　　/165

学习脑图　　/165
知识目标　　/165
技能目标　　/166
素质目标　　/166
案例导入　某奶酪企业的多元化战略布局　　/166
必备知识　　/166
  一、干酪的定义　　/166
  二、干酪的分类　　/167
  三、干酪的营养价值　　/168
  四、干酪发酵剂　　/168
  五、凝乳酶及其代用酶　　/169

项目1　天然干酪生产　　/170

项目描述　　/170
相关标准　　/171
工艺流程　　/171
关键技能　　/171
  一、原料乳预处理　　/171
  二、杀菌　　/171
  三、添加发酵剂　　/172
  四、添加凝乳酶　　/172
  五、凝块切割　　/173
  六、凝块的搅拌及加温　　/173
  七、排出乳清　　/173
  八、堆积　　/173
  九、压榨成型　　/174
  十、加盐　　/174
  十一、干酪成熟　　/174
  十二、干酪质量控制　　/175
检验提升　　/176

项目 2　再制干酪生产　　/177

　　项目描述　　/177
　　相关标准　　/177
　　工艺流程　　/177
　　关键技能　　/178
　　　　一、原料干酪的选择　　/178
　　　　二、原料干酪的预处理　　/178
　　　　三、熔融、乳化　　/178
　　　　四、填充、包装　　/179
　　　　五、贮藏　　/179
　　　　六、质量控制　　/179
　　检验提升　　/180

模块六　其他乳制品生产　　/182

项目 1　奶油生产　　/182

　　学习脑图　　/182
　　知识目标　　/183
　　技能目标　　/183
　　素质目标　　/183
　　案例导入　牛乳奶油喜获国际顶级美味奖章　　/183
　　项目描述　　/183
　　相关标准　　/184
　　必备知识　　/184
　　　　一、奶油的营养价值　　/184
　　　　二、奶油分类　　/185
　　工艺流程　　/185
　　关键技能　　/186
　　　　一、稀奶油分离　　/186
　　　　二、中和　　/188
　　　　三、杀菌　　/188
　　　　四、发酵（酸性奶油）　　/189
　　　　五、物理成熟　　/189
　　　　六、搅拌　　/190

七、排出酪乳和洗涤奶油粒　　　　　　　　　　　　/192
　　八、加盐　　　　　　　　　　　　　　　　　　　　/192
　　九、压炼　　　　　　　　　　　　　　　　　　　　/192
　　十、奶油的连续式生产工艺　　　　　　　　　　　　/193
　　十一、检验合格出厂　　　　　　　　　　　　　　　/194
　　十二、奶油的质量缺陷、产生原因及控制措施　　　　/194
　检验提升　　　　　　　　　　　　　　　　　　　　　/195

项目 2　浓缩乳生产　　　　　　　　　　　　　　　　/197

　学习脑图　　　　　　　　　　　　　　　　　　　　　/197
　知识目标　　　　　　　　　　　　　　　　　　　　　/197
　技能目标　　　　　　　　　　　　　　　　　　　　　/197
　素质目标　　　　　　　　　　　　　　　　　　　　　/198
　案例导入　国货品牌炼乳，陪伴几代人的经典美味　　　/198
　项目描述　　　　　　　　　　　　　　　　　　　　　/198
　相关标准　　　　　　　　　　　　　　　　　　　　　/198
　必备知识　　　　　　　　　　　　　　　　　　　　　/199
　　一、术语和定义　　　　　　　　　　　　　　　　　/199
　　二、分类　　　　　　　　　　　　　　　　　　　　/199
　　三、浓缩乳制品行业的发展现状和趋势　　　　　　　/199
　工艺流程　　　　　　　　　　　　　　　　　　　　　/200
　关键技能　　　　　　　　　　　　　　　　　　　　　/201
　　一、预热杀菌　　　　　　　　　　　　　　　　　　/201
　　二、加糖　　　　　　　　　　　　　　　　　　　　/201
　　三、浓缩　　　　　　　　　　　　　　　　　　　　/202
　　四、浓乳均质　　　　　　　　　　　　　　　　　　/202
　　五、冷却结晶　　　　　　　　　　　　　　　　　　/202
　　六、甜炼乳生产和贮藏过程的质量缺陷及控制措施　　/204
　检验提升　　　　　　　　　　　　　　　　　　　　　/205
　拓展知识
　　传统乳制品及特点　　　　　　　　　　　　　　　　/205

参考文献　　　　　　　　　　　　　　　　　　　　　/208

绪 论

乳业是健康中国、强壮民族的重要产业。俗话说："民以食为天，食以奶为先"。当下，食品制造业已逐渐成为国民经济中最重要的产业之一，不断带动中国经济的基础性工业，发展无比迅猛。作为重要支撑的乳品行业从规模化、标准化到产业化，实现大的调整和升级换代，成为提高人们幸福指数强大的推动力。我国乳品企业积极践行脱贫攻坚，开展"营养普惠计划"，用营养扶贫改变下一代的未来，以优质营养助力"中国少年强"。2000年，中国乳制品工业协会向联合国粮农组织（FAO）提出确定"世界牛奶日"建议，经征求其他国家及乳业界人士的意见，联合国粮农组织确定每年6月1日为"世界牛奶日"，向公众宣传乳及乳制品营养知识和对健康的重要性，倡导人们多喝奶，多吃乳。随着生活质量的不断提高，人们对自身健康越来越重视，乳制品作为人们健康所需蛋白质和钙的主要来源之一，其需求也在不断扩大，带动了乳制品行业不断发展。

一、乳及乳制品概述

在乳业大家族中，牛乳占有重要地位，此外还有许多小众家畜乳，如羊乳、水牛乳、牦牛乳、马乳、骆驼乳和驴乳等，称其为特种乳。特种乳具有显著的地域和民族特色，不同特种乳所含营养物质也不同，在乳业中占有一定地位。我国是特种乳品种最多的国家。

1. 乳种类和特点

（1）牛乳 我国乳类主要品种。乳牛主要品种是荷斯坦（黑白花）奶牛，在我国分布广，牛乳中含有迄今为止所知道的所有营养元素，是最接近完善的食物，也是乳制品最主要的原料。水牛乳在安全性、营养价值、加工特性等方面具有其他畜乳不可比拟的优势。水牛乳的干物质含量是18.9%，分别比黑白花牛乳及人乳高19%和27%；蛋白质和脂肪含量分别是黑白花牛乳和人乳的1.5~3倍。水牛乳乳化特性好，100kg的水牛乳可生产25kg奶酪，而相同量的黑白花牛乳只能生产12.5kg奶酪。水牛乳矿物质和维生素含量均优于黑白花牛乳和人乳，铁和维生素A的含量分别约为黑白花牛乳的80倍和40倍，并被认为是最好的补钙、补磷食品之一。牦牛乳被称为"天然浓缩乳"，是高原地区各族人民重要的食品加工原料，乳中蛋白质、脂肪、乳糖和矿物质含量较其他牛乳高。

（2）山羊乳 由健康乳山羊分泌的脂肪含量高于2.5%、非脂乳固体含量高于7.5%的正常乳汁（不包括初乳），基本成分及各种营养元素配比均与人乳十分相近，营养丰富且易于吸收，是现代人类健康的营养佳品。

（3）骆驼乳 驼科动物双峰驼的乳汁，比牛乳稍微偏咸的骆驼乳，具有很高的营养价值，其维生素C含量是牛乳的3倍，其他营养成分还包括铁、非饱和脂肪酸、B族维生素等。

（4）驴乳 是乳清蛋白性乳类，更易被人体消化吸收，生物学价值很高。在各种家畜乳中，驴乳的酪蛋白和乳清蛋白的比例最接近人乳，富含必需脂肪酸，尤其是亚油酸含量占总脂肪酸的27.95%，分别比牛乳、人乳高25.36%、18.38%；亚油酸和亚麻酸的含量占脂肪酸的30.7%，是最适合的婴幼儿代乳品或代乳品基料，氨基酸种类齐全，低脂肪、低胆固醇，脂肪中不饱和脂肪酸比率高，总矿物质含量较低，具有较大的开发利用价值。

2. 乳制品种类和特点

乳制品也称奶制品，是以生鲜牛（羊）乳及其制品为主要原料，经加工制成的产品。《乳制品企业生产技术管理规则》将乳制品分为液态乳类、乳粉类、炼乳类、乳脂肪类、干酪类、乳冰淇淋类和其他乳制品类等7大类。为便于对乳制品生产企业进行管理，《企业生产乳制品许可条件审查细则（2010版）》按申证单元将乳制品分为液态乳、乳粉、其他乳制品。

（1）液态乳

① 纯牛（羊）乳　根据杀菌程度不同分为巴氏杀菌乳和灭菌乳。巴氏杀菌乳指仅以生牛（羊）乳为原料，经巴氏杀菌等工序制得的液体产品。经巴氏杀菌后，生鲜乳中的蛋白质及大部分维生素基本无损，而且没有完全杀死微生物，所以杀菌乳不能常温贮存，需低温冷藏贮存，保质期为2～15天。

灭菌乳又称长久保鲜乳，是指以鲜牛乳为原料，经净化、标准化、均质、灭菌和无菌包装或包装后再进行灭菌，从而具有较长保质期的可直接饮用的商品乳。灭菌乳因生鲜乳中的微生物全部被杀死而不需冷藏，常温下保质期1～8个月。灭菌乳根据灭菌工艺不同分为超高温灭菌乳和保持灭菌乳。超高温灭菌乳指以生牛（羊）乳为原料，添加或不添加复原乳，在连续流动的状态下，加热到至少132℃并保持很短时间的灭菌再经无菌灌装等工序制成的液体产品。保持灭菌乳指以生牛（羊）乳为原料，添加或不添加复原乳，无论是否经过预热处理，在灌装并密封之后经灭菌等工序制成的液体产品。

② 复原乳　复原乳又称"还原乳"，是指以乳粉为主要原料，添加适量水制成与原乳中水、固体物比例相当的乳液。"复原乳"与纯鲜牛乳主要有两方面不同：一是原料不同，"复原乳"的乳粉原料是属于乳制品，纯鲜牛乳的原料为液态生鲜乳；二是营养成分不同，"复原乳"在经过两次超高温处理后，营养成分损失较大，而纯鲜牛乳中的营养成分基本保存。

> **思考**：网上流传一种说法：复原乳没营养，是"假牛奶"，你怎么看？

③ 调制乳　调制乳指以不低于80%的生鲜牛（羊）乳或复原乳为主要原料，添加其他原料或食品添加剂或营养强化剂，采用适当的杀菌或灭菌等工艺制成的液体产品。

④ 发酵乳　发酵乳指以生鲜牛（羊）乳或乳粉为原料，经杀菌、发酵后制成的pH值低于生鲜牛（羊）乳的产品。限定发酵菌种为嗜热链球菌和保加利亚乳杆菌（德氏乳杆菌保加利亚亚种）的发酵乳称为酸乳。原料中80%以上为生鲜牛（羊）乳或乳粉，在发酵前或后添加或不添加食品添加剂、营养强化剂、果蔬、谷物等的发酵乳称为风味发酵乳，同样限定为嗜热链球菌和保加利亚乳杆菌（德氏乳杆菌保加利亚亚种）的风味发酵乳称为风味酸乳。发酵乳在冷藏条件下的保质期通常在21天以内，发酵后经热处理的发酵乳保质期可延长。

（2）乳粉　根据是否脱脂，乳粉分为全脂乳粉和脱脂乳粉；根据是否添加其他原料，分为乳粉和调制乳粉。全脂乳粉指仅以生鲜牛（羊）乳为原料，不添加辅料，经杀菌、浓缩、干燥制成的粉状产品。脱脂乳粉指以不低于80%的生鲜牛（羊）乳或复原乳为主要原料，添加或不添加食品营养强化剂，经脱脂、浓缩、干燥制成，蛋白质含量不低于非脂乳固体的34.0%，脂肪含量不低于2.0%的粉末状产品。

乳粉指以生鲜乳为全部原料，或以生鲜乳为主要原料并添加一定数量的植物或动物蛋白质、脂肪、维生素、矿物质等配料，通过冷冻或加热的方式除去乳中几乎全部的水分，干燥而成的粉末。调制乳粉指以生鲜牛（羊）乳或其加工制品为主要原料，添加其他原料，添加或不添加食品添加剂和营养强化剂，经加工制成的乳固体含量不低于70.0%的粉状产品。

调制乳粉是20世纪50年代发展起来的一种乳制品。早期的调制乳粉是针对婴儿的营养需要，在乳或乳制品中添加某些必要的营养素经干燥制成。当下，**婴儿用的调制乳粉已进入母乳化的特殊调制乳粉时期，以类似母乳组成的营养素为基本目标，通过添加或提取牛乳中的某些成分，使其组成不仅在数量上而且在质量上都接近母乳，更适于喂养婴儿。各国都在大力发展特殊的调制乳粉，已成为一些国家乳粉工业中的主要产品。** 目前，调制乳粉已不仅仅局限于婴儿用乳粉，包括针对不同人群营养需要，在鲜乳原料中或乳粉中调以各种营养素经加工而成的乳制品。其种类包括婴儿乳粉、母乳化乳粉、牛乳豆粉、老人乳粉等。

思考： 调制乳粉最新标准于2025年2月8日正式实施，较原标准有哪些变化？有什么意义？

（3）炼乳　炼乳是指以生鲜牛（羊）乳或复原乳为主要原料，添加或不添加辅料，经杀菌、浓缩制成的黏稠态产品。按照加工时所用原料和辅料不同，分为淡炼乳、甜炼乳和调制炼乳。淡炼乳指以生鲜乳和（或）乳制品为原料，添加或不添加食品添加剂和营养强化剂，经加工制成的黏稠状产品。甜炼乳指以生鲜乳和（或）乳制品、食糖为原料，添加或不添加食品添加剂和营养强化剂，经加工制成的黏稠状产品。调制炼乳指以生鲜乳和（或）乳制品为主料，添加或不添加食糖、食品添加剂和营养强化剂，添加辅料，经加工制成的黏稠状产品。

（4）乳脂类　乳脂类根据脂肪含量的不同可以分为稀奶油、奶油和无水奶油。稀奶油指以乳为原料，分离出的含脂肪的部分，添加或不添加其他原料、食品添加剂和营养强化剂，经加工制成的脂肪含量10.0%~80.0%的产品。奶油又称黄油，指以乳和（或）稀奶油（经发酵或不发酵）为原料，添加或不添加其他原料、食品添加剂和营养强化剂，经加工制成的脂肪含量不小于80.0%产品。无水奶油指以乳和（或）奶油或稀奶油（经发酵或不发酵）为原料，添加或不添加食品添加剂和营养强化剂，经加工制成的脂肪含量不小于99.8%的产品。

（5）干酪　根据产品的质地，干酪可分为硬质干酪和软质干酪；根据加工深度，可分为原干酪和再制干酪。硬质干酪指以牛乳为原料，经巴氏杀菌、添加发酵剂、凝乳、成型、发酵等过程而制得的产品。软质干酪指以乳或来源于乳的产品为原料，添加或不添加辅料，经杀菌、凝乳、分离乳清、发酵成熟或不发酵成熟而制得的、水分占非脂肪成分67.0%以上的产品。原干酪指在凝乳酶或其他适当的凝乳剂的作用下，使乳、脱脂乳、部分脱脂乳、稀奶油、乳清稀奶油、酪乳中一种或几种原料的蛋白质凝固或部分凝固，排出凝块中的部分乳清而得到的产品。再制干酪指以干酪

思考： 大家熟悉的马苏里拉是哪种干酪呢？

（比例大于15%）为主要原料，加入乳化盐，添加或不添加其他原料，经加热、搅拌、乳化等工艺制成的产品。

（6）乳清类 乳清类根据原料及加工工艺的不同可分为乳清、乳清粉和乳清蛋白粉。乳清指以生乳为原料，采用凝乳酶、酸化或膜过滤等方式生产奶酪、酪蛋白及其他类似制品时，将凝乳块分离后而得到的液体。乳清粉指以乳清为原料，经干燥制成的粉末状产品。乳清蛋白粉指以乳清为原料，经分离、浓缩、干燥等工艺制成的蛋白质含量不低于25.0%的粉末状产品。

（7）其他乳制品

① 乳糖　乳糖指从牛（羊）乳或乳清中提取出来的碳水化合物，以无水或含一分子结晶水的形式存在，或以上述两种混合物的形式存在。

② 干酪素　干酪素指以脱脂牛乳为原料，用盐酸或乳酸使其所含酪蛋白凝固，然后将凝块过滤、洗涤、脱水、干燥而获得的产品，又称酪蛋白，《食品安全国家标准 食品添加剂使用标准》（GB 2760—2024）在食品分类系统中将酪蛋白粉归于其他乳制品，所以酪蛋白（即干酪素）是食品原料。酪蛋白酸钠是一种含盐蛋白离子，是以鲜乳脱脂、经酸点制的凝乳或由干酪素制品为原料，经氢氧化钠或碳酸钠处理、干燥制成的食品添加剂。酪蛋白酸钠主要作为增稠剂、乳化剂、起泡剂、稳定剂应用在食品中，同时还具有较强的热稳定性，因此应用前景广泛。

二、我国乳业现状与发展

目前，中国人均液态乳消费量逐年递增，远高于其他发达国家和地区在同一时间段的增长率，乳制品正逐渐成为中国国民日常食品饮料消费中不可或缺的一部分，消费量规模增长迅猛。2008年是中国奶业发展的一个重要节点。当年10月，国务院颁布了《乳品质量安全监督管理条例》，这是我国奶业的第一部法规，具有里程碑意义。"十二五"期间，《食品工业"十二五"发展规划》提出加快乳制品工业结构调整，积极引导企业通过跨地区兼并、重组，淘汰落后生产能力，推动乳制品工业结构升级。"十三五"期间，《全国奶业发展规划（2016—2020年）》，提出优化区域布局、发展奶牛标准化规模养殖、提升婴幼儿配方乳粉竞争力等主要任务。"十四五"期间，《中国奶业"十四五"战略发展指导意见》提出要加强引导人民奶类消费水平，积极优化丰富乳品供给结构，加快奶业现代化建设，推进奶业全面振兴；用好"本土"优势，打好"品质""新鲜"牌，积极布局奶酪等其他乳制品细分品类等。

乳品行业紧密跟随市场需求的演变，迅速而灵活地调整自身策略，不断优化产品结构，以满足广大消费者对高端、有机以及功能性乳制品的迫切需求。正是基于对市场趋势的敏锐洞察和积极响应，高品质产品逐渐占据了市场的制高点，赢得了消费者的青睐，并为整个行业注入了新的生机与活力。

在乳业的产品结构中，高端、有机和功能性乳制品已经成为主导。这些产品不仅满足了消费者对健康和品质的追求，更在一定程度上引领了市场的消费趋势。只有不断推陈出新，紧跟消费者的需求变化，才能在激烈的市场竞争中立于不败之地。在原料采购、生产工艺、质量控制等各个环节都严格把关，才能确保每一款产品都能达到最高的品质标准。

三、乳品行业从业知识

1.乳品生产许可条件

根据《乳品质量安全监督管理条例》第二十八条的规定，从事乳制品生产活动，应当具备符合国家奶业产业政策；厂房选址和设计符合国家有关规定；有与所生产的乳制品品种和数量相适应的生产、包装和检测设备；有相应的专业技术人员和质量检验人员；有符合环保要求的废水、废气、垃圾等污染物的处理设施；有经培训合格并持有有效健康证明的从业人员；以及法律、行政法规规定的其他条件，才能取得所在地质量监督部门颁发的食品生产许可证。质量监督部门对乳制品生产企业颁发食品生产许可证，应当征求所在地工业行业管理部门的意见。未取得食品生产许可证的任何单位和个人，不得从事乳制品生产。乳品生产许可条件可能会因地区、产品类型等因素而有所不同。因此，在具体办理乳品生产许可证时，应当仔细阅读相关的法律法规和政策文件，了解具体的许可条件和要求。

2. 乳品行业岗位认知

乳制品制造是指以生鲜牛（羊）乳及其制品为主要原料，经加工制成的液态乳及固体乳（乳粉、炼乳、乳脂肪、干酪等）制品的生产活动；不包括含乳饮料和植物蛋白饮料生产活动。根据国家统计局制定的《国民经济行业分类与代码》，中国把乳制品制造归入食品制造业（国统局代码14），其统计4级码为C1440。乳制品企业主要实行"以销定产"的生产模式，以市场需求为导向，根据销售合同和订单辅以合理的市场预测制定生产计划，统筹协调公司资源。

我国乳制品制造的产业链较长，涵盖饲草饲料、奶牛养殖、乳制品加工、终端销售等多个环节。我国乳制品上游为奶源供应，包括牧草种植、饲料加工、奶牛养殖、原奶生产等；中游为乳制品加工制造，包括饮用乳、酸乳、乳粉、黄油、奶酪及冰淇淋等；下游为电商平台、商场超市、自动贩卖机等各类销售渠道。近年来，中国乳制品行业受到各级政府的高度重视和国家产业政策的重点支持，国家陆续出台了多项政策，鼓励乳制品行业发展与创新，为乳制品行业的发展提供了明确、广阔的市场前景，为企业提供了良好的生产经营环境。

乳品生产岗位认知

乳品行业提供了从生产、加工、销售到研发等多样化就业机会，满足了不同专业和技能水平的人才需求。消费者对乳制品的需求日益增长，对高品质、差异化乳制品的需求也在增加，推动乳品企业不断创新和升级，从而进一步推动了就业机会的增加。随着乳品行业的快速发展，行业竞争也日益激烈，对人才的素质和能力要求较高。求职者需要具备专业技能和经验，同时需要不断学习和提升自身能力，以适应行业发展的变化。

在乳制品行业中，从业者的职业素质直接关系到产品的质量和企业的声誉。因此，培养良好的职业素质对于从业者来说至关重要，主要的岗位有产品研发员、生产操作工人、质量控制员、技术工程师、乳品评鉴师、销售与营销专员、品牌经理、供应链经理以及财务管理人员、人力资源与行政人员等。2020年3月30日，人力资源和社会保障部办公厅颁布《乳品评鉴师国家职业技能标准》，设立乳品评鉴师这一新职业，使建立一支技术精湛、业务熟练的乳品评鉴专业人才队伍，满足企业和质检机构对这类专业人才的需要，保证乳品质量要求。

这些岗位共同构成了乳品生产企业的基本架构，各岗位之间相互协作，共同推动企业的稳健发展和产品创新。

3. 安全卫生要求

食品安全与卫生是乳品企业的生命线。从业人员需要严格遵守食品安全法律法规，了解食品安全标准，掌握食品安全管理知识。在生产过程中，注重个人卫生、环境卫生、生产过程卫生等方面，确保乳制品的安全与卫生。

乳的安全生产认知

（1）乳品从业人员卫生要求 乳品行业的从业人员在上岗前必须持有有效的健康证明，

必须经过专业健康检查，确保没有传染病或其他可能对乳品生产造成卫生隐患的健康问题。在乳品生产过程中，从业人员需要穿戴完整的防护服，包括工作服、工作帽、工作鞋等。防护服的穿戴要齐全、整洁，并且符合相关的卫生标准。这样能够有效地减少微生物、尘埃等污染物对乳品的污染风险。从业人员需要佩戴规范的工作帽，将头发完全覆盖，并确保帽子干净、整洁，防止头发上的尘埃、细菌等污染物掉入乳品中，保证乳品的卫生质量。乳品从业人员需要保持良好的个人卫生习惯，包括勤洗澡、勤换衣、勤理发等。在工作期间，应避免吸烟、饮食等可能影响个人卫生的行为。个人卫生要求高，不仅是为了自己的健康，更是对食品卫生质量的负责。

（2）乳品从业人员安全素质要求　　为了避免细菌、病毒等微生物通过眼睛或口鼻进入体内，乳品从业人员在工作时必须佩戴合适的眼镜和口罩，特别是在处理原料、清洗设备或进行其他可能产生粉尘、飞沫等操作时，更应重视眼部和呼吸道的防护。从业人员应熟练掌握乳品生产过程中的各项操作规范，并严格按照规范进行操作，包括原料的选取、加工、贮存、运输等各个环节，都应遵循相应的卫生标准和操作要求，确保乳品的卫生质量。另外，乳品从业人员应时刻保持高度的健康意识，关注自身的健康状况并积极配合企业的健康管理工作，如果发现身体不适或有任何可能影响乳品卫生质量的情况，应及时向企业报告并采取相应措施进行处理。从业人员应严格遵守相关规定和要求，将卫生安全意识贯穿到工作的每一个环节中，为消费者提供安全、健康的乳品产品。

（3）乳品从业人员更衣消毒流程　　在进入更衣室前，乳品从业人员首先需要进行手部清洁消毒。使用流动的清水和肥皂彻底清洗双手，确保去除手部的污垢和微生物，之后使用合格的消毒剂进行手部消毒，杀灭潜在的细菌和病毒。在更衣室内，从业人员需要穿戴整齐的工作服。在穿戴工作服前应对其进行检查确保没有破损或污渍，如果发现有损坏或污染应立即更换。同时，根据不同的工作区域和任务需要穿戴不同的防护装备，如手套、围裙等。工作服应符合乳品生产的卫生标准，无破损、无污渍，穿戴时要确保衣扣、袖口、裤脚等紧闭，防止尘埃和微生物进入。工作服需要妥善存放，避免与个人服装交叉污染。工作服悬挂在通风干燥的地方或者使用衣架进行存放，并定期对更衣柜进行消毒处理，保持存放环境的卫生。如果在更衣过程中接触到污染物，如尘埃、污垢、微生物等，应立即进行处理，使用清洁布或纸巾清理，然后使用消毒剂进行擦拭，确保污染物被彻底清除。

工作服需要定期进行清洗和消毒，以保持其卫生状况。清洗时应使用专用的洗涤剂和高温水进行彻底清洗，然后晾干或使用烘干机进行烘干。消毒可以使用紫外线或化学消毒剂进行，确保杀灭潜在的微生物。

乳品企业从业人员在职业素质和卫生方面有着严格的要求，不仅是为了保证乳制品的质量和安全，更是为了维护消费者的健康和权益。乳品企业应定期对员工进行更衣流程的培训，强化员工的卫生意识和操作规范，同时，鼓励员工自觉遵守卫生规定，提高整体卫生水平。从业职业素质和卫生要求的培训，可以提高乳制品行业从业者的专业素养和卫生意识，为消费者提供更加安全、健康的乳制品，确保乳制品的质量和安全，促进乳品行业的健康发展。

模块一
原料乳验收与贮存

学习脑图

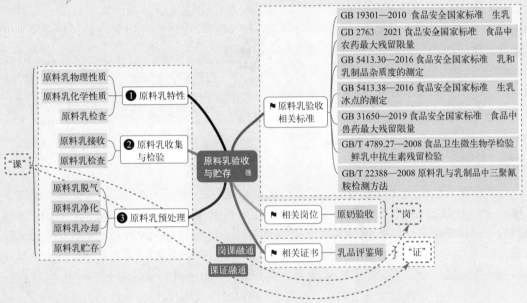

知识目标

1. 掌握原料乳的物理、化学性质与加工的关系。
2. 熟悉原料乳的微生物种类及其来源。
3. 明晰原料乳的验收指标及贮存条件。

技能目标

1. 能够对常乳与异常乳进行辨别。
2. 能够进行原料乳的计量,并对计量器具清洗消毒及日常养护。

素质目标

1. 具有食品生产卫生安全意识。
2. 树立生产依据标准的职业素质和习惯。

案例导入

以"奶业振兴"为目标，实现高质量多元化发展

保障食品安全是乳制品企业发展的生命线。目前，我国对奶业全产业链监管制度非常严格，从饲料到养殖、奶站、加工直至销售的全程监督监测，出台了一系列国家标准、政策法规等。

近十年来，各级市场监管部门通过对乳制品企业实现全覆盖抽检，全方位监管乳制品产品质量安全。严格监管下，乳制品监督抽检合格率持续保持较高水平。有数据表明，我国乳制品和生鲜乳抽检合格率均达到 99.9%，三聚氰胺等重点监控违禁添加物抽检合格率 100%，实现监管全覆盖，保障生鲜乳质量安全。除了市场监督力度加大，各个乳品企业也实施了大规模的技术改造和产业提升。据中国乳制品工业协会介绍，所有企业的设备水平、检验能力、科研能力、质量保障能力、职工队伍专业水平，均有大幅度提升，生产过程实现程控化操作管理，达到了"智能化工厂"水平。乳制品、婴幼儿配方乳粉企业全部实施 ISO、HACCP 管理体系，原料进厂、产品出厂严格按照规定实施批批检验，真正做到了原料可溯源、产品可追溯、责任可追究。近十年来，我国乳制品行业发生了脱胎换骨、翻天覆地的变化，面对新时期，特别是在消费者对乳制品营养价值的认识进一步提升、消费市场快速增长的情况下，乳制品行业要抓住机遇，乘势而进，着力推动高质量发展。

反思研讨："奶业振兴"，你能为助力家乡乳业高质量发展做出哪些贡献？

 必备知识

优质原料乳是生产优质乳制品的前提，乳品企业在进行生产加工前，依据《食品安全国家标准 生乳》（GB 19301—2010）、《食品安全国家标准 乳制品良好生产规范》（GB 12693—2023）、《食品安全国家标准 食品相对密度的测定》（GB 5009.2—2024）、《食品安全国家标准 乳和乳制品杂质度的测定》（GB 5413.30—2016）、《食品安全国家标准 生乳冰点的测定》（GB 5413.38—2016）、《食品安全国家标准 食品中兽药最大残留限量》（GB 31650—2019）、《食品安全国家标准 食品中农药最大残留限量》（GB 2763—2021）等国家标准进行原料乳的验收。

一、乳的加工特点

乳是哺乳动物分娩后由乳腺分泌的一种白色或微黄色的不透明液体，是哺乳动物出生后最适于消化吸收的营养物质。乳牛在牛犊出生后不久就开始分泌乳汁，直至泌乳终止的这段时间，称为泌乳期。一头乳牛的一个泌乳期大约为 300 天。正常情况下，乳牛产犊后 1.5～2 个月产乳量最大，之后逐渐减少，第 9 个月开始显著降低，到第 10 个月末、第 11 个月初达到干乳期。

1. 常乳

乳牛产犊 7 天以后至干乳期开始之前所产的乳，称为常乳。常乳的成分及性质基本趋于稳定，为乳制品的加工原料乳。生乳指从符合国家有关要求《食品安全国家标准 生乳》（GB 19301—2010）的健康奶畜乳房中挤出的无任何成分改变的常乳。产犊后 7 天内的初乳、应用抗生素期间和休药期间的乳汁、变质乳等不应用作生乳。

2. 异常乳

当乳牛受到饲养管理、疾病、气温以及其他各种因素的影响时，乳的成分和性质发生了变化，甚至不适于作为乳品加工的原料，不能加工出优质的产品，这种乳称为异常乳。异常乳包括生理异常乳、化学异常乳、病理异常乳和人为异常乳。

（1）生理异常乳

① 营养不良乳　饲料不足、营养不良的乳牛所产的乳称为营养不良乳。当给乳牛喂以充足的饲料以后，牛乳质量与性质即可恢复正常。这种乳不能用于生产干酪，因为皱胃酶对其几乎不凝固。

② 初乳　乳牛产犊后1周之内所分泌的乳，特别是产犊后3天之内的乳，称为初乳。

初乳成分组成上与常乳显著不同，其物理性质也与常乳差别很大。初乳一般呈黄褐色，有异臭，味苦，黏度大，相对密度大于常乳，为1.060，呈酸性，冰点低于常乳，因此初乳不适于做普通乳制品生产用的原料乳。《食品安全国家标准 生乳》（GB 19301—2010）中规定，产犊后7天内的初乳不得使用。近年研究证明，初乳中含有大量的抗体，即免疫球蛋白，其体现出了初乳最有价值的方面。此外还含有较多的其他对人体非常重要的活性物质，因此可利用牛初乳加工功能性乳制品。但因初乳中激素含量较高，自2012年以来，国家禁止在婴幼儿食品中添加初乳。

③ 末乳　乳牛产犊8个月以后泌乳量减少，一直达到干乳期所产的乳，称为末乳。末乳的化学成分有显著异常，细菌数及过氧化氢酶含量增加，酸度降低。一般泌乳末期乳的pH达7.0，细菌数达2.5×10^6CFU/mL，氯离子含量约为0.06%，因此不适于作为乳制品加工的原料乳。

（2）化学异常乳

① 酒精阳性乳　用体积分数68%、70%或72%的中性酒精与等量的乳进行混合，凡产生絮状凝块的乳称为酒精阳性乳，如图1-1所示。酒精阳性乳通常包括高酸度酒精阳性乳（酸度在24°T以上）、低酸度酒精阳性乳（酸度低于16°T）两大类。

(a) 阴性乳　　　　　(b) 阳性乳

图1-1　酒精试验结果

高酸度酒精阳性乳产生的主要原因在于挤乳时卫生条件不合格；挤乳后鲜乳的贮存温度过高，未经冷却而远距离运输，促使乳中的乳酸菌大量生长繁殖，产生乳酸和其他有机酸，导致鲜乳酸度升高而呈酒精试验结果阳性。

低酸度酒精阳性乳产生的主要原因有：a. 遗传因素；b. 产乳期和季节等不适，饲喂腐败饲料或者喂量不足；c. 长期饲喂单一饲料和过量喂给食盐；d. 挤乳过度而热能供给不足等。如果利用低酸度酒精阳性乳加工消毒乳、酸乳、乳粉等乳制品，微生物和理化指标都能符合乳制品标准的要求,主要是感官指标中的组织状态和风味欠佳。

② 低成分乳　原料乳的总干物质不足11%,乳脂率低于2.7%。低成分乳的产生原因包括季节和气温的影响,乳量冬季少,夏季多;含脂率冬季高,夏季低;饲料对含脂率的影响,限制精饲料、过量给予精料或对饲料加工处理等,以及多给粉末饲料或颗粒饲料都会使乳含脂率下降;饲料对无脂干物质的影响,长期营养不良则使乳量下降,并使无脂干物质和蛋白质含量减少;人为因素,在原料乳中加水,或撇去原料乳中上层的稀奶油等,都会使原料乳的干物质含量及乳脂率下降。

③ 混入杂质乳　指在乳中混入原来不存在的物质的乳。杂质来源包括:a.偶然混入,主要来源于牛舍环境的昆虫、垫草、饲料、土壤、污水等;来源于牛体的杂质有乳牛皮肤、粪便;来源于挤乳操作过程的杂质有头发、衣服片、金属、纸、洗涤剂、杀菌剂。b.人为混入,主要包括水、中和剂、防腐剂和其他成分,如异种脂肪、异种蛋白等。c.经牛体进入,主要包括激素、抗生素、放射性物质、农药等。

④ 微生物污染乳　牛乳营养丰富,刚挤出的乳非常容易受到各种微生物的污染。通常乳中微生物的来源及污染途径包括乳房、牛舍空气、垫草、尘土、乳牛的排泄物、挤乳用具、乳桶以及挤乳人员等。

(3)病理异常乳

① 乳房炎乳　乳牛患乳房炎后,所产的乳称为乳房炎乳。这类异常乳中乳糖含量低,氯离子含量增加,以及球蛋白含量升高,酪蛋白含量下降,并且体细胞数量增多,无脂干物质含量较常乳少。可以通过测定pH、氯糖数、酪蛋白数、细胞数等方法来判断乳房炎乳。通常乳的pH在6.8以上,则认为是乳房炎阳性。

② 其他病牛乳　除乳房炎以外,乳牛患有其他疾病时也可以导致乳的理化性质及成分发生变化。患口蹄疫、布鲁氏菌病等的乳牛所产的乳其质量变化大致与乳房炎乳相类似。另外,患酮体过剩、肝功能障碍、繁殖障碍等的乳牛,易分泌低酸度酒精阳性乳。

(4)人为异常乳　因人为因素导致乳的成分和性质发生变化,不适宜用作原料乳。人为异常乳主要包括人为掺入水、中和剂、防腐剂和其他成分,如为了增加乳中蛋白质含量而添加的三聚氰胺、尿素等,为促进牛体生长和治疗疾病而注射的激素、抗生素等,以及饲料中放射性物质及农药残留等。

二、乳的物理性质

1.乳色泽

新鲜正常的乳呈不透明的乳白色或淡黄色,这是乳的基本色调。乳白色是由于乳中酪蛋白胶粒及脂肪球对光的不规则反射。淡黄色是由于乳中含有脂溶性胡萝卜素和叶黄素,而水溶性的核黄素使乳清呈荧光性黄绿色。

乳的物理性质

2.乳的气味与滋味

(1)气味　乳特有的乳香味。乳中含有挥发性脂肪酸及其他挥发性物质,这些物质是牛乳滋味和气味的主要构成成分。这种乳香味随温度的高低而异,乳经加热后香味强烈,冷却后减弱。乳中羰基化合物,如乙醛、丙酮、甲醛等均与牛乳风味有关。牛乳除了原有的香味之外容易吸收外界的各种气味。所以刚挤出的牛乳,如在牛舍中放置时间太久会带有牛粪味或饲料味,贮存不良时则产生金属味,消毒温度过高则产生焦糖味。

(2)滋味　稍带甜味和咸味。新鲜纯净的乳,由于含有乳糖和氯离子而稍带甜味和咸味。常乳中的咸味通常由于受到乳糖、脂肪、蛋白质等的调和而不易觉察,但是异常乳如乳房炎乳中的氯离子含量较高，因此有浓厚的咸味。

3. 乳的组织状态

新鲜正常的乳，呈均匀的液体，无沉淀、无凝块、无异物，无肉眼可见杂质。乳中的乳糖、水溶性盐类、水溶性维生素等呈分子或离子态分散于乳中，形成真溶液。乳白蛋白及乳球蛋白呈大分子态分散于乳中，形成典型的高分子溶液。酪蛋白在乳中形成酪蛋白酸钙-磷酸钙复合体胶粒。乳脂肪是以脂肪球的形式分散于乳中，形成乳浊液。此外，乳中含有的少量气体部分以分子态溶于乳中，部分经搅动后在乳中呈泡沫状态。

4. 乳的相对密度

乳的相对密度 D_4^{20} 指乳在 20℃时的质量与同容积水在 4℃时的质量之比。正常乳的 D_4^{20} 平均为 1.030。我国乳品厂都采用这一标准。

乳的相对密度 D_{15}^{15}，系指乳在 15℃时的质量与同容积水在 15℃时的质量之比。正常乳的 D_{15}^{15} 平均为 1.032。

乳的相对密度通常会受到乳牛的品种、乳的温度、乳的成分和乳加工处理等多种因素的影响，因而测定乳的相对密度是检验乳质量的一项重要指标。正常牛乳相对密度的变动范围为 1.028～1.045。

5. 乳的酸度与pH

（1）乳的酸度 乳的酸度可分为自然酸度（固有酸度）和发酵酸度。新鲜乳因含有蛋白质、柠檬酸盐、磷酸盐及二氧化碳等酸性物质而具有一定的酸度，称为自然酸度或固有酸度。挤出后的乳由于微生物的繁殖发酵产酸，导致乳的酸度逐渐升高，由发酵产酸而升高的这部分酸度称为发酵酸度。自然酸度与发酵酸度之和称为总酸度。一般条件下，乳品生产中所测定的酸度就是总酸度。

乳品工业中乳的酸度，是指以标准碱液用滴定法测定的滴定酸度。滴定酸度有多种测定方法和表示形式。我国滴定酸度用吉尔涅尔度（°T）或乳酸含量（乳酸%）来表示。

① 吉尔涅尔度（°T） 取 10mL 牛乳，用 20mL 蒸馏水稀释，加入 0.5% 的酚酞指示剂 0.5mL，以 0.1mol/L NaOH 溶液滴定。将所消耗的 NaOH 体积（mL）乘以 10，即为中和 100mL 牛乳所需的 0.1mol/L NaOH 体积（mL），每消耗 1mL 为 1 吉尔涅尔度（°T）。

② 乳酸度 乳酸度是指用乳酸含量表示的酸度，按上述方法测定后用下式计算：

$$乳酸度 = \frac{NaOH体积（mL）\times 0.009}{供试牛乳质量（g）[即：体积（mL）\times 密度（g/mL）]}$$

正常乳的酸度为 16～18°T（0.15%～0.18%）。其中 3～4°T（0.05%～0.08%）来源于蛋白质，2～3°T（0.01%～0.02%）来源于 CO_2，10～12°T（0.06%～0.08%）来源于磷酸盐和柠檬酸盐。

（2）乳的pH 乳的 pH 指乳中的氢离子浓度，也可用于表示乳的酸度。正常新鲜牛乳的 pH 为 6.5～6.7，一般酸败乳或初乳的 pH 在 6.4 以下，乳房炎乳或低酸度乳 pH 在 6.8 以上。但是由于乳是一种缓冲溶液，所以乳的 pH 不能完全反映乳的真实酸度。

6. 乳的热学性质

（1）乳的冰点 我国国家标准规定牛乳冰点的正常范围为 -0.560～-0.500℃。牛乳中作为溶质的乳糖与盐类是导致牛乳冰点下降的主要因素。正常牛乳的冰点很稳定，但是酸败的牛乳冰点会降低，掺水牛乳的冰点会升高。因此通常可根据牛乳的冰点来检验乳的质量，并可以根据牛乳冰点的变动来推算牛乳的掺水量。

（2）乳的沸点 牛乳的沸点在101.33kPa（1atm）下约为100.55℃。乳的沸点受乳中固形物含量的影响，当乳被浓缩到原体积的一半时，乳的沸点会上升到101.05℃。

（3）乳的比热容 牛乳的比热容依据测定温度的变化而有所不同，一般约为3.89kJ/(kg·℃)。在乳制品生产过程中常用于加热量和制冷量的计算。乳及部分乳制品的比热容见表1-1。

表1-1 乳及部分乳制品比热容

乳及乳制品	牛乳	干酪	稀奶油	炼乳	加糖乳粉
比热容/[kJ/(kg·℃)]	3.30～4.02	2.34～2.51	3.68～3.77	2.18～2.35	1.84～2.011

7. 乳的电学性质

（1）电导率 由于乳中含有盐类，因此具有导电性，可以传导电流。正常牛乳的电导率25℃时为0.004～0.005S/m。因此乳中的盐类受到任何破坏，都会影响电导率。乳房炎乳中Na^+、Cl^-等增多，电导率上升。一般电导率超过0.006S/m，即可认为是病牛乳，所以可通过电导仪进行乳房炎乳的快速检测。

（2）氧化还原电势 一般牛乳的氧化还原电势E_h为+0.23～+0.25V。乳经过加热，则产生还原性强的巯基化合物，而使E_h降低。铜离子存在可使E_h上升，而微生物污染后随着氧的消耗和产生还原性代谢产物，使E_h降低。若与甲基蓝、刃天青等氧化还原指示剂共存时，可使其褪色，此原理被应用于乳中微生物污染程度的检验。

8. 乳的黏度与表面张力

正常乳的黏度在20℃时为0.0015～0.002Pa·s。牛乳的黏度一般随温度的升高而降低，随乳固体物质的增多而增大。初乳、末乳、病牛乳的黏度比常乳的黏度大。乳的表面张力表现为乳脂肪和水的接触面上所产生的相互排斥的一种力。牛乳的表面张力在20℃时为0.046～0.06N/cm。乳的表面张力随所含的物质而改变。初乳因含乳固体多，所以表面张力较常乳小。另外，随温度的升高，乳的表面张力会降低，随含脂率的减少而增大。

乳的表面张力变小，加工中易引起很多的气泡。因此，实际生产中，有时需要调整乳的表面张力，如生产发泡奶油冰淇淋时要设法降低乳的表面张力，生产消毒牛乳和进行乳的运输时就要设法加大乳的表面张力。

三、乳的化学性质

鲜乳的化学成分极其复杂，乳中至少含有100种成分，其主要成分有水分、脂肪、蛋白质、乳糖、无机盐、维生素、酶类、气体等。

乳的化学组分及特点

乳干物质（DS），又称乳的总固形物含量或全乳固体（TS），指乳中除去水和气体之外的物质。乳干物质代表了乳的营养价值，用于实际生产中计算产品的得率。非脂乳固体（SNF）又称非脂干物质，指除脂肪之外的总固形物含量。

正常牛乳中各种成分的组成大体上是稳定的，但受乳牛的品种、个体、泌乳期、年龄、饲料、季节、气温、挤奶情况及乳牛健康状态等因素的影响而有差异。乳成分中含量变化最大的是乳脂肪，其次是蛋白质，乳糖及灰分比较稳定，因此在实际生产中常用非脂乳固体作为评价原料乳质量的平均指标。

1. 乳中水分

水分是鲜乳中的主要组成部分，在牛乳中的含量平均为87.5%。乳中水分又可分为游离水、结合水和结晶水。游离水是乳中的主要水分，即一般的常水，具有常水的性质，而结合水和结晶水则不同，在乳中具有特别的性质和作用。

2. 乳蛋白质

牛乳中的蛋白质是乳中的主要含氮物质，平均含量约为3.4%。根据理化特性和生化功能，乳蛋白质可分为酪蛋白、乳清蛋白及脂肪球膜蛋白三大类。

（1）酪蛋白 酪蛋白是指在20℃下调节脱脂乳的pH至4.6时，沉淀（聚沉）的一类蛋白质。乳中酪蛋白是以近似于球状的酪蛋白酸钙-磷酸钙复合体胶粒状态而存在，其中包含大约1.2%的钙，其中含酪蛋白酸钙95.2%，磷酸钙4.8%。1mL乳中含$(5\sim15)\times10^{22}$个酪蛋白胶粒。

① 酪蛋白组成　酪蛋白是由α-酪蛋白、β-酪蛋白、γ-酪蛋白、κ-酪蛋白组成。α-酪蛋白，约占总酪蛋白的40%，κ-酪蛋白约占总酪蛋白的15%。κ-酪蛋白通常与α-酪蛋白结合形成一种α-κ酪蛋白的复合体存在。α-酪蛋白含磷特别多，所以也可以称为磷蛋白。

② 酪蛋白生化特性

a. 酸凝固：当牛乳中加酸后pH达5.2时，磷酸钙先行分离，酪蛋白开始沉淀，继续加酸而使pH达到4.6时，钙从酪蛋白酸钙中分离，游离的酪蛋白完全沉淀。

b. 酶凝固：制造干酪时，酪蛋白在皱胃酶的作用下，形成副酪蛋白，酶凝固时钙和磷酸盐并不从酪蛋白胶粒中游离出来。

c. 钙凝固：当向乳中加入氯化钙时，平衡状态被破坏，加热时发生凝固现象。钙凝固时，乳蛋白质利用程度比酸凝固法高5%，比皱胃酶凝固法高10%以上。

（2）乳清蛋白 原料乳中除了在pH值4.6等电点处沉淀的酪蛋白之外，剩余的蛋白质称为乳清蛋白，占乳蛋白质的18%～20%，可分为对热稳定和对热不稳定蛋白两类。

① 对热不稳定乳清蛋白　乳清煮沸20min、pH为4.6～4.7时，沉淀的蛋白质为对热不稳定的乳清蛋白，约占乳清蛋白的81%，包括乳白蛋白和乳球蛋白。

乳清在中性状态时，加入饱和硫酸铵或饱和硫酸镁进行盐析，仍呈溶解状态的蛋白质称为乳白蛋白，与酪蛋白的主要区别是不含磷，而富含硫，加热时易暴露出—SH、—S—S—键，甚至产生H_2S，使乳或乳制品出现蒸煮味。

乳清在中性状态下，同样用饱和硫酸铵或硫酸镁盐析时，能析出且呈不溶解状态称为乳球蛋白，约占13%，其与乳的免疫性有关，具有抗原作用，也称为免疫球蛋白（Ig），常乳中含量为0.6～1g/L，初乳中可达到100g/L。

② 对热稳定的乳清蛋白　乳清煮沸20min，pH为4.6～4.7时，仍溶解于乳中的乳清蛋白为热稳定性乳清蛋白，主要是小分子蛋白和胨类，约占乳清蛋白的19%。

（3）脂肪球膜蛋白 除酪蛋白和乳清蛋白外，还有一些蛋白质吸附于脂肪球表面构成脂肪球膜，因含有卵磷脂，也称磷脂蛋白。脂肪球膜蛋白对热较为敏感且含有大量的硫，牛乳在70～75℃瞬间加热，—SH就会游离出来，是牛乳热处理后产生蒸煮味的原因之一。

除了上述的几种特殊蛋白质外，乳中还含有数量很少的其他蛋白质和酶蛋白，而且牛乳中的含氮物中除蛋白质外，还有非蛋白态的氮化物，约占总氮的5%，主要包括氨基酸、尿素、尿酸、肌酐、肌酸及叶绿素等。

3. 乳脂肪

乳脂肪是中性脂肪，牛乳中平均含量为3.9%，乳脂中97%～99%的成分是乳脂肪，还含有约1%的磷脂和少量的固醇、游离脂肪酸、脂溶性维生素等。

（1）脂肪球 乳中的脂肪是以脂肪球的状态分散于其中，形状呈球形或椭球形。脂肪球表面被脂肪球膜包裹着，使脂肪在乳中保持稳定的乳浊液状态，各个脂肪球独立地分散于乳中,直径范围在 0.1~20μm,平均直径 3~4μm。1mL 牛乳中含有 $2×10^9$~$4×10^9$ 个脂肪球。乳脂肪球不仅是乳中最大的粒子,而且也是最轻的粒子,当乳静置一段时间后会分层,脂肪球将逐渐上浮并在表面形成稀奶油,下层为脱脂乳。

思考: 乳脂肪有哪些营养价值呢?

(2)乳脂肪的化学组成 乳脂肪成分复杂,主要包括甘油三酯(主要组分)、甘油二酯、甘油单酯、脂肪酸、固醇、胡萝卜素(脂肪中的黄色物质)、脂溶性维生素(维生素 A、维生素 D、维生素 E、维生素 K)和其他一些痕量物质。乳脂肪的脂肪酸组成受饲料、营养、环境等因素的影响而变动,尤其是饲料的影响。一般来说,夏季青饲期所产牛乳不饱和脂肪酸含量升高,而冬季舍饲期所产牛乳饱和脂肪酸含量增多,所以夏季加工的奶油的熔点比较低,质地较软。

脂肪球膜由蛋白质、磷脂、高熔点甘油三酯、甾醇、维生素、金属离子、酶类及结合水等复杂的化合物所构成,其中起主导作用的是卵磷脂-蛋白质络合物,有层次地定向排列在脂肪球与乳浆的界面上。

(3)乳脂肪性质 乳脂肪具有特殊的香味和柔软的质体,其中短链低级挥发性脂肪酸含量达 14% 左右,水溶性挥发脂肪酸含量高达 8%(如丁酸、己酸、辛酸等),而其他动植物油中含量为 1% 左右。乳脂肪易受光、空气中的氧、热、金属铜、铁作用而氧化,从而产生脂肪氧化味,易在解脂酶及微生物作用下而产生水解,水解结果使酸度升高。乳脂肪易吸收周围环境中的其他气味,如饲料味、牛舍味、柴油味及香脂味等,在 5℃ 以下呈固态,11℃ 以下呈半固态。

4. 乳糖

乳糖($C_{12}H_{22}O_{11}$)是一种从乳腺中分泌的特有的碳水化合物。牛乳中约含 4.5%,占干物质的 38%~39%。兔乳含乳糖最少(约 1.8%),马乳最多(约 7.6%),人乳含量为 6%~8%。乳的甜味主要由乳糖引起,其甜度约为蔗糖的 1/6。乳糖为 D-葡萄糖与 D-半乳糖以 β-1,4 糖苷键结合的双糖,又称为 1,4-半乳糖苷葡萄糖。因其分子中有醛基,属还原糖。由于 D-葡萄糖分子中游离羟基的位置不同,乳糖有 α-乳糖和 β-乳糖两种异构体。α-乳糖很易与一分子结晶水结合,变为 α-乳糖水合物。

乳糖在乳糖酶的作用下可以分解成一分子的葡萄糖与一分子的半乳糖。半乳糖是形成脑神经中重要成分(糖脂质)的主要来源,对于初生婴儿有很重要的作用,有利于婴儿的脑及神经组织发育。乳糖在消化器官内经乳糖酶作用而水解后才能被吸收。随着年龄的增长,人体消化道内缺乏乳糖酶,不能分解和吸收乳糖,饮用牛乳后出现呕吐、腹胀、腹泻等不适应证,这种现象称为乳糖不耐症。在乳制品加工中可以通过以下方法消除乳糖不耐症,如利用乳糖酶分解为葡萄糖和半乳糖;利用乳酸菌发酵将乳糖转化成乳酸,既可以提高乳糖的消化率,又可以改善产品口味。

思考: 乳糖不耐症人群该如何选择乳制品呢?

5. 乳中酶类

乳中的酶主要来源于乳腺和微生物代谢,主要有脂肪酶、磷酸酶、过氧化氢酶、过氧化物酶、还原酶、蛋白酶和乳糖酶等。牛乳中的酶类因加热而被钝化,根据酶的种类,其各自钝化温度不同,可用于原料乳的质量检测和控制。

(1)脂肪酶 脂肪酶可将脂肪分解为甘油及脂肪酸,一部分来源于乳腺,另一部分来源于乳中细菌的代谢产物。脂肪酶经80℃、20s加热可以完全钝化。乳品加工中，如管道运输、搅拌、均质等过程常常会加剧脂肪球膜的破坏，脂肪酶将乳脂肪水解成游离脂肪酸，过多的游离脂肪酸会使乳及乳制品产生脂肪分解臭，是奶油生产中常见的质量缺陷。

（2）磷酸酶 磷酸酶能水解复杂的有机磷酸酯，是乳中的固有酶，主要是碱性磷酸酶，一般经62.8℃、30min或72℃、15s加热而被钝化。可利用此性质来检验巴氏杀菌乳杀菌效果，称为磷酸酶试验。在巴氏杀菌乳中混入0.5%的原料乳也能被检出，效果较好。

（3）过氧化氢酶 乳中过氧化氢酶主要来自白细胞成分，初乳和乳房炎乳中含量最多。过氧化氢酶可分解过氧化氢成水和游离氧，可利用这一性质判断原料乳是否来自健康乳牛，是检验乳房炎乳手段之一。过氧化氢酶经75℃、20min加热可全部钝化。

（4）过氧化物酶 过氧化物酶是最早从乳中发现的酶，是乳中的固有酶，它能促使过氧化氢分解产生活泼的新生态氧，使多元酚、芳香胺及某些无机化合物氧化而变色。过氧化物酶80℃加热数秒即失活。生产上可通过测定过氧化物酶的活力来判断巴氏杀菌的温度是否达到80℃。

（5）还原酶 乳中还原酶主要是脱氢酶，促使甲基蓝（亚甲蓝）变为无色，是微生物的代谢产物之一，其含量与微生物污染的程度成正比，生产中常用还原酶试验来判断乳的新鲜程度。

（6）蛋白酶 乳中的蛋白酶来源于乳腺和乳中的微生物，能降解蛋白质，从而影响乳制品的风味和质地。蛋白酶具有强的耐热性，加热至80℃、10min时被钝化。蛋白酶在pH值7.5～8.0、37℃条件下活力最高。

6. 乳中维生素

牛乳中含有几乎所有已知的维生素，特别是维生素B_2含量很丰富，但维生素D的含量不多，若作为婴儿食品时应予以强化。乳中维生素有脂溶性维生素和水溶性维生素两大类。

泌乳期对乳中维生素含量有直接影响，如初乳中维生素A及胡萝卜素含量多于常乳。乳中的维生素有的来源于饲料中，如维生素E；有的可通过乳牛瘤胃中的微生物进行合成，如B族维生素。青饲期与舍饲期产的乳相比，前者维生素含量高。牛乳中维生素的热稳定性不同，如维生素A、维生素D、维生素B_1、维生素B_2、维生素B_{12}、维生素B_6等对热稳定，维生素C等热稳定性差，乳在加工中维生素往往会遭受一定程度的破坏而损失。

7. 乳中无机物和盐类

（1）乳中的无机物 无机物也称为矿物质，乳中的平均含量为0.6%～0.9%，主要有磷、钙、镁、氯、硫、铁、钠、钾等。牛乳中钙含量较人乳多3～4倍，在婴儿胃内所形成的蛋白凝块比较坚硬，不容易消化。牛乳中铁的含量为100～900μg/L，较人乳中的少，人工哺育幼儿时，应补充铁的含量。

（2）乳中的盐类 大部分无机物构成盐类而存在，少部分与蛋白质结合或吸附在脂肪球膜上。乳中的盐类对乳的热稳定性、凝乳酶的凝固性等理化性质和乳制品的品质以及贮藏等影响很大。钾、钠及氯能完全解离成阳离子或阴离子存在于乳清中。钙盐、镁盐除一部分为可溶性外，另一部分则呈不溶性的胶体状态存在。此外，由于牛乳在一般pH下，乳蛋白质尤其是酪蛋白呈阴离子性质，能与阳离子直接结合而形成酪蛋白酸钙和酪蛋白酸镁。

8. 乳中其他成分

（1）体细胞 牛乳中体细胞主要是白细胞、乳房分泌组织的上皮细胞及少量的红细胞，其含量的多少是衡量乳牛乳房健康状况及牛乳卫生质量的标志之一，健康乳牛的乳中体细胞数一般不超过$2×10^5$CFU/mL，但作为检验指标可不超过$5×10^5$CFU/mL。

（2）气体 牛乳中含有一定量的气体，大部分是 CO_2、N_2 和 O_2。细菌繁殖后，产生其他的气体如氢气、甲烷等。刚挤出的乳中气体含量较高（5%~6%），其中以 CO_2 为最多，N_2 次之，O_2 最少，所以乳品生产中的原料乳不能用刚挤出的乳检测其密度和酸度。在运输过程中气体含量数值高达容积量10%。在牛乳的加工中，分散的和溶解的气体是一个严重问题，气体含量过高，将导致乳焦煳在加热器表面。

四、乳中的微生物

牛乳在健康的乳房中时就已有某些细菌存在，在挤乳和处理过程中外界微生物不断侵入，因此乳中微生物的种类很多，有细菌、酵母菌和霉菌等多种类群，但最常见且活动占优势的微生物主要是一些细菌（图1-2）。

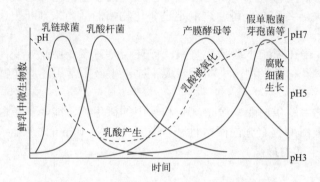

图1-2 常温下鲜乳中微生物菌群和 pH 的变化

1. 乳中微生物的来源

（1）**乳房** 微生物常常污染乳头开口并蔓延至乳腺管及乳池，挤乳时乳汁将微生物冲洗下来，带入鲜乳中，一般情况下，最初挤出的乳含菌数比最后挤出的多几倍。因此，挤乳时最好把头乳弃去。正常存在于乳房中的微生物，主要是一些无害的球菌。当乳畜患有乳房炎、结核病、布鲁氏菌病、炭疽、口蹄疫、伪结核、副伤寒、胎儿弯曲杆菌病等传染病时，其乳常成为人类疾病的传染来源。因此，对乳畜的健康状况必须严格监督，定期检查。

（2）**乳畜体表** 乳畜体表上常附着粪屑、垫草、灰尘等。挤乳时若不注意操作卫生，这些带有大量微生物的附着物就会落入乳中，造成严重污染，这些微生物多为芽孢杆菌和大肠杆菌。因此，挤乳前要彻底清洗乳房及体表，减少乳的污染。

（3）**容器和用具** 挤乳所使用的容器及用具，如乳桶、挤乳机、滤乳布和毛巾等不清洁，是造成污染的重要途径。特别是在夏秋季节，当容器及用具洗刷不彻底、消毒不严格时，微生物便在残渣中生长繁殖，这些细菌又多属耐热性球菌（约占70%）和杆菌，一旦对乳造成污染，即使高温瞬间灭菌也难以彻底杀灭。

（4）**空气** 畜舍内漂浮的灰尘中常常含有许多微生物。其中多数为芽孢杆菌及球菌，此外也含有大量的霉菌孢子。空气中的尘埃落入乳中即可造成污染。因此，必须保持牛舍清洁卫生，打扫牛舍宜在挤乳后进行，挤乳前1h不宜清扫。

（5）**水源** 用于清洗牛乳房、挤乳用具和乳槽所用的水是乳中细菌的一个来源，井、泉、河水可能受到粪便中细菌的污染，也可能受土壤中细菌的污染，主要是一定数量的嗜冷菌。因此，这些水必须经过清洁处理或消毒后方可使用。

（6）**蝇、蚊等昆虫** 蝇、蚊有时会成为最大的污染源，特别是夏秋季节，由于苍蝇常在垃圾或粪便上停留，所以每个苍蝇体表可存在几百万甚至几亿个细菌。其中包括各种致病菌，当其落入乳中时就可把细菌带入乳中造成污染。

（7）饲料及褥草　乳被饲料中的微生物污染，主要是在挤乳前分发干草时，附着在干草上的细菌（主要是芽孢杆菌，如酪酸芽孢杆菌、枯草杆菌等），随同灰尘、草屑等飞散在厩舍的空气中，既污染了牛体又污染了所有用具，或挤乳时直接落入乳桶，造成乳的污染。此外，往厩舍内搬入褥草时，特别是灰尘多的碎褥草，舍内空气可被大量的细菌所污染，因此成为被细菌污染的来源。混有粪便的褥草，往往污染乳牛的皮肤和被毛，从而造成对乳的污染。

（8）工作人员　乳业工作人员，特别是挤乳员的手和服装，常成为乳被细菌污染的来源。因为在指甲缝里，手皮肤的皱纹里往往积聚大量的微生物，甚至致病菌，所以，挤乳人员如不注意个人卫生，不严格执行卫生操作制度，挤乳时就可直接污染乳汁，特别是患有某些传染病，或是带菌（毒）者则更危险。因此，乳业工作人员应定期进行卫生防疫和体检，以便及时杜绝传染源。

2. 乳中微生物种类及性质

（1）细菌　乳中的细菌种类繁多，主要分为有益细菌和有害细菌。有益细菌主要包括乳酸菌、产酸菌和酵母菌等，这些微生物在乳制品的生产和保存中起着重要作用。有害菌则对乳制品的质量和安全造成威胁。

乳酸菌是乳中最为常见的有益菌之一，主要品种有乳球菌科和乳酸菌科的链球菌属、明串珠菌属和乳杆菌属，乳加工中常用的品种有双歧杆菌、嗜酸乳杆菌等。这些乳酸菌在适宜的条件下能够迅速繁殖，利用乳中的乳糖进行发酵，产生乳酸。乳酸的产生不仅使乳品具有独特的酸味，还能降低乳品的pH值，抑制其他有害菌的生长。乳中还含有一些其他的益生菌，如鼠李糖乳杆菌、罗伊氏乳杆菌等。发酵过程中，有益菌还会产生一些其他的代谢产物，如维生素、氨基酸、短链脂肪酸等，这些代谢产物对人体健康有益。此外，发酵过程还可以改善乳品的消化吸收性能，提高乳品的营养价值。

此外，乳中还存在一些有害细菌，如致病菌大肠杆菌、金黄色葡萄球菌和沙门氏菌等。造成有害菌污染的原因，通常是由于奶牛乳房炎、挤奶设备不清洁或储存运输过程中卫生条件不佳等引起的。乳中的嗜冷菌是能在低温环境生长繁殖的细菌，常见的有假单胞菌属等。它们在冷藏温度下活动，会使乳的品质下降，如产生不良风味、降低货架期。在加工过程中，要注意控制其生长，保障乳制品质量。乳中的耐热菌主要为芽孢杆菌属和梭菌属，可以形成芽孢来抵御高温。这些耐热菌会导致乳制品腐败变质，在超高温灭菌后仍可能存活，使产品出现胀包、变味等问题，对乳品的质量和保质期有不良影响。

综上所述，乳中有害菌的污染不仅会影响乳品的质量和安全，还可能会对消费者的健康造成严重的危害。因此，在乳品加工过程中，必须严格控制卫生条件，防止有害菌的污染。

（2）放线菌　与乳品方面有关的放线菌有分枝杆菌属、放线菌属、链霉菌属。分枝杆菌属以嫌酸菌而闻名，是抗酸性的杆菌，无运动性，多数具有病原性。例如，结核分枝杆菌形成的毒素，有耐热性，对人体有害。放线菌属中与乳品有关的主要有牛型放线菌，此菌生长在牛的口腔和乳房，随后转入牛乳中。链霉菌属中与乳品有关的主要是干酪链霉菌，属陈化菌，能使蛋白质分解导致腐败变质。

（3）酵母菌　乳中常见的酵母菌有脆壁酵母、膜醭毕赤酵母、汉逊酵母、圆酵母属及假丝酵母属等。脆壁酵母能使乳糖形成乙醇和二氧化碳,该酵母菌是生产牛乳酒、酸马乳酒的主要菌种。膜醭毕赤酵母能使低浓度的酒精饮料表面形成干燥皮膜,所以有产膜酵母之称。

膜醭毕赤酵母主要存在于酸凝乳及发酵奶油中;汉逊酵母多存在于干酪及乳房炎乳中;圆酵母属是无孢酵母的代表,能使乳糖发酵,污染有此酵母菌的乳和乳制品,会产生酵母味,并能使干酪和炼乳罐头膨胀;假丝酵母属的氧化分解能力很强,能使乳酸分解形成二氧化碳和水,由于酒精发酵力很高,因此也用于酒精发酵。

(4)霉菌 牛乳及乳制品中存在的霉菌主要有根霉、毛霉、曲霉、青霉、串珠霉等,大多数(如污染于奶油、干酪表面的霉菌)属于有害菌。一些有益的霉菌可用于干酪的生产中,主要有白地霉、青霉菌属等,如生产卡门培尔干酪、罗奎福特干酪和青纹干酪。

(5)噬菌体 牛乳中的噬菌体主要为乳酸菌噬菌体,如乳链球菌噬菌体、乳酪链球菌噬菌体、嗜热链球菌噬菌体等。这些噬菌体能够特异性地识别和杀死对应的乳酸菌,有时会造成干酪或酸乳加工中的损失。但乳中噬菌体也有一定益处,如可以用来治疗奶牛乳腺炎,提高乳制品的质量。

项目1 原料乳验收

项目描述

原料乳是决定乳制品品质的关键性因素,在乳制品供应链中,原料乳生产位于最上游,其质量控制将直接关系到乳制品的质量与安全,也影响到生产和消费市场,只有好的原料乳才能生产出好的产品。明确原料乳的检验标准和要求,能够对相关指标进行检验并规范填写检验报告,熟悉原料乳验收岗位的工作内容和工作要求,培养严把生产第一关的基本职业素质。

相关标准

① GB 19301—2010 食品安全国家标准 生乳。
② GB 2763—2021 食品安全国家标准 食品中农药最大残留限量。
③ GB 5413.30—2016 食品安全国家标准 乳和乳制品杂质度的测定限量。
④ GB 5413.38—2016 食品安全国家标准 生乳冰点的测定。
⑤ GB 31650—2019 食品安全国家标准 食品中兽药最大残留限量。
⑥ GB/T 4789.27—2008 食品卫生微生物学检验 鲜乳中抗生素残留检验。

工艺流程

原料乳验收工艺流程见图1-3。

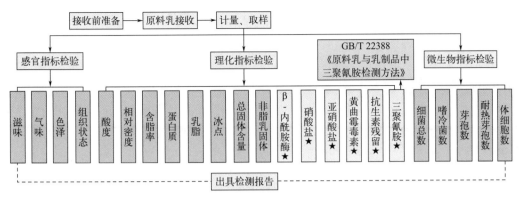

图 1-3　原料乳验收

（★为企业采用乳品安全快速检测试纸条进行检测的项目）

 关键技能

一、原料乳的检验规则

1. 组批规则

以同一天装载在同一贮存或运输器具中的产品为一组批。

2. 抽样方法

在贮存容器内搅拌均匀后或在运输器具内搅拌均匀后从顶部、中部、底部等量随机抽取，或在运输器具出料时连续等量抽取，混合成 4L 样品供交收检验或 8L 样品供型式检验。

3. 检验方式

（1）**交收检验**　交收检验的项目包括感官指标、理化指标、微生物指标和掺假的全部项目，并作为交收双方的结算依据。

（2）**型式检验**　型式检验是对产品进行全面考核即检验技术要求中的全部项目。在下列情况之一时应进行型式检验：

① 新建牧场首次投产运行时。

② 正式生产后，牛乳发生质量问题时。

③ 乳牛饲料的组成发生变更或用量调整时。

④ 牧场长期停产后，恢复生产时。

⑤ 交收检验与上次例行检验有较大差异时。

⑥ 国家质量监督机构提出进行例行检验的要求时。

4. 判定规则

在型式检验中若卫生要求有一项指标检验不合格，则该牧场应进行整改，经整改复查合格，则判为合格产品，否则判为不合格产品。在交收检验项目中，若有一项掺假项目指标被检出，则该批产品判为不合格产品。

二、原料乳的检验标准

原料乳送到工厂，必须根据国标规定及时进行质量检验。原料乳的控制属于 HACCP 体系中重要临界控制点之一，企业在国家标准基础上，针对企业 HACCP 计划中的要求，确定

原料乳的验收
标准及检验

企业更高的生鲜牛乳的标准。生鲜牛乳的感官指标、理化指标、兽药残留限量、微生物指标等应符合《食品安全国家标准 生乳》（GB 19301—2010）的标准，需要进行原料乳的感官指标、理化指标、微生物指标、兽药和农药残留、掺杂掺假、三聚氰胺等检测。

1. 感官指标

原料乳的感官检验主要是进行嗅觉、味觉、外观、尘埃等的鉴定。正常鲜乳为乳白色或微带黄色，不得含有肉眼可见的异物，不得有红、绿等异色，不能有苦、涩、咸的滋味和饲料、青贮、霉等异味。生乳的感官指标见表1-2。

表1-2 生乳的感官评价指标

项目	评价指标	等级
色泽	呈乳白色或稍带微黄色	优
	色泽较差、白色中稍带青色	良
	浅粉色或显著的黄绿色、色泽灰暗	劣
组织状态	呈均匀的流体、无沉淀、无凝块和机械杂质、无黏稠和浓厚现象	优
	呈均匀的流体、无凝块肉眼可见少量微小的颗粒、脂肪聚黏表层呈液化状态	良
	呈稠而不匀的溶液状，有乳凝结成致密凝块或絮状物	劣
气味	具有乳固有的乳香味，无其他异味	优
	乳中固有的香味或稍有异味	良
	有明显异味，如酸臭味、牛粪味、金属味、鱼腥味、汽油味等	劣
滋味	具有鲜乳独特的纯香味、滋味可口稍甜、无其他异常滋味	优
	乳有微酸味或有其他轻微的异味	良
	有酸味、咸味、苦味	劣

2. 理化指标

生乳的理化指标应符合表1-3中的规定。

表1-3 生乳的理化指标

项目		指标	检验方法
冰点[①②]/℃		−0.500～−0.560	GB 5413.38
相对密度/(20℃/4℃)	≥	1.027	GB 5009.2
蛋白质/(g/100g)	≥	2.8	GB 5009.5
脂肪/(g/100g)	≥	3.1	GB 5009.6
杂质度/(mg/kg)	≤	4.0	GB 5413.30
非脂乳固体/(g/100g)	≥	8.1	GB 5413.39
酸度/°T			
牛乳[②]		12～18	GB 5009.239
羊乳		6～13	

① 挤出3h后检测。
② 仅适用于荷斯坦奶牛。

3. 微生物指标

鲜乳的微生物检验主要包括细菌总数鉴定（亚甲蓝还原试验法）、大肠菌群MPN测定和病原菌检验。生乳的微生物指标应符合表1-4中规定。

表1-4 微生物指标

项目		限量/[CFU/g(mL)]	检验方法
菌落总数	≤	2×10^6	GB 4789.2

4. 污染物限量

乳中污染物限量应符合《食品安全国家标准 食品中污染物限量》（GB 2762—2022）的规定。

5. 真菌毒素限量

乳中真菌毒素限量应符合《食品安全国家标准 食品中真菌毒素限量》（GB 2761—2017）的规定。

6. 农药残留和兽药残留限量

农药残留限量应符合《食品安全国家标准 食品中农药最大残留限量》（GB 2763—2021）及国家有关规定和公告；兽药残留限量应符合国家有关规定和公告。

三、原料乳检验环境设施、仪器设备

1. 实验室的环境设施

（1）微生物检测环境　无菌室、缓冲间、生物实验室。
（2）仪器设施摆放环境　温度、湿度要求。
（3）化学前处理环境　通风、排污设施。
（4）实验台桌　水、电、气保障。
（5）满足要求的样品保存场所　冷藏、冷冻、干燥、通风、保质期内留样。

2. 检验仪器和材料

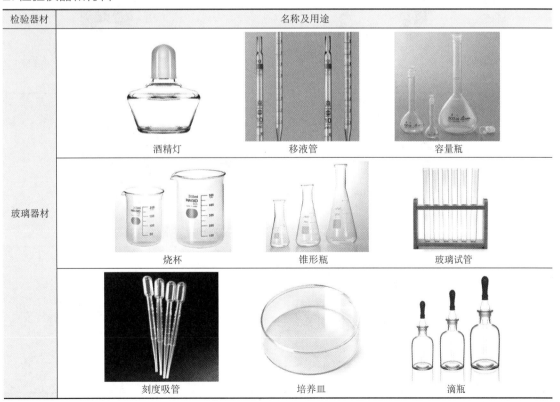

续表

检验器材	名称及用途	
常用器械	试管架 用途：用于放置试管、观察试验或晾晒试管	滴定管架 用途：用于固定滴定管，保持滴定过程的稳定性
	剪刀 用途：用于取样和处理样品	镊子 用途：用于取样、样品的转移、移取杂物、帮助实验人员更加精细、准确地完成实验操作
检验专用仪器	乳成分测定仪 用途：测定乳与乳制品脂肪、蛋白质、乳糖和冰点等	体细胞数测定仪 用途：测定牛乳体细胞数
	冰点仪 用途：测定原料牛乳冰点，检查是否有掺水	细菌总数微生物荧光快速测定仪 用途：测定牛乳独立细菌总数
	原子吸收分光光度计 用途：用于乳制品中重金属元素的定量分析和检测，如铁、铜、锌、铅等金属离子	原子荧光光谱仪 用途：主要用于检测乳制品中的重金属元素和微量元素，如铅、汞、镉、砷等

续表

检验器材	名称及用途	
通用仪器	 高效液相色谱仪	用途：精确测定乳制品中的各类营养成分，如蛋白质、糖类、脂肪酸、维生素和矿物质等；检测乳中防腐剂、增稠剂等添加物质；筛查乳制品中的有害物质，如重金属、农药残留、抗生素残留等
	 气相色谱仪	用途：高灵敏地检测乳制品中农药残留；分析乳制品中挥发性有机物，如醇类、醛类、酮类等；测定防腐剂、增稠剂等添加剂含量；筛查乳制品中的有害物质，如重金属、有机污染物等
	 紫外可见分光光度计	用途：紫外可见分光光度计对乳制品中的特定成分，如蛋白质、糖类、脂肪等进行定量测定，从而判断其含量是否符合标准
	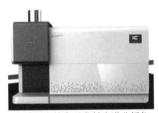 电感耦合等离子发射光谱分析仪 用途：能够准确地检测乳制品中的元素组成，包括重金属、微量元素以及其他关键营养成分	 显微镜 用途：用于分析乳品中是否存在细菌、霉菌、酵母菌等微生物污染；分析脂肪球的大小和分布、蛋白质的结构和形态；发现乳制品中的杂质，如尘埃、纤维等

【快速检测法】

乳的安全指标检测方法操作烦琐、周期较长、投入成本较高。为了进一步简化操作步骤、缩短检测时间，提供准确可靠且成本较低的检测产品，提升生鲜乳在养殖、收购、加工等环节的流转效率，快速检测法在原料乳检验中开始普遍使用，如乳中微生物指标、兽药残留、农药残留、重金属等指标检测。

快速检测法一般为免疫胶体金试剂条，只需简单几步操作即可完成检测且结果判定通俗易懂，非专业人员只需经过简单培训即可胜任。同时，该方法检测成本较低，可应用于现场大量样本的筛查，适合奶牛养殖场、奶牛养殖小区、奶牛养殖户、乳制品加工企业、生鲜乳收购站等单位使用。

近年来，随着分析仪器的发展，乳品检测方面出现了很多高效率的检验仪器。如采用光学法来测定乳脂肪、乳蛋白、乳糖及总干物质，并已开发出各种微波仪器，通过2450MHz的微波干燥牛乳，并自动称量、记录乳总干物质的质量，测定速度快，测定准确，便于指导生产。通过红外线分光光度计，自动测出牛乳中的脂肪、蛋白质、乳糖三种成分，红外线通过牛乳后，牛乳中的脂肪、蛋白质、乳糖减弱了红外线的波长，通过红外线波长的减弱率反映出三种成分的含量，该法测定速度快，但设备造价较高。

超声波探测技术是利用高频波与物质之间的相互作用以获取被测物质内部的物理化学性质。在牛乳各成分之中，脂肪等大分子物质对超声波的衰减影响比较大，而蛋白质、乳糖等对超声波的速度影响比较大。牛乳中的成分可以分为脂肪和非脂乳固体。按照两大成分对于超声波衰减和速度的贡献，可以建立起的模型来测得各成分的百分含量，依据统计关系，可以计算得到其他的成分含量。超声波测量方法对测量环境的要求较低，很适合流动检测。超声波探头价格较低，使得超声波牛乳成分分析仪的成本较低，适合小型用户使用，分析时所需要的样品量较少，适合便携使用。

现代乳品企业为了快速、准确地测定原料乳中酸度、乳糖、蛋白质、总固体含量、非脂乳固体含量，常使用FT120傅立叶红外全谱扫描乳品成分快速分析仪进行检测；乳中微生物数测定，常使用ATP生物荧光快速检测技术。

 检验提升

一、单选题

1. 能在pH4.6时沉淀的蛋白质是（　　）。
   A. 酪蛋白　　　　　B. 乳清蛋白　　　　C. 乳球蛋白　　　　D. 乳白蛋白

2. 乳品工业中常用来表示乳新鲜度的是（　　）。
   A. 酸度　　　　　　B. pH值　　　　　　C. 密度　　　　　　D. 冰点

3. 用68%～70%的酒精对乳进行检验时产生絮状凝块的乳称为（　　）。
   A. 掺假乳　　　　　B. 酒精阳性乳　　　C. 细菌数检验　　　D. 抗生素乳

4. 生乳感官评价时的温度一般是（　　）。
   A. 10～12℃　　　　B. 18～20℃　　　　C. 24～30℃　　　　D. 36～37℃

5. 在收购牛乳时，用滴定酸度表示牛乳酸度的方法有（　　）。
   A. 氢离子浓度指示值　B. 吉尔涅尔度　　　C. 牛乳的密度　　　D. 牛乳的折射率

6. 收购牛乳时采用按质论价的原则，常依据的是（　　）。
   A. 水、酪蛋白和干物质含量　　　　　　　B. 乳脂肪、蛋白质和乳糖含量
   C. 乳的密度和酸度　　　　　　　　　　　D. 微生物指标和抗生素检验指标

二、简答题

1. 请说一说为保障和改善民生，提升百姓"幸福指数"，推动高质量发展，如何从源头入手，抓好生鲜乳质量安全？

2. 请你谈谈对未来乳业的发展有何看法？

项目2 原料乳贮存

项目描述

原料乳经过检验合格之后,必须及时进行净化、冷却和贮存,以保证原料乳生产的质量,满足乳品企业的连续化生产需要。本项目学习内容主要包括原料乳过滤净化、冷却和贮存,明确预处理方法和操作,以及根据原料乳具体情况和生产实际设计合理的预处理流程,掌握关键设备离心净乳机、贮乳罐的操作和日常维护,熟悉岗位工作内容和职责要求。

相关标准

① GB 19301—2010 食品安全国家标准 生乳。
② GB/T 27342—2009 危害分析与关键控制点(HACCP)体系 乳制品生产企业要求。

工艺流程

原料乳贮存工艺流程见图1-4。

图1-4 原料乳的贮存(★为关键质量控制点)

关键技能

收奶系统(图1-5):用乳槽车把牧场或奶站的原料乳运回乳品厂,由脱气装置1将牛乳中的气体除去,通过过滤器2将杂质过滤,由牛乳流量计3计量后在中间贮存罐4暂存,经板式热交换器5预杀菌和冷却,或仅冷却后再用离心泵送到奶仓6进行贮存。

原料乳的收集与计量

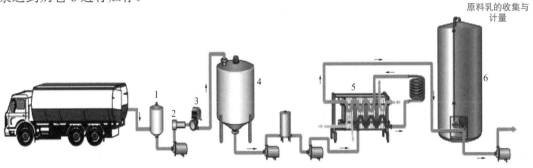

图1-5 原料乳的收集与贮存

1—脱气装置;2—过滤器;3—牛乳流量计;4—中间贮存罐;5—板式热交换器;6—奶仓

一、原料乳运输

牛乳从牧场或收乳站被送至乳品厂进行加工。乳品厂有专门的原料乳接收部门,处理从牧场运来的原料乳。每批进厂的生鲜乳须经检验合格后方可使用，原料乳验收操作规程应符合有关乳品企业良好作业规范的要求。一般牧场距离乳品生产厂都会有一定的运输距离，多采用乳槽车运输。乳槽车整体内外全部采用不锈钢结构，罐体夹层采用聚氨酯发泡作为保温，在常温下运输 4h，温度变化不高于 1℃。罐体内壁的转角采用大圆弧过渡，减少残存量；管内设有清洗喷头，易于清洗，符合行业标准和食品卫生要求。有的乳槽车容量达到 30 吨，可以分成几个不同的隔间，防止运输过程中牛乳飞溅造成脂肪上浮，也可以同时运输几个奶站的原料乳。

> 【运输注意事项】
> ① 病牛乳不能和健康牛乳混合，含抗生素的牛乳必须与其他乳分开。如果少量含抗生素牛乳与大量正常牛乳混合，会导致所有乳都不能使用。
> ② 防止乳在途中升温，特别是夏季。因此，夏季最好在夜间或早晨运输，如在白天运输要求采用隔热材料遮盖乳桶。
> ③ 运输容器须保持清洁卫生，并加以严格清洗和消毒。
> ④ 牛乳必须保持良好的冷却状态，而且不能混入空气，运输过程中尽量减少震动，夏季必须装满盖严，以防震荡；冬季不得装得太满，避免因冻结而使容器破裂。
> ⑤ 应采取机械化挤乳、管道输送，用乳槽车运往加工厂，从挤乳产出至用于加工前不超过 24h，乳温在 2h 之内冷却到 4℃，贮存期间温度应保持在 6℃以下。
> ⑥ 运输途中应尽量缩短停留时间，以避免牛乳变质。长距离运输乳时，最好采用乳槽车。

二、原料乳脱气

牛乳刚被挤出后含有 5.5%～7% 的气体，经过贮存、运输、计量、泵送后，一般气体含量在 10% 以上。这些气体绝大多数是以非结合分散存在的，对牛乳加工有不利的影响。

原料乳脱气

气体对牛乳加工的破坏作用主要有以下几个方面，影响牛乳计量的准确度；使巴氏杀菌机中结垢增加；影响分离和分离效率；影响牛乳标准化的准确度；影响奶油的产量；促使脂肪球聚合；促使游离脂肪吸附于奶油包装的内层；促使发酵乳中的乳清析出。因此，在牛乳处理的不同阶段进行脱气是非常必要的。

脱气工序需要设置多次，第一次脱气是收乳过程中的脱气，来自农场的牛乳从乳桶或冷却罐收集到乳罐车里时，牛乳的量在泵送过程中用流量计测量。为了尽可能得到准确的数值，牛乳测量前应通过一个空气分离器，因此大部分乳罐车安装空气分离器，乳在泵入车载测量器前必须先通过空气分离器。

第二次脱气是乳品厂收乳过程中的脱气，在到达乳品厂的运输过程中，因道路的崎岖震荡，牛乳中又会混入更多的分散空气，奶罐车中的牛乳被泵入乳品厂收奶罐时需要计量，因此，在接收乳时，收乳真空脱气罐（旋流脱氧罐）专门用于抽取乳槽车运送的牛乳，帮助流量计的正确计量。

真空脱气罐为小型缓冲罐，内有液位控制器。脱气的工作过程是当液位下降到允许液位时，出口泵就自动关闭，此时电磁网开启开始排气，液位继续上升，达到允许液位时排气结束，电磁网关闭，出口泵继续工作，如此反复。安装时脱气罐要安装得低一些，要比乳槽车低，因为如果比乳槽车高，就不能靠液位差顶出气体。在该脱气装置中，当牛乳到达能防止空气被吸入管线的预定液位时,乳泵开始启动。当牛乳液位降至某一高度时,乳泵立即停止。经计量后,牛乳经净化冷却处理后进入一个大的贮乳罐。以上两种情况,空气除去的效率很大程度上取决于分散空气的细微程度,最小的空气气泡无法除去。

第三次脱气是生产之前的真空脱气,使用真空脱气罐(图1-6)。将牛乳预热至68℃后,泵入真空脱气罐,则牛乳温度立即降到60℃,这时牛乳中的空气和部分水分蒸发到罐顶部,遇到罐冷凝器后,蒸发的水分冷凝回到罐底部,而空气及一些非冷凝气体(异味)由真空泵抽吸排出。脱气处理后的牛乳在60℃条件下进行分离、标准化、均质,进入杀菌工序。真空处理已经非常成功地用于从乳中除去溶解的空气和分散的空气气泡。

图1-6 真空脱气罐

1—安装在缸里的冷凝器;2—切线方向的牛乳进口;3—带水平控制系统的牛乳出口

【牛乳生产线上如何完成脱气过程呢?】

全脂乳供应给巴氏消毒器并加热到68℃,然后被送到膨胀罐真空处理。为取得最佳效率,牛乳从较宽的入口以正切线方向进入真空罐,在罐壁形成薄膜,在入口处蒸汽从乳中出来并加速沿罐壁流动的牛乳。牛乳在向下朝着出口的方向流动过程中速度降低,出口与罐底也呈切线方向。因此,进料和出料能力是可以确认的。脱气后乳的温度为60℃,在回到巴氏消毒器进行最终热处理前先经分离标准化和均质处理。在生产线上有分离机时,必须在分离前安装一个流量控制器,保持以一个稳定的流量通过脱气罐,这样,均质机必须安装一个循环管路。没有分离机的生产线,均质机(没有循环管路)保持稳定流量通过脱气罐,如图1-7。

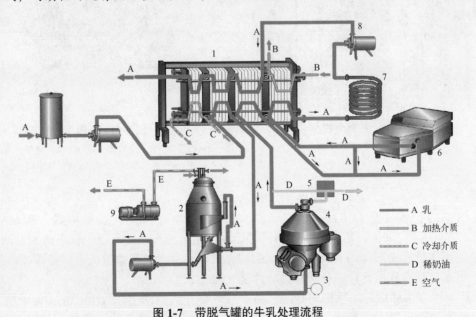

图1-7 带脱气罐的牛乳处理流程

1—巴氏消毒器;2—脱气罐;3—流量控制器;4—分离机;5—标准化单元;
6—均质机;7—保温管;8—加压泵;9—真空泵

三、原料乳计量

在收乳时，首先要计量进乳量，计量后的牛乳进入物料平衡系统。乳品厂利用物料平衡系统来比较进乳量与最终产品量。进乳量可按体积或重量计算。到达乳品厂的乳槽车直接驶入收乳间，收乳间通常能同时容纳数辆乳槽车。

1. 滴定法计量

这种方法使用流量计，流量计在计量乳的同时也能把乳中的空气计量进去，因此结果不十分可靠。使用这种方法重要的是要防止空气进入牛乳中。可在流量计前装一台脱气装置（如XT旋流脱气罐），以提高计量的精确度（图1-8）。乳槽车的出口阀与一台脱气装置相连，牛乳经脱气后被泵送至流量计，流量计不断显示牛乳的总流量。当所有牛乳卸车完毕时，把一张卡放入流量计，记录下牛乳的总体积。

乳泵的启动由与脱气装置相连的传感控制元件控制。在脱气装置中（图1-9），当生乳到达能防止空气被吸入管线的预定液位时，乳泵开始启动；当牛乳液位降至某一高度时，乳泵立即停止。经计量后，牛乳进入一个大的贮乳罐。

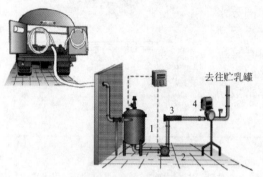

图 1-8 计量法计量收乳

1—脱气装置；2—泵；3—过滤器；4—流量计

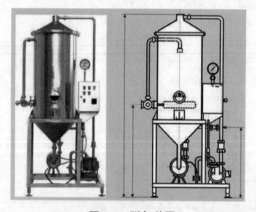

图 1-9 脱气装置

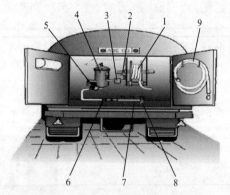

图 1-10 乳槽车

1—吸乳管；2—过滤器；3—泵；4—空气分离器；
5—计量装置；6—检查阀；7—阀组；8—罐出口；9—排乳管

2. 重量法计量

乳槽车的结构（图1-10）：由汽车、奶槽、奶泵室、入孔、盖等构成。通常容量为5~10t，也有达到30t的，用于几个奶站同时运输。用乳槽车收乳可以用以下两种方法称量：

① 地磅称量乳槽车（图1-11）卸乳前后的重量，然后将前者数值减去后者数值。
② 用底部带有称量元件的特殊称量罐称量（图1-12）。

用第一种方法称量时，乳槽车到达乳品厂后，车开到地磅上。数值有人工记录的，也有自动记录的。如果用人工操作，操作人员根据司机的编号记录牛乳的重量，如果是自动的，当司机把一张卡插入卡扫描器后，称量的数值就会自动被记录下来。通常乳槽车在被称重前先通过车辆清洗间进行清洗。这一步骤在恶劣的天气条件下尤为重要。当记录下乳槽车的毛重后，牛乳通过封闭的管线经脱气装置，而不通过流量计，进入乳品厂。牛乳排空后，乳槽车再次被称重。用前面记录的毛重减去车身自重就得到牛乳的净重。

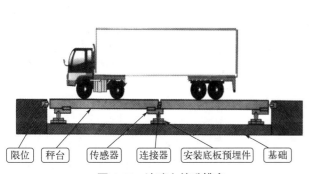

图 1-11　地磅上的乳槽车

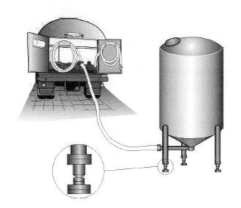

图 1-12　称量罐称量

第一种用称量罐称量时，牛乳从乳槽车被泵入一个罐脚装有称量元件的特殊罐中。该元件发出一个与罐重量成比例的信号。当牛乳进入罐中时，信号的强度随罐重量的增加而增加，因此，所有的乳交付后，该罐内牛乳的重量被记录下来，随后牛乳被泵入大贮乳罐。

四、原料乳过滤与净化

原料乳验收后必须进行净化处理，其目的是除去乳中的机械杂质并减少乳中的微生物数量。净乳的方法通常有过滤法和离心法两种。

牛乳预处理的净乳、冷却和储存

1. 过滤法

牧场在没有严格遵守卫生条件下挤乳时，乳容易被大量粪屑、饲料、垫草、牛毛和蚊蝇等所污染。因此挤下的乳必须及时进行过滤。牛乳过滤可以除去鲜乳杂质和液态乳制品生产过程中的凝固物，也可用于尘埃试验。过滤的方法，有常压（自然）过滤、减压过滤（吸滤）和加压过滤等。由于牛乳是一种胶体，因此多用滤孔比较粗的纱布、滤纸、金属绸或人造纤维等作为过滤材料，并用吸滤或加压过滤等方法。也可采用膜技术（如微滤）去除杂质。我国乳品厂一般用双联过滤器（图 1-13）来进行，通过 200 目的筛网对原料乳进行过滤，除掉肉眼可见的杂质。

图 1-13　双联过滤器

常压过滤时，滤液是以低速通过滤渣的微粒层和由滤材形成的毛细管群的层流；滤液流量与过滤压力成正比，与滤液的黏度及过滤阻力成反比。加压或减压过滤时，由于滤液的液流不自然，滤材的负荷加大，致使滤液组织变形，显示出复杂的过滤特性。膜技术的应用则可使过滤能长时间连续地进行。牛乳过滤时温度和干物质含量尤其是胶体的分散状况会使过滤性能受到影响。

此外，凡是将乳从一个地方送到另一个地方，从一个工序到另一个工序，或从一个容器送到另一个容器，都应当进行过滤。过滤的方法，除用纱布过滤外，也可以用过滤器过滤。例如，采用管式过滤器，设备简单，并备有冷却器，过滤后，可以立即进行冷却。适用于小规模工厂的收乳间，或用于原料进入贮乳罐之前的过滤。

2. 离心净乳法

原料乳经过多次过滤后，虽然除去了大部分的杂质，但由于乳中污染了很多极为微小的机械杂质和细菌细胞，难以用一般的过滤方法除去。为了达到较高的纯净度，一般采用离心净乳机净化，即采用机械的离心力，将肉眼不可见的杂质除去，使乳达到净化的目的。

离心净乳机的结构基本与乳油分离机相似。其不同点为：分离钵具有较大的聚尘空间，杯盘上没有孔，上部没有分配盘。没有专用离心净乳机时，也可以用乳油分离机，但效果较差。现代乳品企业多采用离心净乳机。但是，普通的净乳机在运行 2～3h 后要停车排渣，所以目前大型工厂采用自动排渣净乳机或三用分离机（乳油分离、净乳、标准化），对提高乳的质量和产量起了重要的作用。

碟式离心机（图 1-14）：在碟片中部开有小孔，称为"中性孔"。物料从中心管加入，由底部分配到碟片层的"中性孔"位置，分别进入各层碟片之间，形成薄层分离。密度小的轻液在内侧，沿碟片上表面向中心流动，由轻液口排出；重液则在外侧，沿碟片下表面流向四周，经重液口排出。少量的固相颗粒则沉积于转鼓内壁，定期排出。

在离心分离钵中，原料乳通过分布孔进入碟片组，分离的钵片在做高速圆周运动时产生的强大离心力促使原料乳沿着钵片与钵片的间隙形成一层层薄膜，并涌往上叶片的叶轮，朝着出口阀门流出，而密度大于牛乳的杂质被抛向离心体内壁四周。分离钵的沉降空间里收集的固体杂质有稻草、毛发、乳房细胞、白细胞、红细胞、细菌等。牛乳中的沉渣总量是变化的，一般约为 1kg/10000L。沉渣容积的变化取决于分离

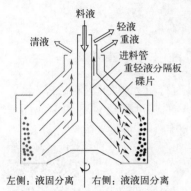

图 1-14 碟式离心机工作示意图

机的尺寸，典型的有 10～20L。离心机在钵的顶部只有一个出口，用于排出细菌已减少的牛乳。除掉的菌被收集在钵体污泥空间的污泥中，并按 30～60min 间隔定时排出。

3. 净化乳时的要求

（1）原料乳的温度 乳温在脂肪熔点左右为宜，即 30～32℃。如果在低温条件下（4～10℃）净化，则会因为乳脂肪的黏度扩大而影响流动性和尘埃的分离。根据乳品生产工艺的设置，可以采用 40℃或 60℃的温度净化，净化之后应直接进入加工段，而不应该再冷却；如进入贮乳罐，还需进行冷却。

（2）进料量 根据离心净乳机的工作原理，乳进入机内的量越少，在分离钵内的乳层越薄，净化效果则越好。大流量时，分离钵内的乳层加厚，净化不彻底，一般进乳量比额定数量少 10%～15%。

（3）采用空载启动 即在分离机达到规定转数后，再开始进料，减少启动负荷。

（4）预先过滤 原料乳在进入分离机之前，要选用较好的过滤机除去大的杂质，进行粗过滤。一些大的杂质进入分离机内可使分离钵之间的缝隙加大，从而使乳层加厚，使乳净化不完全，影响净化效果。

（5）检验 在牛乳分离过程中，要注意观察脱脂乳和稀奶油的质量，及时取样测定。一般脱脂乳中残留的脂肪含量为 0.01%～0.05%。

五、原料乳冷却

1. 原料乳冷却意义

乳中含有能抑制微生物繁殖的抗菌物质——乳抑菌素，使乳本身具有抗菌特性，但这种

抗菌特性延续时间的长短，随着乳温的高低和乳的细菌污染程度而异。新挤出的乳，迅速冷却到低温，可以使抗菌特性保持相当长的时间。因此，冷却的意义在于抑制细菌的繁殖，一般在挤奶后或不能马上加工时都需要进行冷却处理。

牛乳挤出后微生物的变化过程可分为4个阶段，即抗菌期、混合微生物期、乳酸菌繁殖期、酵母菌和霉菌繁殖期。抗菌期的长短与贮存温度的关系见表1-5。将新鲜牛乳迅速冷却，其抗菌特性可保持相当长的时间。当然，抗菌期的长短与细菌的污染程度有直接关系。乳品厂可以根据贮存时间长短选择适宜的冷却温度，见表1-6和表1-7。

表 1-5　乳温与抗菌特性作用时间关系

乳温/℃	抗菌期	乳温/℃	抗菌期
37	2h 以内	5	36h 以内
30	3h 以内	−5	48h 以内
25	6h 以内	−10	240h 以内
10	24h 以内	−25	720h 以内

表 1-6　乳的冷却与乳中细菌数的关系

贮存时间	冷却乳/(CFU/mL)	未冷却的乳/(CFU/mL)	贮存时间	冷却乳/(CFU/mL)	未冷却的乳/(CFU/mL)
刚挤出的乳	11500	11500	12h 以后	7800	114000
3h 以后	11500	18500	24h 以后	6200	1300000
6h 以后	6000	102000			

表 1-7　乳的贮存时间与冷却温度的关系

乳的贮存时间/h	6～12	12～18	18～24	24～36
乳冷却温度/℃	10～8	8～6	6～5	5～4

挤奶后，牛乳应立即冷却至4℃以下，一般大型牧场备有从37℃速冷到4℃的带有热交换器的挤奶设备（图1-15）。净化后的原料乳如果不加工应降至5℃以下储藏，保证加工之前原料乳的质量。

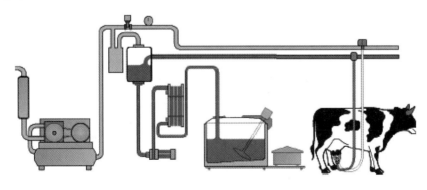

图 1-15　大型工厂冷却途径示意图

2. 原料乳冷却方法

原料乳的冷却方法主要有冷排冷却法、浸没式冷却法和板式预冷法。

（1）冷排冷却法 冷排冷却器是由金属排管组成的，乳从上部分配槽底部的细孔流出，形成波层，流过冷却器（图1-16）的表面再流入贮乳槽中，冷却介质（冷水或冷盐水）从冷却器的下部自下而上通过冷却器的每根排管，以降低沿冷却器表面流下的乳的温度。其特点是构造简单、价格低廉、冷却效率也比较高，适合于小规模加工厂及奶牛场使用。

（2）浸没式冷却法 将一种小型轻便灵巧的冷却器，插入贮乳槽或乳桶中冷却牛乳。浸没式冷却器（图1-17）中带有离心式搅拌器，可以调节搅拌速度，并带有自动控制开关，可以定时自动进行搅拌，故可使牛乳均匀冷却并防止稀奶油上浮。在较大规模的奶牛场冷却牛乳时，为了提高冷却器效率，节约制冷机的动力消耗，在使用浸没式冷却器以前，最好先用板式预冷器使牛乳温度降低，然后再由浸没式冷却器进一步冷却。

（3）板式预冷法 一般中、大型乳品厂多采用板式预冷器来冷却鲜牛乳（图1-18）。板式预冷器占地面积小，如果直接采用地下水作冷源，4～8℃的水，可使鲜乳降至6～10℃，效果极为理想。以15℃自来水做冷源时，则要配合使用浸没式冷却器进一步降温。

图1-16　冷排冷却器　　　　图1-17　浸没式冷却器　　　　图1-18　板式预冷器

六、原料乳贮存

鲜乳进厂后需要根据产品品种计划、生产班次、连续性生产和对乳进行标准化等进行贮存。为保证连续生产的需要，乳品厂需要有一定数量的原料乳低温贮存罐。贮存量按照各工厂的具体条件来确定，为日处理量或日处理量的2/3。每只贮乳罐的容量应与生产品种的生产能力相适应。每班的处理量一般相当于两只贮乳罐的乳容量，否则将用多只贮乳罐，增加了调罐、清洗的工作量，会增加牛乳的损耗。

贮乳罐一般为5t、10t或30t，现代化大规模乳品厂的贮乳罐可达100t（图1-19）。10t以下的贮乳罐多装于室内，为立式或卧式，大罐多装于室外，带保温层和防雨层，均为立式。

图1-19　露天贮乳罐　　　　　　　图1-20　制冷式贮乳罐

1. 贮乳罐结构与特点

贮乳罐通常采用不锈钢材料制成，具有优良的耐腐蚀性和卫生性能，一般采用圆柱形不锈钢缸体设计，不但具有足够的强度和稳定性，并且能够有效地保证乳汁的均匀受热和冷却，确保了乳制品在存储过程中的稳定性。罐外部采用不锈钢抛花板包装，不仅美观大方，而且具有良好的保温性能和防腐蚀性。贮乳罐内部填充有玻璃棉保温层以保持乳汁在适宜的温度范围内存储。玻璃棉是一种高效保温材料，能够有效地减少外界温度对乳汁温度的影响，从而延长乳汁的保质期和口感。贮乳罐上还装有温度计用于监控乳汁的温度变化。温度计能够实时显示乳汁的温度数据，帮助操作人员及时调整贮乳罐的工作状态，确保乳汁始终处于最佳存储温度。图1-20为常见的制冷式贮乳罐。

为防止乳在罐中升温，贮乳容器要有良好的绝热层或冷却夹套，并配有搅拌器、视孔、人孔及温度计（有自动清洗装置）等（图1-21）。贮存罐的个数应由每天处理的乳量和罐的大小来决定，罐要装满，半罐容易升温，影响乳的质量。牛乳温度的上升应以24h内不超过2℃为宜。按我国规定，验收合格的牛乳应迅速冷却至4～6℃，贮存期间不得超过10℃。

图1-21　带探孔、指示器等的贮乳罐

1—搅拌器；2—探孔；3—温度指示；
4—低液位电极；5—气动液位指示器；
6—高液位电极

为了防止乳汁在存储过程中产生沉淀和分层现象，贮乳罐内部装有搅拌器，能够定期或连续地搅拌乳汁，使其保持均匀混合状态，有助于维持乳汁的品质，使其更适合后续的加工和使用。

2. 贮乳罐的作用及要求

贮乳罐的设计、制造、安装和运行应符合国家和国际相关标准和规范，如《食品安全国家标准 食品生产通用卫生规范》（GB 14881—2013）等。同时，设备应经过相关认证机构的认证，如ISO 9001质量管理体系认证等，以确保设备的合规性和安全性。

（1）奶仓内的搅拌　大型奶仓必须带有某种形式的搅拌设施。搅拌可防止稀奶油由于重力的作用从牛乳中分离出来。搅拌必须十分平稳，过于剧烈的搅拌将导致牛乳中混入空气和脂肪球的破裂，从而使游离的脂肪在牛乳解脂酶的作用下分解。因此，轻度的搅拌是牛乳处理的一条基本原则。

（2）罐内温度指示　罐内的温度显示在罐的控制盘上，一般可使用一个普通温度计，但使用电子传感器的越来越多，传感器将信号送至中火控制台，从而显示出温度。

（3）液位指示　有各种方法来测量罐内牛乳液位，气动液位指示器通过测量静压来显示罐内牛乳的高度，压力越大，罐内的液位越高，指示器把读数传递给表盘显示出来。

（4）低液位保护　所有牛乳的搅拌必须是轻度的，因此，搅拌器必须被牛乳覆盖以后再启动。因此，常在开始搅拌所需液位的罐壁安装一根电极。罐中的液位低于该电极时，搅拌停止，这种电极就是通常所说的低液位电极（LL）。

（5）溢流保护　为防止溢流，在罐的上部安装一根高液位电极（HL）。当罐装满时，电极关闭进口阀，然后牛乳由管道改流到另一个大罐中。

（6）空罐指示　在排乳操作中，重要的是知道何时罐完全排空，否则当出口阀门关闭以后，在后续的清洗过程中，罐内残留的牛乳就会被冲掉而造成损失。另一个危害是，当罐排空后继续开泵，空气就会被吸入管线，这将影响后续加工。因此在排乳线路中常安装一根电极（LLL），以显示该罐中的牛乳已完全排完。该电极发出的信号可用来启动另一大罐的排乳或停止该罐空排。

3. 贮乳罐的操作及维护

贮乳罐使用前应彻底清洗、杀菌，待冷却后注入牛乳。每罐须放满，并加盖密封。如果装半罐，会加快乳温上升，不利于原料乳的贮存。贮存期间要开动搅拌机。

为了确保贮乳罐的高效、安全运行，以及保证乳液的质量和卫生标准，要严格按照操作要求使用贮乳罐，包括设备启动前准备、启动与运行监控、乳液贮存管理、温度监控与调节、清洗与消毒流程、故障诊断与处理、维护与保养措施以及安全操作规范等方面。

（1）设备启动前准备

① 检查贮乳罐内外部是否清洁，无杂物、无污渍。

② 检查各连接部件是否紧固，无泄漏现象。

③ 确认电源、水源、气源等供应正常，无故障。

④ 检查温度计、搅拌器等设备是否正常运行。

（2）启动与运行监控

① 按照操作顺序启动设备，先开启搅拌器，再启动温度控制系统。

② 实时监控贮乳罐的运行状态，包括温度、搅拌速度等参数。

③ 定期检查设备的运行状况，确保无异常声音、无泄漏等现象。

（3）乳液贮存管理

① 确保乳液在罐内的储存量不超过设计容量的80%，以留出足够的空间进行搅拌和温度调节。

② 乳液应贮存在适宜的温度范围内，避免过高或过低的温度影响乳液质量。

（4）温度监控与调节

① 定期检查温度计的读数，确保乳液温度在设定的范围内。

② 根据需要调整温度控制系统，保持乳液温度恒定。

（5）清洗与消毒流程

① 乳液排空后，用清水清洗贮乳罐内部，去除残留物。

② 使用专用消毒剂对贮乳罐进行消毒处理，确保无细菌残留。

③ 清洗和消毒后，用清水冲洗干净，并用干燥设备将罐内烘干。

（6）故障诊断与处理

① 如发现设备故障，应立即停机检查，并根据故障指示进行相应的处理。

② 若无法自行解决故障，应及时联系专业维修人员进行检查和维修。

（7）维护与保养措施

① 定期对贮乳罐进行保养，包括润滑轴承、紧固螺丝等。

② 定期检查设备的密封性能，确保无泄漏现象。

③ 定期对温度计、搅拌器等关键部件进行校准和更换。

（8）安全操作规范

操作人员要掌握贮乳罐的操作方法，确保设备的正常运行和乳液的质量安全。同时，定期对设备进行维护和保养，延长设备的使用寿命，为乳制品生产的持续稳定提供有力保障。

① 操作人员应熟悉贮乳罐的操作流程和安全规范，确保操作正确。

② 严禁在设备运行时触摸运动部件或进行其他危险操作。

③ 如遇紧急情况，应立即停机并采取相应的应急措施。

随着科技的不断进步和乳制品行业的快速发展，贮乳罐的设计和功能也在不断改进和创新。未来，贮乳罐将更加注重环保、节能、智能化等方面的发展，以满足市场对乳制品品质和安全生产的需求。同时，**随着数字化和物联网技术的广泛应用，贮乳罐的远程监控和智能化管理也将成为未来的发展趋势**。

检验提升

一、单选题

1. 收奶桶一般采用不锈钢或铝合金材质，采取的容量是（　　）。
A.20～30L　　　　B.40～50L　　　　C.60～80L　　　　D.90～100L

2. 小型奶牛场对原料乳的净化处理最简便而有效的方法是（　　）。
A.3～4层纱布过滤　B.过滤器过滤　　C.离心机净化　　D.杀菌器杀菌

3. 一般中、大型乳品厂多采用冷却鲜牛乳的方法是（　　）。
A.水池冷却法　　B.冷排冷却法　　C.浸没式冷却法　　D.板式预冷法

4. 乳品厂收购回来的原料乳来不及加工，应进行贮藏的最佳方法是（　　）。
A.15℃保存　　　　　　　　　　B.4℃低温保藏
C.-1～0℃半冻藏　　　　　　　D.63℃，30min 杀菌后常温贮藏

二、简答题

1. 请说明贮乳罐的作用及操作注意事项。

2. 请说一说，未来你作为一名乳品从业人员，工作中如何做到实事求是、与时俱进、求真务实？

模块二
液态乳智能化生产

 学习脑图

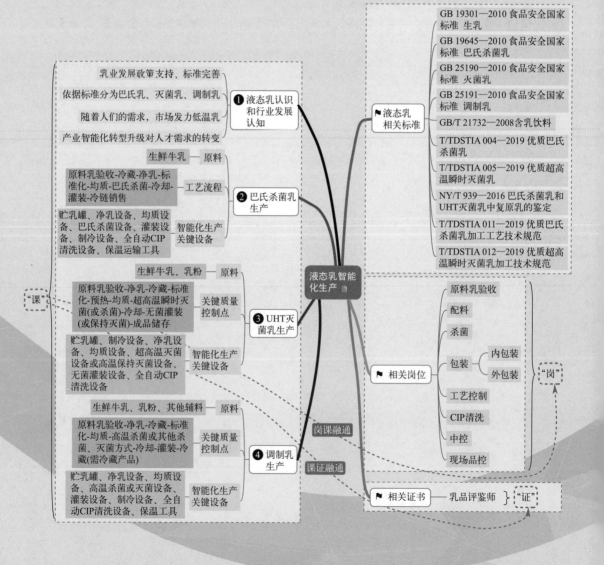

知识目标

1. 熟悉液态乳生产相关最新国家标准。
2. 掌握液态乳加工工艺流程及不同产品原料的选择。
3. 明确巴氏杀菌乳、UHT 灭菌乳关键核心工艺及产品的特性。
4. 了解国内液态乳新工艺、新技术和新发展。

 技能目标

1. 掌握巴氏杀菌乳和灭菌乳的工艺控制技术。
2. 能发现巴氏杀菌乳和灭菌乳生产中出现的问题并提出相应解决方案。
3. 会巴氏杀菌乳和超高温灭菌乳的智能化生产操作。

 素质目标

1. 树立民族产业自信,加强振兴乳业责任感和使命感。
2. 自觉遵守并执行食品生产法律法规、食品安全国家标准的职业素养。
3. 科学严谨、科技创新促进产业发展的职业信念。

 案例导入

后千亿时代,乳企如何做到剑指"全球第一"

乳制品行业目前迎来了消费力的明显提升,并加速推进全行业以健康、品质和个性化为主线的理念升级。2022 年 8 月 17 日,荷兰合作银行发布"2022 年全球乳业 20 强"榜单,某企业以 182 亿美元营业额再度斩获佳绩,稳居全球乳业五强位置,连续 9 年保持"亚洲乳业第一"。数据显示,其以 31.7% 的增速位居 20 强首位且在榜单上遥遥领先,向世界展现了中国乳业龙头强劲发展潜力,进一步夯实中国乳业"一超多强"新格局,其多系列产品年销售规模均超过 200 亿元,成为当之无愧的"国民品牌"产品。

该企业从 2020 年首次进入全球五强,到 2022 年连续 3 年稳居前五,意味着其站稳在了全球乳业第一阵营的舞台中央,引领中国乳业闪耀世界。该企业不仅实现经营业绩的高质量增长,更通过在产业链共赢、全球化运营、可持续发展领域的成功实践,为乳制品及健康食品行业树立了高质量增长的新样本。近年来,在全国多地,一系列现代乳产业集群建设正加速推进,被誉为"全球乳业未来城"的现代智慧健康谷,不仅有全球规模最大、数智化程度最高的智造标杆基地,还有全国唯一的国家乳业技术创新中心、国家乳制品计量测试中心等国家级技术中心相继入驻。站在后千亿时代新起点,该企业持续洞察消费者需求,致力产品研发满足消费者多元健康需求,引领全产业链高质量发展,加速冲刺全球乳业巅峰,实现"让世界共享健康"的梦想。

反思研讨:你认为该企业之所以能够站稳全球乳业第一阵营舞台中央,成功因素有哪些?

> 必备知识

一、液态乳定义

"液态乳"并不是一个具体品种,而是一大类产品的通称。目前在我国还没有乳与乳制品的系统分类的命名规范。通常所说的液态乳,是由健康奶牛所产的鲜乳汁,经有效的加热杀菌处理后,分装出售的饮用牛乳。根据国际乳业联合会(IDF)的定义,液体乳是巴氏杀菌乳、灭菌乳和酸乳三类乳制品的总称。而在我国,液态乳通常是指巴氏杀菌乳、灭菌乳和调制乳三类产品。

食品安全标准是由卫生部(现国家卫生健康委员会)负责制定,强制执行的标准。2010年整合完善乳品标准时关于液态乳的食品安全国家标准是按照单一产品分开完善的,包括《食品安全国家标准 巴氏杀菌乳》(GB 19645—2010)、《食品安全国家标准 灭菌乳》(GB 25190—2010)、《食品安全国家标准 调制乳》(GB 25191—2010)。新修订后的三个标准在《巴氏杀菌、灭菌乳卫生标准》(GB 19645—2005)基础上,结合《巴氏杀菌乳》(GB 5408.1—1999)和《灭菌乳》(GB 5408.2—1999)进行的拆分,**分类清楚,定义明确,理念创新**,不再是单纯意义上的质量标准或卫生标准,而是两者在食品安全层面上的整合,是在《食品安全法》之上的落实和统一,是我国标准制定进程中的一次革新,标志着食品标准制定已经走上了更为规范和统一的法治化道路。根据《中华人民共和国食品安全法实施条例》第二条,食品生产经营者应当依照法律、法规和食品安全标准从事生产经营活动,建立健全食品安全管理制度,采取有效措施预防和控制食品安全风险,保证食品安全。**食品生产经营者必须遵循食品安全标准,其最终目标就是保证百姓舌尖上的安全,提升食品企业的食品安全大众责任意识。**

二、分类和特点

1. 根据加工工艺不同的分类

按现行的国家标准,根据加工过程中采用的杀菌工艺和灌装工艺的不同,分为巴氏杀菌乳和灭菌乳两大类(也就是俗称的巴氏奶与常温奶),但目前在我国生产实践中,液态乳杀菌工艺存在着三种方式即巴氏杀菌、超巴氏杀菌(IDF没有专业词汇)、灭菌;灌装工艺有无菌和非无菌两类,相应的液态乳产品分为巴氏杀菌乳、超巴氏杀菌乳和常温乳三类(表2-1)。

表2-1 巴氏杀菌乳、超巴氏杀菌乳、常温乳的技术方式和口感等区别

液态乳类型	常温乳	超巴氏杀菌乳	巴氏杀菌乳
灭菌工艺	超高温灭菌 杀菌温度132℃以上 杀菌时长:4s	超高温灭菌 杀菌温度132~157℃ 杀菌时长:0.09~20s	超高温灭菌 杀菌温度68~85℃ 杀菌时长:15s
口感	超高温导致具有较强烹煮口感	超高温导致具有较强烹煮口感	鲜乳口感或略有烹煮口感
储存	常温运输储存	必须低温运输储存	必须低温运输储存
货架期	6~12个月	普遍15日以上	普遍3~7日

注:资料来源《财经》记者根据乳业相关论文报告、产品标准信息综合整理。

2. 根据脂肪含量不同的分类

为满足不同消费者需求，常生产不同脂肪含量的液态乳产品，包括全脂乳、低脂乳、脱脂乳。在《巴氏杀菌乳》（GB 5408.1—1999）中对三种巴氏杀菌乳的脂肪含量有过明确的要求，但此标准在 2010 年 12 月 1 日被废止，并被《食品安全国家标准 巴氏杀菌乳》（GB 19645—2010）替代部分指标，2010 版本中没有关于脱脂乳和部分脱脂乳产品的脂肪要求。而在《食品安全国家标准 预包装食品营养标签通则》（GB 28050—2011）中可以查到脂肪含量的要求，见表 2-2。

表 2-2 液态乳类型及脂肪含量

产品类型	全脂乳	低脂乳	脱脂乳
脂肪含量 /%	≥3.1	1.0～2.0	≤0.5

3. 根据营养成分或特性的分类

为了满足不同人群对液态乳的多样化需求，会添加其他原料或食品添加剂或营养强化剂，强化部分营养物质、钙等其他微量元素，也为产品赋予不同风味，满足消费者的不同需求。现行国家标准《食品安全国家标准 食品营养强化剂使用标准》（GB 14880—2012）和《食品安全国家标准 食品添加剂使用标准》（GB 2760—2024），允许添加的辅料种类繁多，如各种水果口味，强化铁、锌、多种维生素等，形成了不同的系列产品。根据《食品安全国家标准 调制乳》（GB 25191—2010），调制乳的定义为以不低于 80% 的生牛（羊）乳或复原乳为主要原料，添加其他原料或食品添加剂或营养强化剂，采用适当的杀菌或灭菌等工艺制成的液态乳制品，因此当乳含量低于 80% 时不属于液态乳范畴。

思考：我国乳液仍然是液态乳占有市场份额最大吗？你觉得原因是什么？

三、液态乳行业的发展现状和趋势

1. 液态乳行业的发展现状

在我国，液态乳行业虽已基本进入发展成熟期，但其产品属性在不同区域仍表现出不同特点。从发展区域层级看，一、二线城市需求区域饱和，增长相对缓慢，但是三线城市表现出了强劲的需求量增速。《2020—2026 年中国液态乳行业市场全景调查及投资价值预测报告》数据显示，国内液态乳行业形成了四大梯度市场格局。第一梯队为全国化龙头品牌，收入规模在 500 亿元以上，品牌影响力高，渠道下沉至乡镇层级，具备较强的新品研发和推广能力；第二梯队为跨区域品牌，液态乳规模在 30 亿～150 亿元，在根据地市场拥有较高的市场份额并将业务延伸至其他区域，拥有跨区域的品牌、渠道基础；第三梯队为省级龙头品牌，液态乳规模在 10 亿～30 亿元，业务聚焦于省内，产品线完备并有区域特色大单品，具有较好的群众基础；第四梯队为区域小品牌，液态乳规模在 2 亿～10 亿元，基本在产地范围销售，市场影响力较弱，产品线相对单一，如图 2-1。

高端化＋规模效应助推常温份额向龙头集中，四大液态乳品牌着力布局 UHT 白乳、常温零乳糖乳、高端功能乳、儿童乳和高端鲜乳，布局最为丰富与全面。

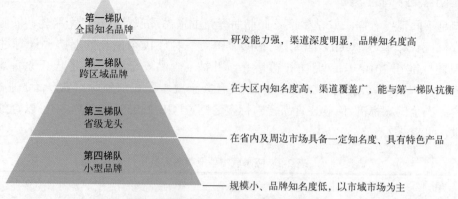

图 2-1 国内液态乳市场梯队层次情况

根据《中国居民膳食指南》可知，成人每天应摄入 300g 以上液态乳或相当于 300g 以上液态乳蛋白质含量的其他乳制品。常温乳保质期长，受物流条件制约较小，属于大流通产品，促使基地型乳企迅速成长，两强集中度或可提升至 80%。低温乳受制于奶源、冷链、渠道限制，近 5 年市场格局未发生明显变化。地方乳企凭借历史积累的本地牧场资源及深度覆盖的区域渠道网络，继续盘踞当地低温乳市场，推动低温乳集中度缓慢提升。

2. 液态乳市场发展趋势

我国奶业要实现全面振兴，基本实现现代化，奶源基地、产品加工、乳制品质量和产业竞争力整体水平进入世界先行列。从国内乳制品行业产量来看，液态乳占比超过 90%。

随着人民生活水平的提高和消费升级，国民消费需求也从"温饱型"向"品质型"过渡，"品质消费"成为新时期下我国民众追求的"热点"，液态乳市场持续向高端化发展。运动、减脂、代餐人群越来越注重蛋白质的摄入，能量牛奶、代餐奶昔等液态乳产品能够在控制热量的情况下增加蛋白质的摄入，已成为健身减脂人群的重要选择。消费场景逐渐"多元化"促使**液态乳企业通过先进技术，不断创新产品，满足更多消费者的消费需求，为乳品市场带来新的生机和活力。**

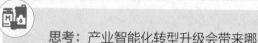

思考：产业智能化转型升级会带来哪些变化？

综合来看，在国家推出了一系列液态乳行业相关扶持政策下，液态乳行业将拥有一个好的发展环境，行业规模将大幅度增长。液态乳企业在积极发力产业链智能化布局，全面向"智能化"发展迈进，并以物联网、大数据、人工智能等科技实现产业链的智慧升级，赋能乳业新质生产力。数字化智能工厂以生产订单为核心，大数据集成与互联互通为基础，将订单需求与物料供应、生产制造、仓储物流、市场分销、资金有机整合，形成了供应链管理生态圈，从奶源地开始实行数字化、智慧化、信息化。通过 ERP、MES、LIMS 等多系统集成应用，对数据进行实时监控与预警，实现有效食品安全治理，对生产执行做到状态感知、实时分析、自动决策、精准执行，使生产更高效、质量更安全、过程更可靠、成本更精准、管理更便捷，一键追溯，守护着消费者舌尖上的安全。

中国乳业的全新变革，对乳品行业人才储备也提出了新的要求，乳业人牢记"奶以安为要"，为自动化、数字化、智能化的乳制品智能工厂的发展，为消费者提供安全、营养的健康食品是新时代乳业人应该担起的历史使命。

项目1 巴氏杀菌乳生产

项目描述

巴氏杀菌乳是以生鲜牛乳为原料,经过离心净乳、标准化、均质、巴氏杀菌、冷却、灌装等加工过程,直接供给消费者饮用的商品乳,其特点是采用72~85℃热处理方式,在杀灭牛乳中有害菌群的同时完好地保存了牛乳中的营养物质和纯正口感,是唯一一款可以在产品外包装标"鲜"的乳制品,一般保质期较短,需冷藏保存。本任务学习和技能训练的内容包括巴氏杀菌乳的分类、质量标准、生产工艺、CIP清洗、冷链销售等。巴氏杀菌乳生产工艺是其他乳制品生产的基础,典型生产工序如离心净乳、标准化、均质、巴氏杀菌、CIP清洗等是其他乳制品生产工艺的组成部分,所对应的岗位有配料员、乳品加工员、均质机操作工、热处理操作工、CIP清洗员等。

相关标准

① GB 19645—2010　食品安全国家标准　巴氏杀菌乳。
② T/TDSTIA 004—2019　优质巴氏杀菌乳。
③ NY/T 939—2016　巴氏杀菌乳和UHT灭菌乳中复原乳的鉴定。

工艺流程

巴氏杀菌乳生产工艺流程见图2-2,生产线见图2-3。

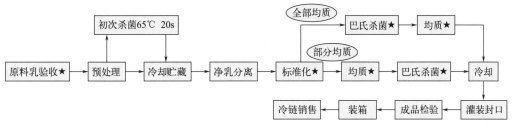

图2-2　巴氏杀菌乳生产工艺流程(★为关键质量控制点)

巴氏杀菌乳生产
工艺流程演示

巴氏杀菌乳是
怎样炼成的?

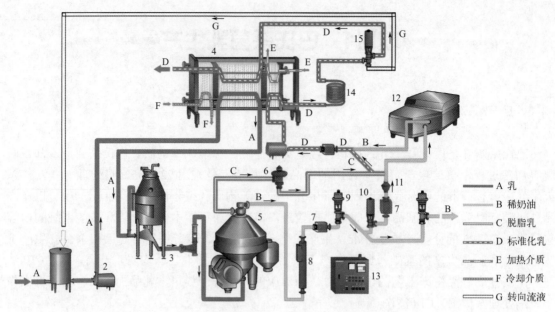

图 2-3 部分均质巴氏杀菌乳生产线示意图

1—平衡槽；2—进料泵；3—流量控制器；4—板式热交换器；5—分离机；6—稳压阀；7—流量传感器；
8—密度传感器；9—调节阀；10—截止阀；11—检查阀；12—均质机；13—增压泵；14—保温管；15—转向阀

 关键技能

国际乳品联合会（IDF）1903 年提出巴氏杀菌乳的概念，到 1940 年以后，巴氏杀菌乳才逐渐制定了强制性的乳产品标准。《食品安全国家标准 巴氏杀菌乳》（GB 19645—2010）中明确了原料仅为生乳且必须符合《食品安全国家标准 生乳》（GB 19301—2010）的要求，巴氏杀菌乳采用 72～85℃的低温杀菌，仅杀灭了牛乳中有害菌群，同时完好地保存了营养物质和纯正口感，其保质期短，需要冷链运输和冷藏，属于低温乳范畴。

一、原料乳验收

原料乳验收分为收乳站或集中挤奶时的验收检测和大型乳槽车将乳运到加工厂后的收乳验收。通常采用传统的方法或现代自动化乳成分测定仪对原料乳化学成分进行测定，此外，还应对原料乳细菌总数、体细胞数、胶体稳定性（酒精试验）、酸度、冰点、杂质度等项目进行全面检测。

依据《食品安全国家标准 生乳》（GB 19301—2010），巴氏乳生产原料检验内容如表 2-3～表 2-5：

1. 感官指标

表 2-3 感官要求

项目	要求	检验方法
色泽	呈乳白色或微黄色	取适量试样置于 50mL 烧杯中，在自然光下观察色泽和组织状态，闻其气味，用温开水漱口，品尝滋味
滋味、气味	具有乳固有的香味、无异味	
组织状态	呈均匀一致液体、无凝块、无沉淀、无正常视力可见异物	

2. 理化指标

表 2-4　理化指标

项目		指标	检验方法
冰点/℃		−0.500～−0.560	GB 5413.38
相对密度/(20℃/4℃)	≥	1.027	GB 5009.2
蛋白质/(g/100g)	≥	2.8	GB 5009.5
脂肪/(g/100g)	≥	3.1	GB 5009.6
杂质度/(mg/kg)	≤	4.0	GB 5413.30
非脂乳固体/(g/100g)	≥	8.1	GB 5413.39
酸度/(°T) 　牛乳 　羊乳		 12～18 6～13	GB 5009.239

3. 微生物指标

表 2-5　微生物限量

项目		限量/[CFU/g(mL)]	检验方法
菌落总数	≤	2×10^6	GB 4789.2

经检验后符合条件的优质生乳送入收乳系统并及时进行过滤、净化、冷却和贮存等预处理，不能立即加工的原料乳在储存期间要定期进行搅拌及检查温度和酸度。

【现代化牧场为高质量乳制品护航】

在乳制品产业链中，原料乳生产位于最上游，高质量的原料乳是生产优质乳制品的基础。近年来，我国政府积极鼓励乳品企业加强自有牧场建设，从产业链的源头加强对乳制品的质量把控。乳品企业自有牧场建设占比逐年提升，目前，中国乳业 20 强企业对原料控制已实现了 100%。为提升奶源质量，实现规模化管理，牧场通过为每只牛配备 RFID 电子耳标和芯片项圈，建立奶牛的"电子身份识别系统"，实现对牛群的全方位管控。"电子耳标"相当于身份证，通过各种信息的关联，方便查询和追溯，芯片项圈类似于人们的智能手环，可以监测健康数据，为科学喂养提供可靠的分析材料。同时，引入视频监控人工智能识别系统，采用图像识别、关节识别技术，运用 AI 算法，实时分析牧场员工饲养奶牛生产流程是否规范。挤奶时系统会根据每头奶牛脖子的 ID 标签识别奶牛的编号，从而在中央电脑的数据库中查出奶牛的生长数据，并根据此数据调整挤奶室中前面饲料槽的位置，使奶牛的臀部正好对准挤奶室的后部，使得奶牛的乳头位置大致相同，便于安放挤奶杯，确认无误后进行清洗、消毒、挤奶。同时每个挤奶器都与一台监测设备相连，挤奶时对牛奶质量实行实时监测，在线监测都会有相应的检测数据库，数据都会自动存档，数据在中心控制室集成，如发现异常乳汇入总管道，开关将自动关闭，以确保整体原料乳的安全。规模化、标准化养殖为高品质原料乳的获得提供了依据，通过智能化和可视化操作，全面提升奶源质量管理流程识别的精度和广度，确保每一滴乳的品质。

二、乳标准化

标准化主要是使产品符合质量标准要求，保证每批产品质量均匀一致。为了满足产品达到不同要求的脂肪含量，通常在生产低脂乳或标准化乳时需要进行标准化。标准乳的含脂率一般比全脂乳含脂率要低，多余脂肪可用于加工奶油产品。脱脂乳是一种稀奶油的分离产品，原则上不需要标准化。乳脂肪的标准化可通过去除部分稀奶油或脱脂乳进行。当原料乳中的脂肪含量不足时，可添加稀奶油或分离一部分脱脂乳；当原料乳中脂肪含量过高时，可添加脱脂乳或分离一部分稀奶油。

必须突破的标准化计算

1. 标准化计算

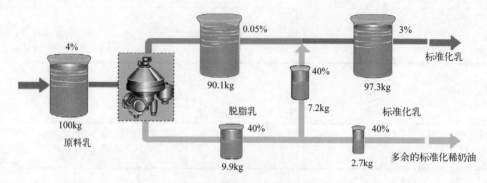

图 2-4　原料乳均质数量关系

原料乳均质数量关系见图 2-4，具体公式见下：

$$px + qy = r(x + y)$$

式中　$p\%$——原料乳的含脂率；
　　　$q\%$——脱脂乳或稀奶油的含脂率；
　　　$r\%$——标准化乳的含脂率；
　　　x——原料乳数量；
　　　y——脱脂乳或稀奶油的数量，$y>0$ 为添加，$y<0$ 为提取。

根据十字交叉法（图 2-5）计算原则，形成下列等式：

$$\frac{x}{y} = \frac{r-q}{p-r}$$

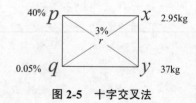

图 2-5　十字交叉法

若 $p>r$，表示需要添加脱脂乳（或提取部分稀奶油）；
若 $p<r$，表示需要添加稀奶油（或除去部分脱脂乳）。

2. 标准化方法

乳脂肪标准化有两种操作方式，一种是根据计算，将全脂乳和脱脂乳（或稀奶油）按一定比例混合；另一种是利用标准化设备直接在管线上进行。常用的标准化方法有三种：预标准化、后标准化、直接标准化，它们共同点是标准化之前必须把全脂乳分离成脱脂乳和稀奶油。

（1）预标准化　在巴氏杀菌之前把全脂乳分离成稀奶油和脱脂乳，如果标准化乳脂率高于原料乳，则需将稀奶油按计算比例与原料乳在罐中混合以达到要求的含脂率；如果标准化乳脂率低于原料乳，则需将脱脂乳按计算比例与原料乳在罐中混合达到要求。

（2）后标准化 在巴氏杀菌之后进行，方法同上，与预标准化不同的是二次污染的可能性增大。

（3）直接标准化 又称在线标准化，牛乳分离成脱脂乳和稀奶油两部分，然后再混合，控制脱脂乳和稀奶油的混合比例，使混合后的牛乳脂肪、蛋白质等指标符合产品要求，具体流程见图2-6。

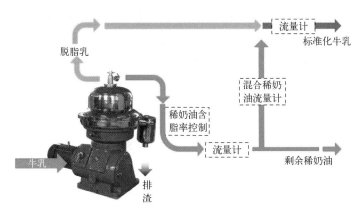

图 2-6 直接标准化流程图

将牛乳加热至55～65℃，然后按预先设定好的脂肪含量，分离出脱脂乳和稀奶油，并且根据最终产品的脂肪含量，由设备自动控制回流到脱脂乳中的稀奶油的流量，多余的奶油会流向稀奶油巴氏杀菌机。预标准化和后标准化都需要使用大型的、等量的混合罐，分析和调整工作费时费工。直接标准化的主要特点为快速、稳定、精确、与分离机联合运作、单位时间内处理量大。

直接标准化系统由以下3条线路组成，第一条线路调节分离机脱脂乳出口的外压，在流量改变或后续设备压力降低的情况下，保持外压不变，包括安装在脱脂乳出口的压力调节器，安装在标准化控制盘中的控制器和安装在脱脂乳管道上的调节阀（图2-7）。

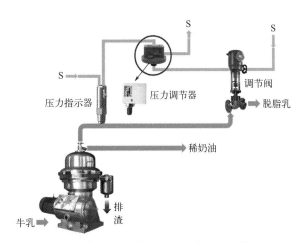

图 2-7 脱脂乳出口外压调节线路组件

第二条线路调节分离机稀奶油出口的流量，不论原料乳的流量或含脂率发生任何变化，稀奶油的含脂率都能保持稳定，包括能连续测量稀奶油密度的密度计（间接测定稀奶油的含脂率）、装在标准化控制盘内的控制器和装在稀奶油管道中的调节阀以及一台记录仪（图2-8）。

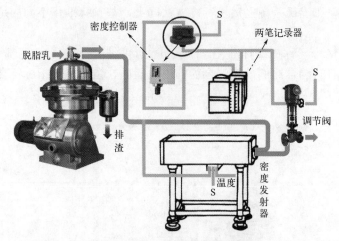

图 2-8 稀奶油含脂率的调节线路

第三条线路稀奶油重新混合的调节线路，调节稀奶油数量，实现稀奶油与脱脂乳重新定量混合，生成含脂率符合要求的标准乳，并排出多余的稀奶油，包括比率控制器和两台涡轮型流量计。两台流量计分别安装在重新混合稀奶油的管路中和重新混合后的标准化乳的输出管路中。这条线路能按一定的稀奶油和脱脂乳比率，连续地调节稀奶油的混合量。为了达到工艺中要求的精确度，必须控制流量的波动、进乳含脂率的波动和预热温度的波动。

三、均质

牛乳中的脂肪是以一个个的"乳滴"形式悬浮存在的。自然状态的牛乳，其脂肪球大小不均匀，在 1~10μm 之间，一般为 2~5μm。脂肪与水不混溶，全靠乳滴表面吸附的蛋白质才能稳定存在水中。不过脂肪比水轻，未经加工的生乳一般放置一段时间，乳脂肪球上浮，形成一层"乳脂"，加热即融化，因为富含脂肪，所以"很香"。在机械处理条件下将脂肪球破碎成较小的脂肪球，直径可控制在 1μm 左右，乳脂肪的表面积增大，浮力下降，均匀分散于乳中，从而防止脂肪黏附、凝结。

均质

思考：到底是均质牛乳好还是非均质牛乳好？

均质后的乳脂肪呈数量更多的较小的脂肪球颗粒形式，均匀一致地分散在乳中，同时增加了光线在牛乳中折射和反射的机会，使得均质乳的颜色更白。均质是物理过程，不会损失牛乳的营养成分，经均质后的牛乳脂肪球直径减小，脂肪均匀分布在牛乳中，维生素 A 和维生素 D 也均匀分布，促进了乳脂肪在人体内吸收和同化作用。

1. 均质原理

在高速剪切作用下乳脂肪球被破碎并分散于乳中，乳浆中的表面活性物质（如乳蛋白、磷脂等）在破碎脂肪球的外层形成新的脂肪球膜。均质过程中，用泵将牛乳的压力增加到 10~25MPa，然后从均质阀（图 2-9）的阀芯与阀座之间的间隙流过，间隙的宽度大约是 0.1mm 或是均质乳中脂肪球大小的 100 倍，流速高达 100~400m/s，在 10~15s 发生的剪切应力、惯性力和汽蚀效应导致牛乳中的脂肪颗粒被打碎，从而使得牛乳不再具有静置分层的性质。

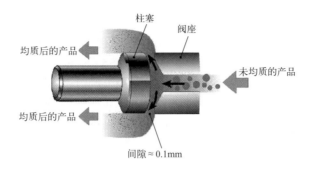

图 2-9 均质阀

均质作用是由三个作用协调而产生,包括:
① 剪切作用:牛乳以高速度通过均质头中的窄缝对脂肪球产生巨大的剪切力,使脂肪球变形、伸长和粉碎。
② 空穴作用:牛乳液体在间隙中加速的同时,静压能下降,降至脂肪的蒸气压以下,产生气穴现象,使脂肪球受到非常强的爆破力。
③ 撞击作用:脂肪球以高速冲击均质环时会产生进一步的剪切力。

2. 均质方法

均质是通过均质机来完成,均质机是带有背压装置的一个高压泵。均质机上可以安装一个均质装置或两个串联的均质装置,称为一级均质和二级均质(图 2-10)。

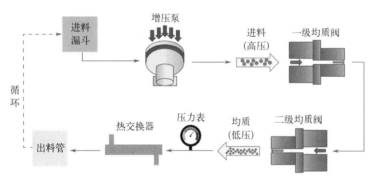

图 2-10 二级均质流程图

一般采用二级均质(二段式),即第一级均质使用较高的压力(16.7~20.6MPa),目的是破碎脂肪球;第二级均质使用低压(3.4~4.9MPa),目的是分散已破碎的小脂肪球,防止粘连。脂肪球经一级和二级均质后破裂的情况见图 2-11。

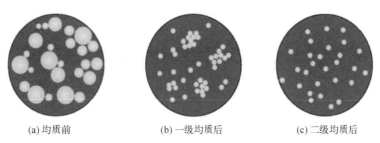

(a) 均质前　　　　(b) 一级均质后　　　　(c) 二级均质后

图 2-11 一级和二级均质后脂肪球破裂情况

3. 均质条件

（1）均质温度　在均质时，脂肪的物理状态和浓度影响到脂肪球的大小及其随后的分散，对冷牛乳均质是无效的。在乳脂肪凝固点（30～35℃）的分界温度下均质会使脂肪不能完全分散。只有当脂肪相呈液体状态且像正常牛乳的浓度时，均质才是最有效的，因此均质前需预热到60～65℃。均质温度高，形成的黏化现象少，实验数据得到巴氏杀菌乳的均质最高温度是65℃。

（2）含脂率　脂肪含量高的产品有脂肪结团的倾向，特别是当乳蛋白的浓度相对于脂肪含量低的时候，更易产生这一现象。脂肪含量超过12%的稀奶油不能在正常压力下进行正常的均质，因为膜物质（酪蛋白）的缺乏会导致脂肪再度聚结。为取得良好的均质效果每克脂肪要求大约对应0.2g的酪蛋白。

（3）均质压力　高压均质可以形成小的脂肪球，均质压力介于10～25MPa之间，均质压力低达不到效果，压力过高，酪蛋白受影响，对灭菌不利，产生絮凝沉淀。

4. 生产线上的均质机

在绝大多数巴氏杀菌乳生产线中，均质机被放在第一段热回收之后；间接加热的超高温灭菌乳生产中，均质机位于灭菌之前；在直接加热的超高温灭菌乳生产中，均质机位于灭菌之后，使用无菌均质机（图2-12）。但当脂肪含量高于6%，蛋白质含量相应增加时，均质后的脂肪球会很容易聚结在一起，此时即使是使用间接灭菌机，也应使用后置无菌均质机。脂肪含量在1%～5%的原料乳，大多数采用二级均质机进行均质处理，控制二级均质压力在5MPa左右，再调节总均质压力18～25MPa，进行均质处理。

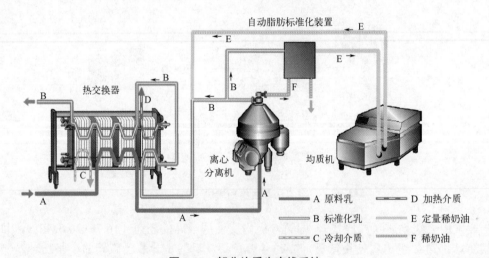

图 2-12　部分均质生产线系统

巴氏杀菌乳部分均质意味着脱脂乳的主体部分不均质，而只是含有少量脂肪的稀奶油进行均质。这种均质因为只有一小部分的流体流过均质机，可以降低生产消耗，总能量消耗降低65%，因此普遍应用于巴氏杀菌乳的生产。

四、巴氏杀菌

思考：巴氏杀菌的特点是什么呢？

生乳中含有布鲁氏菌、炭疽杆菌等致病菌，无法直接饮用，巴氏杀菌可以杀灭生乳中各种生长型致病菌、腐败菌，减少使乳品发酵的乳酸菌。与此同时，由于温度控制，乳品中的过氧化酶等活性酶仍有所保留，可促进人体细胞中过氧化氢的分解，从而有利身体健康。

1. 巴氏杀菌原理

在一定温度范围内，温度越低，细菌繁殖越慢；温度越高，繁殖越快（一般微生物生长的适宜温度为28～37℃）。不同的细菌有不同的最适生长温度和耐热、耐冷能力。巴氏杀菌就是利用病原体不耐热的特点，用适当的温度和保温时间处理，将其全部杀灭。但巴氏杀菌乳并非无菌乳，其中仍保存有少部分无害或有益且耐热细菌以及芽孢等。因此，巴氏杀菌乳要在4℃左右的温度下保存，而且一般只能保存3～12d。

2. 巴氏杀菌方式

在《巴氏杀菌乳和UHT灭菌乳中复原乳的鉴定》（NY/T 939—2016）中对巴氏杀菌处理条件的定义是为有效杀灭病原性微生物而采用的加工方法，即经低温长时间（63～65℃，保持30min）或经高温短时间（72～76℃，保持15s；或80～85℃，保持10～15s）的处理方式（表2-6）。

在很多大型乳品企业中，不可能在收乳后立即进行巴氏杀菌或加工。有一部分原料乳必须在大的贮乳罐中贮存数小时，在这种情况下，即使深度冷却也不足以防止牛乳的严重变质，因此会对这部分牛乳进行预巴氏杀菌，也称为初次杀菌。初次杀菌的目的是杀死嗜冷菌，避免在长时间低温贮存导致牛乳中大量嗜冷菌繁殖产生耐热的酯酶和蛋白酶使牛乳变质，同时为了防止热处理后芽孢菌繁殖，初次杀菌后牛乳需迅速冷却到4℃或者更低，通常原料乳到达乳品加工企业需在24h内全部进行巴氏杀菌，方式见表2-6。

你知道LTLT\HTST是什么吗？

表2-6　生产巴氏杀菌乳的主要热处理分类

工艺名称	温度/℃	时间	方式
初次杀菌	63～65	15s	
低温长时间巴氏杀菌（LTLT）	62.8～65.6	30min	间歇式
高温短时间巴氏杀菌（HTST）	72～75	15～20s	连续式
超巴氏杀菌（ELS）	125～138	2～4s	

（1）LTLT　又叫保持杀菌法、低温杀菌法，是在带有夹层的保温缸中进行。缸为双层圆筒状，有搅拌、温度控制装置，缸外壁有绝热保温层，内壁为传热良好的壁层，一般用不锈钢制成。蒸汽或热水可通过夹层来加热牛乳，使牛乳在62～65℃下保持30min，然后夹层通入冷却水，可使经过消毒的牛乳冷却。间歇式热处理足以杀灭结核分枝杆菌，对牛乳感官特性的影响很小，对牛乳的乳脂影响也很小。但是使病原菌完全死灭的效率只达到85%～99%，对耐热的嗜热细菌及孢子等不易杀死。牛乳中的细菌数越多，杀菌后的残存菌数也多，因此，为了解决这一问题，有些工厂采用72～75℃/15min的杀菌方式，这种方法设备简单、操作简易，但工作效率不高，热能消耗大，不能连续生产，目前应用很少。

（2）HTST　高温短时间杀菌法是多数乳品企业采用的方法，该方法使用管式或板式热交换器使乳在流动的状态下进行连续加热处理，加热条件是72～75℃/15s。但由于乳中菌数含量不同，也有采用72～75℃/16～40s或80～85℃/10～15s的方法进行热处理，加热介质为蒸汽或热水，冷却用盐水或冷却水。

HTST杀菌机将预备加热、加热及冷却部分合理结合，使生产便利。首先，生乳进入预备加热段的热交换机，在此与从加热段流出的杀菌乳进行热交换达到60℃左右，接着被送入加热段加热到规定的温度。杀菌如果正常，乳被送到冷却段，与重新进入的生乳进行热交换，达到部分冷却，进一步冷却到5℃以下。如果在加热段牛乳杀菌不充分，通过流动转换阀将牛乳送回杀菌部分进行再杀菌，保证杀菌效果。

热交换器有管式、板式两种（图2-13），由于板式比管式热传导效率高，生产中常用板式。加热保持时间一般是通过调整管的长度或粗细，或通过调整热交换器片数（板式）来进行控制。板式热交换器由数片不锈钢板排列而成，钢板的一面牛乳呈薄层流动，隔着钢板的另一面加热或冷却介质以逆方向流动，从而进行热交换。原料乳进入热交换器后经过预热，再加热到72～75℃，保持15s，经过冷却后排出。这种杀菌方法热能利用率高，节省能源，可连续操作，处理能力强，生鲜乳的营养成分破坏小，牛乳在全封闭管道中流动，污染机会少。

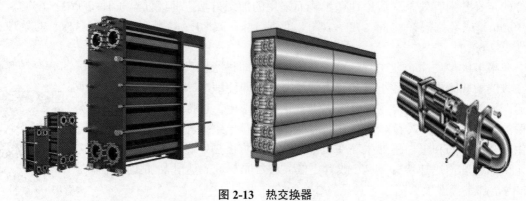

图2-13　热交换器
（左侧为板式热交换器，右侧有管式热交换器）

HTST杀菌与低温长时间杀菌比较，占地面积小，节省空间；因利用热交换连续短时间杀菌，效率高、节省热源；加热时间短，牛乳的营养成分破坏少，无蒸煮臭；自动连续流动，操作方便、卫生，不必经常拆卸；设备可直接用酸、碱液进行自动就地清洗。

连续式热处理要求热处理温度至少在71.1℃保持15s（或相当条件），此时乳的磷酸酶试验应呈阴性，乳过氧化物酶试验呈阳性。如果在巴氏杀菌乳中不存在过氧化物酶，表明热处理过度。当热处理温度超过80℃，会对牛乳的风味和色泽产生负面影响。磷酸酶与过氧化物酶活性的检测被用来验证牛乳已经巴氏杀菌处理，采用了适当的热处理，产品可以安全饮用。

经HTST的牛乳（和稀奶油）加工后在4℃贮存期间，磷酸酶试验会立即显示阴性，而稍高的贮温会使牛乳表现出碱性磷酸酶阳性。巴氏杀菌不能完全杀灭芽孢，残留芽孢可能生长，有些微生物会产生耐热性磷酸酶，这极易导致错误的结论，用磷酸酶试验来确定巴氏杀菌是有困难的，因此一定要谨慎。但同时牛乳中含有不耐高温的抑制因子和活化因子，抑制因子在60℃/30min或72℃/15s的杀菌条件下不被破坏，所以能抑制磷酸酶恢复活力，而在82～130℃加热时抑制因子被破坏；活化因子在82～130℃加热时能存活，因而能激活已钝化的磷酸酶，所以巴氏杀菌乳在杀菌灌装后应立即置4℃下冷藏。

五、灌装

巴氏杀菌乳冷却后需要立即灌装。巴氏乳追求饮用时的新鲜味道与营养价值的体现和包装是密不可分的，包装材料在灌装前很难达到无菌状态，因此，巴氏杀菌乳灌装环境一般也不需要无菌，也包括 ELS 乳。

1. 包装材料应具备的特性

巴氏杀菌乳包装的目的是保护、保藏巴氏杀菌乳，使其便于销售。包装材料应具备保证产品质量及其营养价值；保证产品卫生及清洁，对所包装的产品没有任何污染；避光、密封，有一定的抗压强度；便于运输；便于携带和开启；减少食品腐败和废物的产生；有一定的装饰作用等特性。

2. 包装材料及形式

巴氏杀菌乳包装形式有玻璃瓶、聚乙烯塑料瓶、塑料袋、复合塑料袋和纸盒等。

（1）玻璃瓶 玻璃瓶是传统的液态乳包装形式，具有环保、能重复使用、成本较低的特点。但不便于携带、分量重、易漏奶、破碎等，只能作为乳品生产企业在附近区域销售的"宅配渠道包装"。玻璃瓶包装也用于其他乳制品的包装。巴氏乳玻璃瓶包装在运输、物流配送、送货到家等环节都要严格实现 4~6℃冷藏，保证不破坏巴氏乳中的乳球蛋白和大部分的活性酶等活性物质，灌装采用全自动灌装机进行。从洗瓶机出来的瓶子经光扫描检测是否有污物和外来物等，不合格的瓶子则自动剔除，合格的瓶子进入转盘式负压灌装机进行定量灌装，铝箔封口。

（2）塑料袋、瓶、桶包装 巴氏乳塑料袋包装材料一般为单层膜，是由各种 PE 添加一定比例的白色母料后，经吹膜设备制成，为非阻隔型结构，保质期较短，一般 3d 左右。塑料瓶是唯一一种可以用于巴氏杀菌乳、ELS 乳和 UTH 灭菌乳包装的形式。塑料瓶有多层共挤和单层材质结构的高密度聚乙烯（HDPE）瓶和双向拉伸聚丙烯薄膜（BOOP）瓶，易携带，保质期长，易储存。

塑料桶是大容量包装，适合家庭消费，桶装巴氏杀菌乳与无菌砖产品相比，具有价格优势，是一种具有前景的包装，一般为 HDPE 材料。

思考： 你有见过透明袋包装的牛乳吗？是不是巴氏乳呢？

（3）复合纸盒 复合纸盒在超高温灭菌乳无菌包装中广泛应用，自然也促进了在巴氏杀菌乳中的使用。巴氏杀菌乳包装纸盒材料由起保护作用的低密度聚乙烯（LDPE）和卡板纸复合而成，卡板纸上还能进行印刷，内表面也覆盖着 LDPE 保护层，而卡板纸主要是为了提供机械强度。

透视网红小白奶？

屋顶型纸盒包装（屋顶盒）（图 2-14）与完全用复合材料制造的砖型包装不同，是需要塑料盖，塑料盖是在纸盒成型时用 LDPE 颗粒经模具制成型的。在生产过程中，首先复合纸卷形成筒状盒体，然后将其固定于塑料盖上，从巴氏杀菌机连续进入灌装机平衡罐的物料，由定容定量给料器从纸盒底部进料灌装，纸盒一旦灌满，立即热封。灌装保持严格的卫生条件要求，包装材料虽然不是无菌状态，但也必须经过有效杀菌，才能保证巴氏杀菌乳有一个比较理想的保质期。目前我国屋顶包主要是由包材厂完成，乳品加工厂用预成型包装盒进行灌装，然后密封。屋顶型包装材料，一种是 PE/纸板/黏合树脂/铝箔/黏合树脂/PE 复合材料，具有无菌砖包相似的保质期；另外一种是 PE/纸板/PE 三层结构。屋顶盒因具独到的设计、材质及结构，可防止氧气、水分的进出，保持盒内牛乳的新鲜，有效保存牛乳中丰富的维生素 A 和维生素 K，冷藏状态下保质期为 7~10d；卫生及环保性好，货架展示效果好，便于开启和倒取，可微波炉直接加热。屋顶盒常用于装营养价值高、口味新鲜的高档牛乳产品。

（4）爱克林立体式包装 爱克林包装又称爱壳包（图 2-15），是一种环保包装材质，为单层结构，材料为 70%CaCO₃+30%PP/PE，使用后一定时间内在阳光下能够逐步降解，经济环保。自动二次封口技术，使包装袋中的牛乳不易与空气接触，可最大限度地保持牛乳的新鲜度，碳酸钙为主要原料，产品无包装异味，独特的充气把手设计，使牛乳携带倾倒更加便利，独有的针对巴氏杀菌乳设计，可以直接使用微波炉加热，生产工艺先进，阻隔性能优越，具有有效隔光、隔热，抵抗微生物渗透等作用，保鲜效果较好。

图 2-14　屋顶盒包装

图 2-15　爱克林包装

3. 巴氏杀菌乳灌装质量控制

在巴氏杀菌乳的灌装过程中，首先应该注意的是避免二次污染，如包装环境、包装材料及包装设备的污染。其次，应尽量避免灌装时产品温度的升高，因为包装后的产品，冷却比较缓慢。最后，对包装材料应提出较高的要求，如包材应干净、卫生、避光、密闭且具有一定的机械强度（图2-16）。

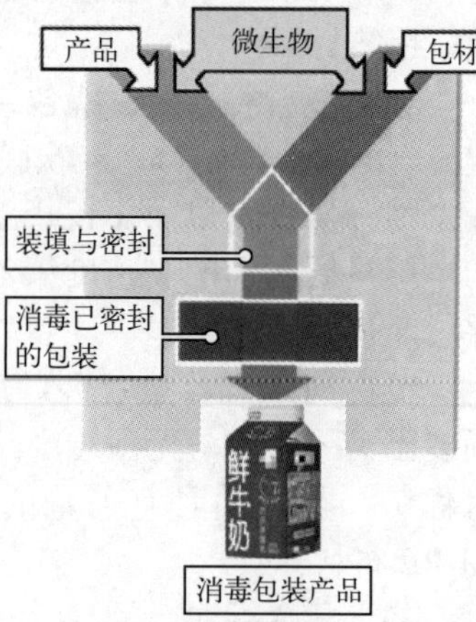

灌装前要对设备和包装材料进行灭菌处理，通常是紫外线照射后，再用双氧水杀菌，然后无菌风吹干无残留，进行灌装，具体灭菌过程将在超高温灭菌乳部分阐述。

六、设备及管道清洗消毒

图 2-16　灌装质量控制

在乳制品生产过程中，乳及其制品会不可避免地残留在设备表面及管壁上，由于乳及其制品是非常好的微生物营养物质，若不及时清洗，必然会导致微生物大量繁殖，不但形成生产中的污染源，还会影响设备的传热效果。生产过程中如果设备被污染必将对产品质量带来严重后果，比如细菌数大量增加，残留腐败物进入产品，直接影响产品质量，造成细菌超标，保质期缩短，风味残缺，感官指标下降等严重的质量问题。

生产设备经过清洗后应达到以下 4 种清洁程度要求，包括物理清洁度，即除去表面所有可见污物；化学清洁度，即不仅除去全部可见污物，还要除去肉眼不可见的但通过尝味或嗅觉能探测出的残留物；细菌清洁度，即进行消毒处理；无菌清洁度，即杀灭所有的微生物。虽然设备不经过物理或化学的清洗也能达到细菌清洁度，但是先经过物理清洗后，更容易达到细菌清洁度。乳品工厂设备清洁最终希望达到细菌清洁度。

1. 乳品设备表面污物类型

（1）受热表面的乳石　乳加热 60℃以上，在加热段和热回收第一部分的板式热交换器的板片上会形成乳石，超过 8h，乳石由白色变褐色。乳石主要是磷酸钙（或磷酸镁）、蛋白质、脂肪等的沉积物。

（2）冷表面的牛乳黏附 乳制品是一种高营养食品，含有丰富的蛋白质、脂肪、乳糖、矿物质、维生素、酶类等物质。在乳制品生产加工过程中，乳及其制品不可避免地会残留在设备表面及管壁上。

2. 需清洗消毒的巴氏杀菌乳设备

一般来说，污垢的类型不同，清洗难度也不一样，也决定了清洗方法、清洗剂的组成和浓度。需清洗消毒的巴氏杀菌乳设备（图2-17）包括：灌装机、乳罐及其他容器、分离机/均质机/泵、热交换器、管路、阀门及配件。

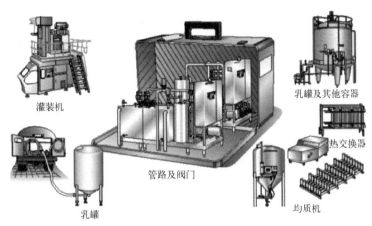

图 2-17 需要清洗的设备

3. 清洗的作用原理

设备表面形成的沉积层呈连续膜状，其中有不溶性蛋白质、低熔点脂肪球、可溶性脂肪球、可溶性乳糖晶粒以及絮状磷酸钙等。清洗主要是通过水的溶解作用、热的作用、机械作用、界面活性作用、化学作用以及酶的作用分三个阶段完成设备和管理的清洗过程，包括设备表面的污物沉淀被溶解；溶解的污物分散到洗涤剂溶液中；污物保持分散状态，防止再次沉积在设备表面。

4. 清洗要素条件

（1）清洗剂 清洗剂应具有从设备表面除去有机物的能力；具有高度的润湿能力，能使洗涤成分渗透到污物沉淀内部，快速高效地起作用；能把沉淀物分解成小颗粒并使其保持分散状态；具有溶解设备表面钙盐沉淀物的能力；具有把钙盐保留在溶液中的能力；具有中等产泡能力，在循环清洗系统中使用的洗涤剂应为低泡型；无腐蚀能力，不会损坏设备表面；符合污染控制和安全要求等。

（2）常用清洗剂 乳制品生产中，通常选用氢氧化钠（NaOH）溶液和硝酸（HNO_3）溶液作为洗涤剂。NaOH溶液对有机污物具有良好的溶解能力，有效分解蛋白质、脂肪类结垢，是一种有效的清洗剂，价格较低。处理受热设备及管路清洗时，单独使用碱性溶液清洗并不足够，可用酸液作为一种补充洗涤剂，溶解无机盐类的结垢，并在清洗循环中组成一个独立清洗阶段。

（3）清洗剂浓度 设备设施的清洗效果与清洗液的酸碱浓度密切相关，在一定范围内，浓度越高，清洗效果越好。当然，越高的浓度对设备设施的腐蚀性也越大。对一般的罐体和管道而言，碱液（NaOH溶液）浓度为1.5%～2.5%、酸液（HNO_3溶液）浓度为1%～2%就可以达到较好的清洗效果。

（4）清洗温度　在允许范围内尽量采用高温进行清洗，热本身能发挥洗净作用，但在多数情况下，热主要与其他清洗要素起到协同作用。温度越高，清洗效果越好，对于一般的罐和管道，通常清洗温度为65～75℃。巴氏杀菌机等热交换设备，对清洗温度要求更高，需要根据设备要求结合实际而设定。

（5）清洗时间　清洗时间越长，清洗效果越好。一般罐和管道，碱液（NaOH溶液）循环时间为10～20min、酸液（HNO_3溶液）循环时间为10～20min就可以达到较好的清洗效果。

（6）清洗的机械力　层流时不发挥洗净作用，流速达到一定程度后呈湍流状态才表现出洗净效果。提高清洗时清洗液流量可缩短清洗时间，并补偿清洗温度不足所带来的清洗不足。但是，提高流量设备和人工费用也会随之增加。

（7）清洗用水　清洗用水应达到国家生活饮用水标准，最好用软化水，总硬度在0.1～0.2mmol/L（5～10mg/L $CaCO_3$）是最理想的。细菌数要低于500CFU/mL，大肠菌群要低于1CFU/100mL。

5. 清洗消毒方法

清洗方法一般分为两种：CIP（clean in place）和COP（clean out of place）。在实际清洗过程中，CIP完成80%～90%的清洗任务，10%～20%的清洗任务则要靠COP来完成。

CIP是无需拆卸或打开设备，不需要操作员参与，通常由多个独立清洗步骤组成，在一定流量/压力下，将清洁剂溶液喷射或喷洒到设备表面或在设备中循环。而COP是指手工清洗、泡沫清洗等拆分设备进行清洗，常用于取样阀、入孔、软管、过滤网、垫圈、呼吸阀、进料管、转换件等零部件清洗。合适的清洗方法能使设备达到物理和化学清洁度，也在很大程度上取得细菌清洁度。细菌清洁度主要需要通过消毒得到进一步提高，使设备实现无菌。在ELS产品（超高温牛乳）生产中，需要对设备进行彻底灭菌，达到设备表面完全无菌。

乳品设备的消毒方式包括热消毒（沸水，热水，蒸汽）和化学消毒（氯，酸，界面碘剂，过氧化氢等）。H_2O_2用于管道、板式热交换器、离心机等杀菌时，一般浸泡过夜，第二天早上，用水冲洗掉，用H_2O_2指示剂检测H_2O_2是否冲洗干净，H_2O_2也用于软包装材料的消毒。

七、CIP清洗

CIP清洗是指在不拆卸、不挪动机械装置的情况下，利用高浓度的清洗剂溶液，将与食品（牛乳等）能接触到的设备表面进行清洗的清洗方式。CIP清洗是乳品生产厂保证产品质量的重要一环，为了提高清洗效率，企业一般采用对乳品、饮料加工生产线和灌装设备进行自动清洗的专用设备（称CIP自动清洗系统），可提供酸洗、碱洗以及热洗三道程序，并且可自动设置酸液、碱液浓度以及热水的温度。

CIP清洗

CIP具有清洗成本降低，水、清洗剂、杀菌剂及蒸汽的耗量少；安全可靠，设备无需拆卸，更加卫生；清洗效果好，程序按照步骤进行，有效减少人为失误等特点。CIP清洗设备要求产品的残留沉积必须是同一种成分，以便可以使用同一种清洗消毒剂；被清洗设备表面必须是同一种材料制成，或至少能耐受同一种清洗消毒剂；整个回路的所有部件，要能同时进行清洗消毒。

1. CIP清洗作用机制

利用大流量泵，以冷热水及酸碱液进行强烈循环或由特殊的喷淋冲刷装置使洗液高速均匀喷淋或冲刷被清洗物的表面，使之达到物理、化学和微生物学的清洗。在一定流量下，温度越高，液体黏度系数越小，雷诺数（Re）越大，运动能越强。运动能是由运动而产生机械作用，如搅拌、喷射清洗液产生的压力和摩擦力等。另外，水具有一定的溶解作用，但水为极性化合物，对油脂性污物几乎无溶解作用，对碳水化合物、蛋白质、低级脂肪酸有一定的溶解作用，对电解质及有机或无机盐的溶解作用较强。温度的上升可以改变污物的物理状态，加快化学反应速度，同时增大污物的溶解度，便于清洗时杂质溶液脱落，从而提高清洗效果、缩短清洗时间。采用CIP自动清洗要去除牛乳生产线中的污垢，并达到杀菌消毒的目的，要注意控制好以下操作条件，包括保持好清洗液在管道中的湍流状态、洗液温度的影响、清洗时间的影响、清洗剂的影响。

2. 洗涤剂

常用的洗涤剂有酸、碱洗涤剂和灭菌洗涤剂。酸、碱洗涤剂能将微生物全部杀死，去除有机物，但对皮肤有较强的刺激性，水洗性差。灭菌剂杀菌效果迅速，对所有微生物有效，稀释后一般无毒，不受水硬度影响，在设备表面形成薄膜，浓度易测定、易计量，可去除恶臭。但是有特殊味道，需要一定的储存条件，不同浓度杀菌效果区别大，气温低时易冻结，用法不当会产生副作用，混入污物杀菌效果明显下降，洒落时易沾污环境并留有痕迹。

常用酸洗涤剂为1%～2%硝酸溶液，碱洗涤剂为1%～3%氢氧化钠，通常在65～80℃使用。常用灭菌剂为氯系杀菌剂，次氯酸钠等。

3. CIP系统的组成

CIP系统（图2-18）主要包括清洗剂及灭菌剂的储罐、输送泵、回收泵、清洗管路和各种控制阀门、清洗喷头及程序控制装置，连同带清洗的全套设备，组成一个清洗循环系统。乳品厂的CIP程序根据是否含有受热表面而划分为用于巴氏杀菌器和其他带受热表面设备的CIP程序；用于管路系统、罐和其他不带受热面设备的CIP程序。根据所选定的最佳工艺条件，预先设定程序，输入电子计算机，进行全自动操作。

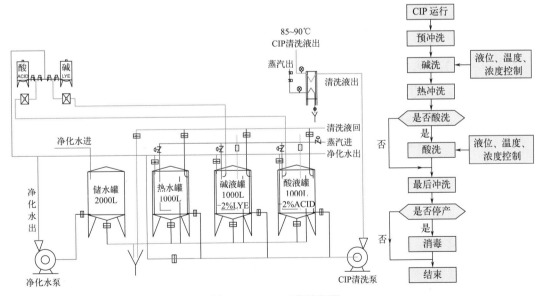

图2-18　CIP工艺流程图

CIP清洗系统工作时，按照预先设定的程序用送液泵将清洗液泵入要清洗的管道与设备中，再用回液泵把清洗后的洗液送回到清洗液贮缸。清洗过程中，清洗液的浓度被稀释，可通过清洗液补给装置添加相应的高浓度介质，调节其浓度。清洗管路分为送液管路与回液管路，它们连接清洗系统与待清洗设备，并组成清洗回路。CIP回液从底部进入过滤器，通过内部的金属过滤网将颗粒物、沉淀物等杂质截流，中间的清液通过上部管路回到CIP储罐。

4. CIP清洗程序及要求

乳品生产一般采用七步CIP清洗流程，根据洁净程度不同，程序也不同。

CIP清洗流程

（1）冷管路及其设备清洗程序　主要包括收乳管线、原料乳贮存罐等设备，因没有受到热处理，相对结垢较少。

① 预冲洗：清水预清洗3～5min，直到排出的水由乳白色转为白色，用温水冲洗10min。

② 碱洗：75～80℃热碱性洗涤剂循环10～15min，若选择氢氧化钠建议溶液浓度为0.8%～1.2%。

③ 水洗：清水冲洗3～5min，直至将残存热碱液冲洗干净，测pH 6.8～7.2，方可生产。

④ 酸洗：建议每周用65～70℃，0.8%～1.0% HNO_3 溶液循环清洗10～15min；若酸液浓度1.5%，温度80℃，循环清洗10min。

⑤ 水洗：清水冲洗5～7min，直至将残存酸液冲洗干净，至中性澄清为止，测pH 6.8～7.2，方可生产。通常，乳品生产开始之前进行管道及设备消毒，用90～95℃热水循环，消毒3～5min。

⑥ 逐步冷却10min，贮乳罐一般不需要冷却。

（2）热管路及其设备的清洗程序　乳品加工中，由于各段热管路加工工艺目的不同，牛乳在相应的设备和连接管路中的受热程度也有所不同，需根据具体结垢情况，选择有效的清洗程序。

① 受热设备的清洗

a. 预冲洗：清水预冲洗5～8min。

b. 碱洗：75～80℃热碱性洗涤剂循环15～20min。

c. 水洗：清水冲洗5～8min。

d. 酸洗：65～70℃热酸性洗涤剂循环15～20min。

e. 水洗：清水冲洗5min。

生产前90℃热水循环15～20min，对管路进行杀菌。

② 巴氏杀菌系统的清洗程序

a. 预冲洗：清水预冲洗5～8min。

b. 碱洗：75～78℃热碱性洗涤剂（浓度为1.2%～1.5%氢氧化钠溶液）循环15～20min。

c. 水洗：清水冲洗5min。

d. 酸洗：65～70℃酸性洗涤剂（浓度为0.8%～1.0%的硝酸溶液或2.0%的磷酸溶液）循环15～20min。

e. 水洗：清水冲洗5min。

清洗大罐时，在罐的顶部配备一个清洗喷射装置，洗涤剂溶液从上沿罐壁靠其重力流下。罐清洗的喷头（图2-19）由装在同一管子上的两个旋转喷嘴组成，一个在水平方向，另一个在垂直方向上旋转。旋转是由向后弯曲的喷嘴在喷射作用下产生的。虽然机械刷洗效果可以通过特殊设计的喷头，但需要大量的洗涤液进行循环才可达到良好的效果。

图2-19　清洗喷头

集中式就地清洗站（图 2-20）在许多乳品厂中工作效果良好，但在大型厂中就地清洗站和周围的就地清洗线路之间的连接变得过长，就地清洗管道系统中会有大量的液体，而且排放量也大。预洗后留在管道内的水严重地稀释了洗涤液，需添加大量的浓洗涤剂，以保持正确的浓度。距离越远，清洗的费用越高。因此，大型的乳品厂就采用了分散式就地清洗站（图 2-21），每一部分由各自的就地清洗站负责。

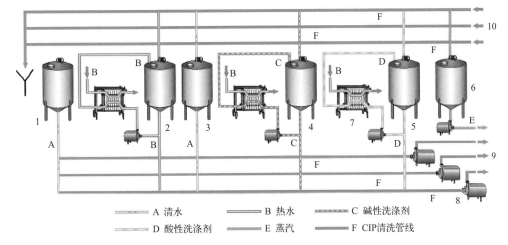

图 2-20　集中式就地清洗站

1—冷水罐；2—热水罐；3—冲洗水罐；4—碱性洗涤剂罐；5—酸性洗涤剂罐；
6—冲洗乳罐；7—用于加热的板式热交换器；8—CIP压力泵；9—CIP压力管线；10—CIP返回管线

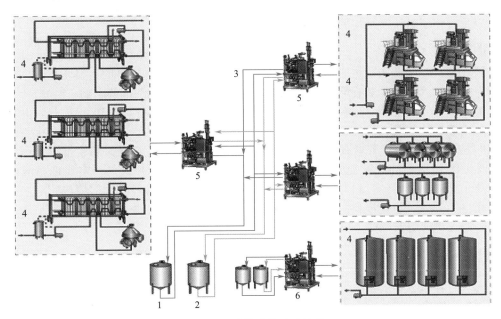

图 2-21　分散式就地清洗站

1—碱性洗涤剂贮罐；2—酸性洗涤剂贮罐；3—洗涤剂的环线；4—被清洗的对象；
5—卫星式就地清洗单元；6—带有自己洗涤剂贮罐的分散式就地清洗

5. CIP清洗效果检验

（1）清洗效果检验标准　适当清洗过的设备应有清新的气味，对于特殊的处理过程或特殊阶段容许有轻微的气味但不影响最终产品的安全和自身品质。不锈钢罐、管道、阀门等表面应光亮，无积水，表面无膜，无乳垢和其他异物（如砂砾或粉状堆积物）。设备清洗后达到绝对无菌是不可能的，但越接近无菌越好。

（2）检验要求及方法

① 检验频率

a. 乳槽车：送到乳品厂的乳接收前和乳槽车经 CIP 后。

b. 贮存罐（生乳罐、半成品罐、成品罐等）：一般每周检查一次。

c. 板式热交换器：一般每月检查一次，或按供应商要求检查。

d. 净乳机、均质机、泵类：检查维修时，如怀疑有卫生问题，应立即拆开检查。

e. 灌装机：对于手工清洗的部件，清洗后安装前一定要仔细检查并避免安装时的再次污染。

② 产品检测

a. 取样人员的手应清洁、干燥，取样容器应是无菌的，取样方式也应在无菌条件下进行。

b. 原料乳应通过检测外观、滴定酸度、风味来判断是否被清洗液污染。

c. 刚刚热处理开始的产品应取样进行大肠菌群的检查。取样点应包括巴氏杀菌器冷却出口、成品乳罐、灌装的第一杯（包）产品。

d. 灌装机是很重要的潜在污染源。通常检测第一包产品的杂菌数，一般在十几个。

e. 涂抹地点一般为最易出问题的地方，涂抹面积为 $(10 \times 10)\ cm^2$。

清洗后涂抹的理想结果建议如下：细菌总数 $<100 CFU/100 cm^2$；大肠菌群 $<1 CFU/100 cm^2$；酵母菌 $<1 CFU/100 cm^2$；霉菌 $<1 CFU/100 cm^2$。

（3）记录并报告检测结果　化验室对每一次检验结果都要有详细的记录，遇到有问题、情况时应及时将信息反馈给相关部门。

6. CIP清洗质量控制

采用 CIP 自动清洗去除牛乳生产线中的污垢并达到杀菌消毒的目的，要注意保持好清洗液在管道中的湍流状态；洗液温度的影响；清洗时间的影响和清洗剂的影响。

CIP 加热时，要先开清洗泵，稍后再开蒸汽。关时先关蒸汽阀，15min 左右后再关闭清洗泵，防止把板片吹裂。用酸碱清洗罐前，一定要把被清洗罐的上人孔盖好，防止溅到人身上。CIP 热料清洗完后，若紧跟着用冷料洗罐，一定要把上人孔打开，防止把罐压扁。防止串料，即 CIP 清洗中的酸碱混到物料中或混到 CIP 的水罐中。开泵前一定要把相应的阀门开好，防止把电机烧了，没料时一定要把泵关掉，防止空转。打开的阀门清洗完后一定要关掉，防止自然回流，引起串料。用浓酸浓碱配清洗液时，一定要戴上橡胶手套，不小心溅上酸碱液时，应迅速用布擦掉，再用水清洗。

八、成品检验

巴氏杀菌乳属于需低温保存的短保质期乳制品。《中华人民共和国食品安全法》第五十二条规定"食品、食品添加剂、食品相关产品的生产者，应当按照食品安全标准对所生产的食品、食品添加剂、食品相关产品进行检验，检验合格后方可出厂或者销售"。《食品安全国家标准 食品生产企业通用卫生规范》（GB 14881—2013）第9.4条款关于食品生产企业检验内容规定："应综合考虑产品特性、工艺特点、原料控制情况等因素合理确定检验项目和检验频次以有效验证生产过程中的控制措施。净含量、感官要求以及其他容易受生产过程影响而变化的检验项目的检验频次应大于其他检验项目。"《乳品质量安全监督管理条例》第三十一条规定"乳制品生产企业应当建立生鲜乳进货查验制度，逐批检测收购的生鲜乳。乳制品生产企业不得购进兽药等化学物质残留超标，或者含有重金属等有毒有害物质、致病性的寄生虫和微生物、生物毒素以及其他不符合乳品质量安全国家标准的生鲜乳"；第三十四条规定"出厂的乳制品应当符合乳品质量安全国家标准。乳制品生产企业来说，应当对出厂的乳制品逐批检验，并保存检验报告，留取样品"。

巴氏杀菌乳应按照《食品安全国家标准 巴氏杀菌乳》（GB 19645—2010）规定，检验项目包括原料乳、感官要求、理化指标、污染物限量、真菌毒素限量、微生物限量、其他包装要求等。检验不合格的不得出厂。

九、冷链销售

1. 冷链销售必要性

巴氏杀菌乳属"低温杀菌牛乳"，因能最大限度地保持鲜牛乳的营养含量和良好口感而被专家推荐饮用。巴氏杀菌工艺使得原料乳中的有害微生物都已经杀死，但还会保留一些其他微生物，因此巴氏杀菌乳从离开生产线，到运输、销售、存储等各个环节，都要求在4℃左右的环境中冷藏，保持冷链的连续性，防止里面的微生物"活跃"起来，大量繁殖，产生有机酸，最终导致牛乳变质变坏。尤其是出厂转运过程和产品的货架贮存过程是冷链的两个最薄弱环节，要特别引起重视，注意温度、避光、避免产品强烈震荡、远离具有强烈气味的物品等。

2. 冷链环节要素

巴氏杀菌乳的各个冷链环节包括生乳运输、冷链加工和冷链物流运输。冷链物流指冷藏、冷冻类物品在生产、储存、运输、再加工以及销售的全过程中始终处于规定的低温环境下（0～4℃），以保证物品质量和性能的系统工程（图2-22）。它是以保持低温环境为核心要求的供应链系统，是随着科技进步以及制冷技术的快速发展而发展起来的。乳制品冷链运输系统的架构（图2-23）是感知层管理终端实时接收温度数据、湿度数据、位置数据和其他相关信息；网络层作为数据传输的网络，主要通过互联网和GPRS移动网络；处理层处理网络传输回的数据，进行数据交互、数据分发和数据挖掘；数据处理完成后通过统一管理平台和终端子系统进行管理。系统涉及的硬件设备包括电脑、云服务器、冷藏车、终端机。终端机通过冷藏车12V输出电源供电，终端机采集到温湿度数据、位置数据直接上传至服务器中，服务器做数据处理，然后电脑端通过管理中心管理软件做处理。系统功能包括温度设定、超温报警、超阈值报警、位置定位、页面显示、网络查询、数据采集、数据管理等。

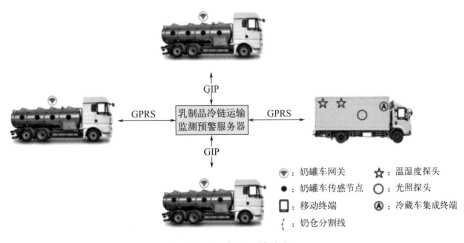

图2-22 冷链运输流程

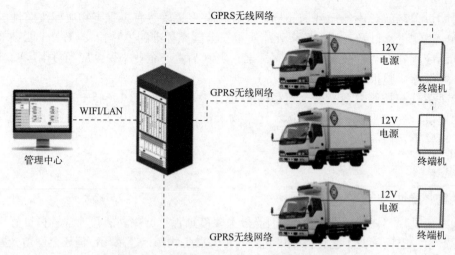

图 2-23　乳制品冷链物流系统整体拓扑结构

3. 冷链物流助力乳品市场发展

冷链物流的发展使得巴氏杀菌乳区域性减弱。我国高度重视冷链物流发展，2019 年 3 月国家发展改革委、交通运输部等 24 个部门联合发布《关于推动物流高质量发展促进形成强大国内市场的意见》，提出"加强农产品冷链物流体系建设"，发展"生鲜电商＋冷链宅配""中央厨房＋食材冷链配送"等冷链物流新模式。冷链物流效率的提升将延长巴氏杀菌乳运输半径，突破巴氏杀菌乳区域性限制，同时冷链物流规模提升也有利于摊销巴氏杀菌乳运输成本。

在国家优质乳工程的倡导下，各大乳品企业纷纷发力低温乳市场，以低温为主，坚持"鲜战略"。"十四五"期间，围绕乳制品加工产业链，着力发展有机、巴氏杀菌乳、发酵乳等高端低温液态乳产品。

 拓展知识

超巴氏乳横空出世

市场监管总局 2020 年 2 月发布的《关于修订公布食品生产许可分类目录的公告》新增了"高温杀菌乳"条目。这种牛乳的保质期有 15 天或 21 天不等，对保质期只有 3～7 天的巴氏乳无疑是一个补充品种。低温巴氏乳具备"健康""新鲜"和"营养"的特质已被普遍认可，但是在保质期短、需要低温保存、奶源地与市场的距离等因素的制约下，低温巴氏乳的销售半径并不能无限扩大，所以冷链和奶源是低温巴氏乳发展的主要痛点。乳品企业为了突破低温巴氏乳的销售半径，争取更大的市场份额，在低温巴氏乳领域应运而生这样一个新的品类——超巴氏乳，也称 ELS，超长货架期牛乳，它极大地解决了奶源与市场不匹配的问题，运用超巴氏杀菌技术，可以在保留与低温巴氏乳相似口感的基础上，将保质期增加一倍甚至更多。延长货架期（ESL）其实并不是指具体的杀菌方式，而是一种管理理念，是指从原乳到最终产品的各个环节都尽量减少任何形式的二次污染，减少菌落总数，来达到延长货架期的目的。

反思研讨：漂洋过海的"进口巴氏乳"是真的巴氏乳吗？

超巴氏杀菌技术是指杀菌温度为 125～

138℃，保持2～4s，并将产品冷却到7℃以下贮存和销售的技术。采取的主要措施是尽最大可能避免产品在加工和包装过程中再次污染，因此需要极高的生产卫生条件和优良的冷链分销系统。超巴氏乳不是无菌罐装，也没有达到商业无菌的标准，因此在储存和分销时还是需要保持低温冷藏，这样也就保留了和巴氏乳相似的口感。

目前，超巴氏乳还没有一个统一的国家标准，乳品企业执行的是企业标准或团体标准，其中规定的杀菌温度、时长都不一样。目前针对超巴氏乳产品的食品安全国家标准正在制定中，巴氏杀菌乳的标准也在修订。

这个"新物种"虽然在概念上被认可，但仍然缺乏统一的生产标准。而且市场上超巴氏乳价格战也颇为常见，从乳业的发展来看并非长久之计。**伴随着技术的进步，全球乳业也迎来了新的发展机遇，为消费者带来更多便利。在健康成为全球共识的大背景下，只有乳业技术的不断进步，才能满足全球消费者更加丰富的健康需求。**

检验提升

一、单选题

1. 巴氏杀菌乳生产过程中，可用于除去原料乳中杂质的设备是（　　）。
   A. 均质机　　　　B. 分离机　　　　C. 过滤器　　　　D. 杀菌器
2. 巴氏杀菌乳生产过程中，标准化的主要内容是（　　）。
   A. 调节pH值　　　B. 调整脂肪和非脂乳固体比例
   C. 控制微生物数量　D. 稳定乳的颜色
3. 巴氏杀菌乳的保质期一般是（　　）。
   A. 1～7天　　　　B. 15～30天　　　C. 2～3个月　　　D. 6～12个月

二、简答题

1. 牛乳均质的目的和原理分别是什么？
2. 为什么乳品企业要采用CIP设备清洗系统？

项目2　UHT灭菌乳的生产

项目描述

GB 25190—2010灭菌乳中包括超高温（UHT）灭菌乳和保持灭菌乳两类，主要差别是灭菌方式不同。灭菌乳的处理方式能够杀死乳中一切微生物包括病原体、非病原体、芽孢等，但仍然不是无菌乳，只是产品达到了商业无菌状态，即不含危害公共健康的致病菌和毒素；不含任何在产品贮存运输及销售期间能繁殖的微生物；在产品有效期内保持质量稳定和良好的商业价值，不变质。灭菌保质期长，不需冷藏，牛乳中维生素等营养成分破坏相对比较大，属于常温乳范畴。UHT灭菌乳在巴氏杀菌乳生产基础上典型生产工序有UHT灭菌、无菌灌装、CIP清洗等，所对应的岗位与巴氏杀菌乳生产岗位相同。通过虚拟仿真平台或中式生产线等实训条件加强UHT灭菌乳生产工艺流程及质量控制实践训练，完成UHT灭菌乳生产及

灭菌乳

记录单填报等具体工作内容。

相关标准

① GB 25190—2010　食品安全国家标准　灭菌乳。
② T/TDSTIA 005—2019　优质超高温瞬时灭菌乳。
③ NY/T 939—2016　巴氏杀菌乳和UHT灭菌乳中复原乳的鉴定。

工艺流程

UHT灭菌乳生产工艺流程见图2-24，生产线见图2-25和图2-26。

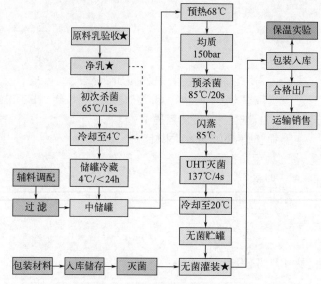

图 2-24　UHT灭菌乳生产工艺流程

(★为关键质量控制点)

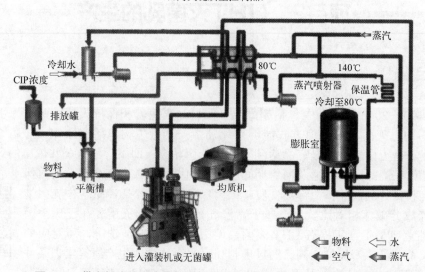

图 2-25　带有板式热交换器的直接蒸汽喷射加热的UHT生产线示意图

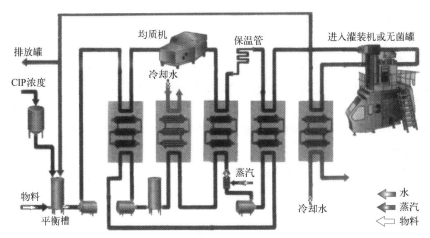

图 2-26 以管式热交换器为基础的间接 UHT 灭菌乳生产线示意图

 关键技能

无论是直接还是间接 UHT 方法,生产工艺是相近的。UHT 工艺与巴氏杀菌工艺主要的区别在于,UHT 处理前一定要对所有设备进行预灭菌,UHT 热处理要求更严、强度更大,工艺流程中必须使用无菌罐,最后采用无菌灌装。生活常见的无菌砖、无菌枕、网红小白袋等液态乳产品达到了商业无菌,无需冷藏,可在常温下长期保存,属于常温乳,又称灭菌乳,分为保持灭菌乳和超高温灭菌乳。超高温灭菌乳的出现,源自食品加工技术史上的一次革命。超高温瞬时灭菌技术(UHT 技术)与无菌灌装技术相结合,改善了灭菌乳工艺,让常温乳在液态乳行业中具备技术优势。UHT 杀菌技术保障了常温乳在到达消费者腹中前,都处于商业无菌状态。常温乳经过超高温灭菌,再通过无菌灌装工艺确保不带入有害微生物,在包装上采用复合型材料,避免微生物污染、氧化变质等不良因素。

一、原料乳验收

生产 UHT 产品对原料乳质量要求较高,除须具有生产巴氏杀菌乳的原料乳基本质量要求外,在蛋白质的稳定性、微生物指标等方面有特殊要求(表 2-7)。

表 2-7 灭菌乳原料一般要求

项目	指标	项目	指标
脂肪含量 /%	≥ 3.10	冰点 /℃	−0.54~−0.59
蛋白质含量 /%	≥ 2.95	滴定酸度	≤ 16
相对密度(20℃/4℃)	≥ 1.028	抗生素含量 μg/mL	<0.004
酸度(以乳酸计)%	≤ 0.144	体细胞数 /(个/mL)	≤ 500000
pH	6.6~6.8	细菌总数 /(CFU/mL)	≤ 100000
杂质度 /(mg/kg)	≤ 4	芽孢总数 /(CFU/mL)	≤ 100
汞含量 /(mg/kg)	≤ 0.01	耐热芽孢数 /(CFU/mL)	≤ 10
农药含量 /(mg/kg)	≤ 0.1	嗜冷菌数 /(CFU/mL)	≤ 1000
蛋白质稳定性	75% 的酒精试验阴性		

（1）蛋白质稳定性 在生产 UHT 产品的过程中，尤其重要的是牛乳中蛋白质在热处理中不能失去稳定性。蛋白质的热稳定性可通过酒精试验来进行快速鉴定，如果牛乳在酒精浓度为 75% 时仍保持稳定，则通常可以避免在生产和货架期间出现问题。

（2）微生物指标 牛乳中微生物种类及含量对灭菌乳品质的影响至关重要。在低温下长时间贮存的牛乳，可能会含有较高数量的嗜冷菌，其会产生一些经灭菌处理也不会失活的耐热酶类。在产品贮存期间，这些酶类引起产品滋味改变，如出现酸辣味、苦味，严重时会发生凝胶化。因此生产 UHT 乳时，原料乳必须具有很高的细菌学质量，包括细菌总数以及影响灭菌率的芽孢形成菌的数量。通常要求细菌总数应小于 2.0×10^5 CFU/mL。

二、闪蒸

闪蒸就是将热溶液的压力降到低于溶液温度下的饱和压力，部分水将在压力降低的瞬间沸腾汽化的过程，是一种特殊的减压蒸发。在直接式超高温瞬间（UHT）灭菌工艺中，由于采用高温高压水蒸气与低温的牛乳直接接触使牛乳在迅速升温灭菌的同时，不可避免部分水蒸气冷凝到牛乳里，从而导

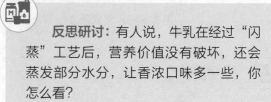

反思研讨： 有人说，牛乳在经过"闪蒸"工艺后，营养价值没有破坏，还会蒸发部分水分，让香浓口味多一些，你怎么看？

"香浓"牛奶大揭秘，牛奶你选对了吗？

致外加的水分进入了产品，这是乳业法规不容许的。然而，在此情况下牛乳实际上处在 140℃ 左右的高温，压力约为 3 个大气压，当释放压力，牛乳温度立即下降，同时部分水分也会变成水蒸气逸出，这就是闪蒸工艺应用的必要。另外，闪蒸工艺还能满足在不改变牛乳各种成分性质的前提下提高牛乳中干物质含量，增加牛乳香气，脱除乳中的不良气味等，调整由于季节变化引起的原料乳干物质数值波动，使之保持在一个固定值，保证全年产品品质的一致性。

闪蒸工艺过程是从杀菌器引出的高温牛乳，进入闪蒸器，由于牛乳温度高于闪蒸器的蒸发温度（可由真空泵、供料量等调整真空度大小，从而控制闪蒸温度），这部分潜热使牛乳在闪蒸器内瞬间蒸发，牛乳温度随之降低由出料泵打回杀菌器，闪蒸出的水蒸气进入冷凝器，被冷却水吸收，由冷却水泵打入板式热交换器冷却后进入水罐进行再循环。

三、UHT 灭菌

1. UHT 灭菌原理

超高温灭菌过程中牛乳微生物学和物理化学方面的变化以及基本加工原理早在 1965 年提出了详细研究报告，主要是细菌的热致死率会随着温度的升高大大超过此过程中牛乳化学变化的速率，如维生素的破坏、蛋白质变性及褐变速率等。研究结果表示，在温度有效范围内，热处理温度每升高 10℃，杀死孢子的速度上升 11~30 倍。牛乳长时间处于高温条件，会形成一些化学反应产物，导致牛乳变色（褐变），并伴随产生蒸煮味和焦糖味，最终出现大量沉淀。从表 2-8 可见，100℃、600min 灭菌效果，相当于 150℃、0.36s 的灭菌效果，褐变程度前者为 100000，而后者仅为 97，显示出超高温灭菌的优越性，在取得同等杀菌效果的前提下，牛乳的营养损失也可以在很大程度上减少。

最受欢迎的视频工业技术-UHT 灭菌?

表 2-8　杀菌温度、时间与褐变程度的关系

温度/℃	加热时间	相对的褐变程度	杀菌效果
100	600min	100000	同等效果
110	60min	25000	同等效果
120	6min	6250	同等效果
130	36s	1560	同等效果
140	3.6s	390	同等效果
150	0.36s	97	同等效果

杀菌效果是由杀菌效率（SE）来衡量的。杀菌效率用杀菌前后孢子数的对数比来表示：

$$SE = \lg \frac{P}{F}$$

式中　SE——杀菌效率；
　　　P——杀菌前的原始孢子数；
　　　F——杀菌后的最终孢子数。

经试验得到杀菌温度不同、时间相同（4s）时，杀菌效率接近，见表 2-9，选择正确的温度/时间组合使芽孢的失活达到满意的程度，保证牛乳化学变化保持在最低水平至关重要，所以超高温灭菌乳通常采用的灭菌条件为 137℃、4s。

表 2-9　杀菌温度不同、杀菌时间（4s）相同的杀菌效率

温度/℃	原始孢子数/(个/mL)	最终孢子数/(个/mL)	杀菌效率 SE
140	45 万	0.0004	>9
135	45 万	0.0004	>9
130	45 万	0.0007	8.8
125	45 万	0.45	6

2. UHT处理对牛乳的影响

（1）微生物影响　通常原料乳中含有细菌营养体和芽孢的混合菌，UHT 处理需要杀灭原料乳中的所有微生物，但在实际生产过程中，往往仍有少量耐热芽孢不能被完全杀灭。由于嗜热脂肪芽孢杆菌和枯草芽孢杆菌耐热能力极强，通常作为检测 UHT 设备灭菌效率的指示菌。细菌芽孢的致死温度一般从 115℃开始，随着温度的升高而致死率快速上升。

（2）感官质量影响

① 色泽　一般来说，高温处理会导致牛乳色泽变化，主要是因为热处理致使蛋白质变性聚集，导致牛乳中反射性粒子增加，又因热处理强度较巴氏杀菌大，发生一定程度的美拉德反应，导致牛乳色泽变深，并伴随产生蒸煮味和焦糖味。选择高温短时热处理条件，牛乳色泽变化会明显减轻。一般，热处理强度越大，乳中的乳果糖的含量越高。因此，通常可以通过测定乳果糖和糠氨酸的含量，将 UHT 灭菌乳、巴氏杀菌乳和二次灭菌乳进行区分。

② 滋气味　通常认为刚经过 UHT 处理的牛乳香味较淡，而且因在热处理过程中乳清蛋白变性导致牛乳中巯基释放而产生明显的蒸煮味，经过几天储存，随着这些基团的氧化，产品风味会有显著改善，改善速度与产品中存在的氧有很大关系。

（3）营养价值的影响　UHT 处理对牛乳中脂肪、矿物质等影响较小，对乳中蛋白质的营养价值有一定改变，主要的影响不是乳中酪蛋白，而是乳清蛋白。热处理造成乳清蛋白变性并不能说明 UHT 灭菌乳营养价值降低，相反，热处理反而提高了乳清蛋白的消化吸收率。

UHT灭菌乳中赖氨酸的损失率仅为0.4%～0.8%，与巴氏杀菌乳相同，保持灭菌乳有6%～8%的赖氨酸损失，相对影响较大。牛乳中不同维生素的热稳定性差异较大。一般来说，维生素A、维生素D、维生素E等脂溶性维生素对热稳定，而维生素B_2、维生素B_3（烟酸）、维生素C、生物素等水溶性维生素对热不稳定。UHT灭菌乳中维生素B_1损失低于3%，保持灭菌乳中损失为20%～50%。其他如维生素B_6、维生素B_{12}、叶酸等热敏性维生素在保持灭菌乳中损失率可高达100%。UHT处理对牛乳营养成分的影响见表2-10。

表2-10 UHT处理对牛乳组分的影响

成分	变化情况	成分	变化情况
脂肪	无变化	矿物质	部分转变成不溶性
乳糖	临界变化	维生素	水溶性大量损失
蛋白质	乳清蛋白部分变性		

3. UHT灭菌系统

UHT灭菌要实现牛乳在短时间内达到135～150℃，需要满足2个条件，一是加热介质的温度要足够高，至少在160℃；二是加热介质与牛乳要有足够的热交换面积。UHT灭菌系统常用的加热介质大都为蒸汽或热水，根据牛乳与热介质是否接触，可分为直接加热系统和间接加热系统（表2-11）。

表2-11 超高温瞬时加热系统

灭菌方法	加热方式
间接加热系统	板式加热
	管式加热（中心管式和壳管式）
	刮板式加热
直接加热系统	直接喷射式（蒸汽喷入牛乳）
	直接混注式（牛乳喷入蒸汽）

（1）直接加热系统 直接加热系统需要预热，即先把原料乳经间接式热交换器预热到80～85℃，然后与高温洁净蒸汽直接混合，立即升温至灭菌温度140～150℃，蒸汽被冷凝于乳中，使乳中干物质含量降低，然后牛乳进入真空室闪蒸，通过工艺设计，控制冷凝水量与蒸发量相等，乳中的一部分水分被蒸发，使乳中干物质含量保持不变，可分为直接喷射式（蒸汽喷入产品中，图2-27）和直接混注式（产品喷入蒸汽中，图2-28）两种。闪蒸后的牛乳温度下降被冷却进入无菌均质机（压力10～20 MPa），冷却至20℃，进入无菌包装流程。

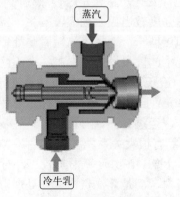

图2-27 蒸汽喷射喷嘴

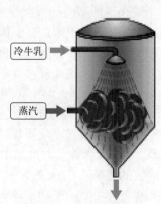

图2-28 蒸汽混注容器

（2）间接加热系统 间接加热系统中牛乳与加热介质（蒸汽或热水）由不锈钢导热面隔开，不直接接触，通过热交换器先把牛乳加热到80～85℃，再进一步利用热交换器将牛乳加热到140℃，保持几秒钟后，再次通过热交换器在较短的时间里把温度降低到20℃以下。间接UHT灭菌系统根据热交换器传热面的不同，可分为板式、管式和列管式热交换系统，如图2-29。

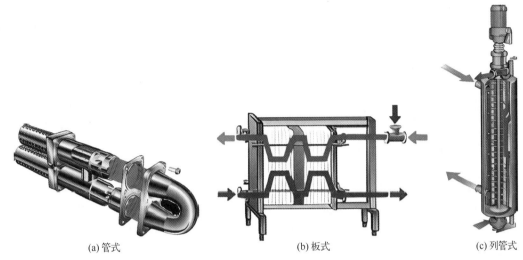

(a) 管式　　　　　(b) 板式　　　　　(c) 列管式

图2-29 间接加热交换器

① 板式热交换系统 板式热交换器结构比较紧凑，加热段、冷却段和热回收段可有机地结合在一起。热交换板片的优化组合和形状设计大大提高了传热系数和单位面积的传热量。易于拆卸，可人工清洗加热板面，定期检查板面结垢情况，保证CIP清洗效果。UHT板式热交换系统与巴氏杀菌板式杀菌系统的主要不同在于系统是否能够承受135～150℃高温。

② 管式热交换系统 管式热交换器是由一根壳管内套多根小管构成复合管，多段复合管连接起来每一段为一程，各程内管用U形管连接，外管用支管连接，此种热交换器的程数较多，一般为上下排列固定在支架上。产品在内管内流动，加热介质在外管内逆向流动，通过内管壁进行热交换。管式热交换系统在生产过程中因能承受较高的温度及压力，生产能力较强，产品适应性强，能对高黏度的产品进行热处理而广泛使用。

原料乳经预热及均质后，进入热交换器的加热段，被加压热水系统加热至137℃，热水温度由喷入热水中的蒸汽量控制（热水温度为139℃），进入保温管保温4s。离开保温管后，灭菌乳进入无菌冷却段，被水冷却。从137℃降温至76℃，最后进入回收段，被5℃的进乳冷却至20℃。间接加热系统生产过程的热交换是以传导和对流的方式进行的。由于牛乳对热敏感性较强，当牛乳温度高于65℃时，交换器热传递面与牛乳温差过大，使牛乳中蛋白质在隔板面形成结焦的机会增加，易产生垢层，导致传热系数下降。因此，在灭菌段，热水温度比产品的灭菌温度高2～3℃为佳。

在间接热交换系统中，原料乳在加热过程中牛乳不能沸腾，因沸腾所产生的蒸气压将占据系统流路，而且蒸汽气泡的作用，会产生较强的湍流现象，造成系统中流量及温度的不稳定；沸腾产生的气泡也会增加产品加热表面变性及结垢的机会，影响热传递及产品品质，减少物料灭菌时间，降低灭菌效率。根据经验得知，为更好地防止产品在加热时沸腾，所提供的内部压力至少要比饱和蒸气压高，如135℃下需保持0.2MPa，150℃下需保持0.375MPa，以避免牛乳沸腾。

③ 板式热交换器与管式热交换器的优缺点　从温度的变化情况来看比较接近，从机械设计的角度，板式热交换器很小的体积可提供较大的换热面积，因此如果以达到同样的传热量为标准，板式热交换系统是最经济的。

管式热交换器因结构特性，较板式热交换器更加耐高温和高压，板式热交换器会受板材及垫圈的限制。

（3）直接加热系统与间接加热系统优缺点　直接加热与间接加热最明显的区别是前者加热及冷却的速度较快，即UHT瞬时加热能够通过直接加热系统更易实现。直接加热的优势在于该系统可加工黏度高的产品原料，特别是对那些不能通过板式热交换器进行良好加工的产品，不容易结垢。直接加热系统的缺点是原料需要在灭菌后均质，无菌均质机成本高，维护成本高，尤其是及时更换柱塞密封以避免其被微生物污染。直接加热系统结构相对较复杂，运转成本相对较高，是同等处理能力的间接加热系统的2倍，热回收率低，水、电成本高。因此，近年来随着国家能源和水资源成本的增加，间接加热系统的使用更为普遍。

4. 典型UHT灭菌生产线

（1）间接板式UHT生产线　4℃牛乳由贮存缸泵送至UHT系统的平衡槽，经供料泵送至板式热交换器的热回收段。产品被已经UHT处理过的牛乳加热至约75℃，同时，UHT灭菌乳被冷却。预热后的产品18～25MPa均质。间接生产线牛乳可在UHT处理前使用非无菌均质机进行均质，下游再配置一台无菌均质机，可提高产品组织和物理稳定性。预热均质的产品继续到板式热交换器的加热段被加热至137℃，加热介质为热水循环，通过蒸汽喷射头将蒸汽喷入循环水中控制温度。加热后，产品流经保持管，保温4s。冷却分成两段进行热回收，首先与循环热水的换热，然后与进入系统的冷产品换热，离开热回收段后，产品直接连续流至无菌包装机或无菌罐进行中间贮存（图2-30）。

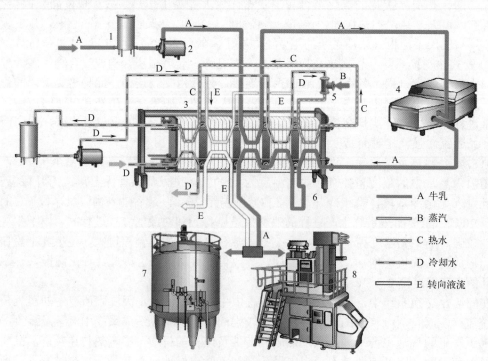

图2-30　间接板式UHT生产线

1—平衡槽；2—供料泵；3—板式热交换器；4—非无菌均质机；
5—蒸汽喷射头；6—保持管；7—无菌罐；8—无菌灌装

（2）直接板式 UHT 生产线　4℃牛乳从平衡槽经供料泵流至板式热交换器预热段，温度达到 80℃时，牛乳经泵加压至约 0.4MPa，流动至环形蒸汽喷射头，注入蒸汽，牛乳迅速升温至 140℃，加压防止沸腾，在保持管中保温 4s，进入蒸发室闪蒸后，由泵保持蒸发室部分真空状态。控制真空度，保证闪蒸出的蒸汽量等于蒸汽最早注入牛乳的量。经离心泵送入无菌均质机，经板式热交换器冷却至约 20℃，直接连续送至无菌罐进行中间贮存以待包装或无菌灌装机灌装（图 2-31）。

如果在生产中一旦出现温度异常降低，牛乳立即通过附加冷却段后流至夹套缸，系统自动被水充满，随设备被水漂洗后，在再次开始生产之前，系统需要进行完全 CIP 清洗并灭菌后再进入生产，该设备一般生产能力为 2000～30000L/h。

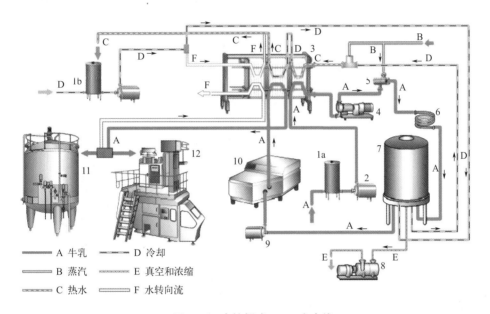

图 2-31　直接板式 UHT 生产线

1—牛乳平衡槽；2—供料泵；3—板式热交换器；4—正位移泵；5—蒸汽喷射头；
6—保持管；7—蒸发室；8—真空泵；9—离心泵；10—无菌均质机；11—无菌罐；12—无菌灌装机

（3）直接管式 UHT 生产线　系统预灭菌后冷却至 25℃左右，4℃的牛乳流入管式热交换器，预热至约 95℃（3a 和 3c 段），经保持管稳定蛋白质后，被进一步间接加热 3d 至 140～150℃，保持数秒后在管式热交换器冷却，热能被用于再生加热，注入产品蒸汽在真空室中以蒸汽形式被闪蒸掉，温度降至 80℃。经无菌均质，牛乳经热回收冷却至包装温度约 20℃，进入无菌灌装系统或注入无菌罐中间贮存。加热和冷却介质在各自水循环管路循环，并提供加工过程中热交换器各段所需热量。若生产过程中温度异常降低，产品将回流至夹套缸，设备注水，在重新生产之前设备务必进行完全 CIP 清洗和灭菌（图 2-32）。

（4）间接管式 UHT 生产线　与间接板式 UHT 生产线物料走向没大差别，设备生产能力在 1000～30000L/h。当生产中温度异常降低时，产品回流至夹套缸，清水注满设备稳定压力以保护设备，在生产重新开始前，必须进行完全 CIP 清洗和灭菌（图 2-33）。

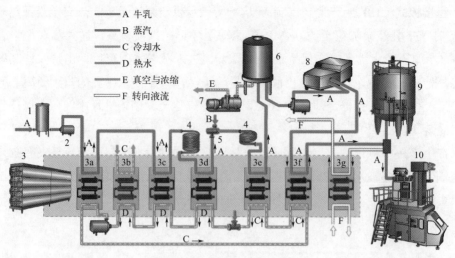

图 2-32 直接管式 UHT 生产线

1—平衡槽；2—供料泵；3—管式热交换器；3a—预热段；3b—补偿冷却器；3c—加热段；
3d—最终加热段；3e—冷却段；3f—冷却段；3g—转向冷却器；4—保持管；5—蒸汽喷射头；
6—蒸发室；7—真空泵；8—无菌均质机；9—无菌缸；10—无菌灌装

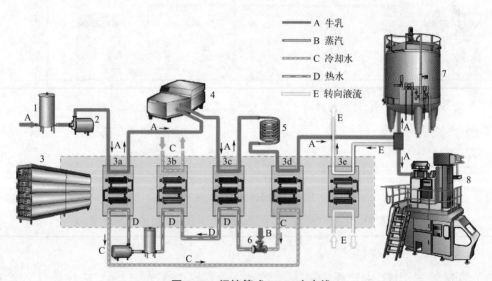

图 2-33 间接管式 UHT 生产线

1—平衡槽；2—供料泵；3—管式热交换器；3a—预热段；3b—中间冷却段；3c—加热段；
3d—热回收冷却段；3e—启动冷却段；4—非无菌均质机；5—保持管；6—蒸汽喷射类；7—无菌缸；8—无菌灌装

四、UHT 循环生产工艺

1. 设备杀菌

设备加热或杀菌目的是保证生产之前创建产品流的无菌环境，主要由同步管及其后部设备、流向无菌包装机的管道组成。杀菌是在压力作用下，循环热水通过产品流 30min 完成。所需压力由控制阀保持，无菌流部分温度在杀菌期间保持在预置的杀菌温度，杀菌完成之后，设备分别冷却至工艺要求的生产温度，同步管内的温度仍保持在杀菌温度。

2. 灭菌乳生产

将产品填充满供应管，排空水平衡罐，等待低液位，由平衡罐填充产品到设备中，产品排出水到排水管，产品填充到次品、生产、排空产品到次品，水推动产品到次品罐，排空到排出管。

3. 无菌中间清洗（AIC）

无菌中间清洗（AIC）是指生产过程中保持无菌状态下，对热交换器进行清洗，目的是去除加热面上沉积的脂肪、蛋白质等垢层，以降低系统内压力，有效延长运转时间。设备在AIC之后不必重新灭菌而节省了停机时间并使生产时间延长。在AIC期间，同步管内的温度保持在杀菌温度，这意味着设备的无菌部分仍保持杀菌状态。AIC由一个来自操作者的命令执行，如果从生产阶段安排，产品被消毒水置换，消毒水在进入清洗阶段被热水冲洗而流动，一般清洗时间30min。

AIC的清洗程序如下：

① 用水顶出管道中的产品。

② 用碱性清洗液（浓度为2%的氢氧化钠溶液）按正常清洗状态在管道内循环。循环时要保持正常的加工流速和温度，以便维持热交换器及其管道内的无菌状态。循环时间一般为10min。

③ 当压强降到正常水平时，热交换器清洗干净，用清水替代清洗液，随后转回产品的正常生产。当加工系统重新建立后，调整至正常的加工温度，热交换器可接回加工的顺流工序而继续正常生产。

4. 最终清洗（CIP）

CIP清洗的目的是在AIC之后对加热系统进行彻底清洗，恢复加热系统的生产能力。一般生产完成之后应立刻执行最终清洗，另外，因故障实施停止后也应尽可能立刻进行最终清洗。如果CIP从生产阶段安排，在CIP开始前，产品先被消毒水置换。UHT系统中的清洗对象包括配料设备、管道、热交换器、无菌罐和包装机。图2-34为带有两条清洗线路，装有两个循环罐、两洗涤剂和冲洗水回收罐相连的浓洗涤剂计量泵的分散式系统CIP装置。为避免

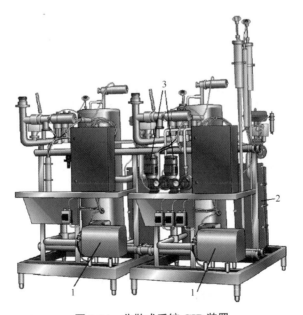

图2-34 分散式系统CIP装置

1—压力泵；2—热交换器；3—计量泵

交叉污染，配料罐原则上清空1次清洗1次。日常清洗以纯水冲洗为主，每天必须进行1次高温消毒。3天进行1次碱清洗，周末进行1次酸碱清洗。

（1）**管道清洗** 管道的清洗分两部分，调配罐后的管道与UHT同时清洗；调配罐前的管道，如两次使用间隔时间短，可不清洗，但最好在前一次泵完原料后控制适量顶水将管道内残余物料顶干净，将质量隐患产生的可能性降到最低。

（2）**热交换器清洗** 对于热交换器，UHT清洗除了温差达到6℃必须进行完整CIP外，加工期间要随时监控温度的变化趋势，及时做出AIC清洗的决定。UHT清洗时要和输出到无菌罐的管路一起清洗。在不出现温度报警的情况下也必须坚持24h内停机清洗的制度。

（3）**无菌罐清洗** 无菌罐应严格执行24h 1次CIP清洗制度。无菌罐的无菌空气滤芯也要严格执行每使用50次更新1次的规定，确保无菌条件时时有效。无菌罐清洗要和无菌罐输出到包装机的管路一同清洗。遗留任何一处，都将影响整条线的清洗效率。另外，在加工线更换生产的产品时，一定要进行CIP清洗，避免前后产品的风味互相影响。

（4）**无菌包装机清洗** 当无菌包装机停机超过40min，需要对包装机及其管路进行CIP清洗后才能继续加工，连续生产24h要确保进行1次CIP清洗。

五、无菌包装

市售UHT灭菌乳包装形式不同保质期也不同，有的保质期长达6个月以上，其原因是采用UHT灭菌技术，配合无菌包装技术再加上复合包装材料（图2-35）的阻隔性最大限度地保留了牛乳的营养成分和风味。所谓无菌包装是指将杀菌后的牛乳，在无菌条件下灌入预先杀过菌的容器中并密封，具体包括乳制品预杀菌、包装材料或容器灭菌和充填密封环境无菌。一条完整的无菌包装生产线包括物料杀菌系统、包装材料杀菌、系统无菌包装系统、自动清洗系统、无菌环境保护系统、自动控制系统等。无菌包装必须符合：包装容器和密封方法必须适于无菌灌装，封合后容器在贮存和分销期间必须能阻挡微生物透过，包装容器应具备阻止产品发生化学变化的特性；容器与产品接触的表面在灌装前必须经过严格灭菌；若采用盖子封合，封合前必须立即灭菌；灌装过程中，产品不能受到来自任何设备表面或周围环境等污染，封合必须在无菌区域内进行，防止微生物污染等条件。

无菌灌装技术

自2020年以来，在强调内外双循环和国产替代的政策引领下，国内乳制品的无菌包装行业迅速发展，在包装材料、包装表面处理技术、包装黏合技术等方面不断科技创新，在关键技术上实现突破，2022年不断扩大的国内无菌包装市场和国内无菌包装技术向国外输出解决了国外品牌一度占据高达90%以上市场份额的"卡脖子问题"，彻底打破了外国无菌包装垄断中国市场的局面，我国无菌包装技术达到国际水平。

思考：为什么市场上看到的塑料包装材料越来越少了？

1.包装材料或容器灭菌

目前生产中常用UHT灭菌乳的包装材料有复合硬质塑料包装纸、复合挤出薄膜和聚乙烯吹塑瓶，使用最多的是以复合硬质塑料包装纸制成的无菌枕和无菌砖，无菌枕产品保质期可达45天，无菌砖3个月以上。无菌枕和无菌砖由六层复合材料构成，由外向内依次为聚乙烯（PE）\纸板\聚乙烯\铝箔\聚乙烯\聚乙烯，纸板不可直接接触产品，主要加强包装成型后的

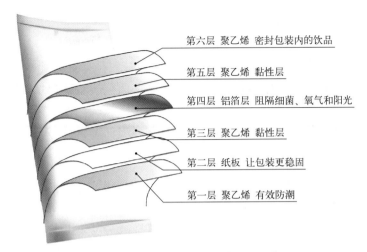

图 2-35　无菌枕和无菌砖复合材料结构图

挺度和硬度。食品级的PE主要作用是阻隔液体渗漏和微生物侵袭，内侧PE还起热封作用。铝箔良好的阻隔性和遮光性起到避光、阻断透气保持产品不被氧化，减少营养损失，保持口味新鲜等作用。包装材料或容器的灭菌方法有物理法杀菌、化学法灭菌和化学物理并用方法灭菌。

（1）物理法杀菌

① 过热蒸汽灭菌：用温度 130～160℃ 的过热蒸汽喷射于需灭菌的包装容器内，数秒即完成灭菌操作，仅适用于耐热容器，如金属容器、玻璃容器等。

② 微波加热法：该方法能够使含有中等水分的包装材料快速升温，迅速产生热量，保证易受污染且最需灭菌的部分得到彻底灭菌，但不适用塑料包装材料和铝箔材料的灭菌。

③ 紫外线灭菌：紫外线灭菌原理是因细菌细胞中 DNA 直接吸收紫外线而被杀死，最适致死微生物的紫外线波长是 250nm。

（2）化学法灭菌　乳制品生产中最常用的化学消毒剂就是双氧水，它是一种灭菌能力很强的灭菌剂，对大肠杆菌、金黄色葡萄球菌、霉菌、厌氧菌以及抵抗力最强的枯草芽孢杆菌等都具有特效快速杀灭作用，其灭菌力与双氧水的浓度和温度有关，浓度越高、温度越高，灭菌效力就越好。常温下，双氧水的灭菌作用较弱。应用此法对包装材料进行灭菌时需使用食品级双氧水，其浓度一般控制在 25%～30%，温度为 60～65℃。食品级双氧水等消毒剂在食品加工过程中使用要保证产品中药物残留低于规定的要求，即不得检出。

食品级双氧水虽本身无毒，但其对人的皮肤、眼睛和黏膜有很强烈的刺激作用，其蒸气进入人体呼吸系统后，会对肺产生刺激作用，甚至影响器官功能，因此要注意个人防护。当食品级双氧水溅落到人体皮肤或眼内时，应用大量清水立即冲洗。

（3）化学物理并用方法灭菌

① 双氧水和热处理并用：主要有两种方法，一种是浸泡法，双氧水加热后将包装材料或容器浸渍于双氧水槽内；另一种是喷淋法，将食品级双氧水均匀地涂布或喷洒于包装材料表面，然后通过电辐射加热或热空气加热使双氧水完全蒸发分解成无害的水蒸气和氧。

② 双氧水和紫外线并用：一种经济高效杀菌法，很多无菌填充系统都采用双氧水结合紫外线。为得到最佳的灭菌效果，较高强度的紫外线辐射需要较高浓度的 H_2O_2。一般使用 2.5% 的 H_2O_2 结合 1.8W/cm² 的紫外线强度可使一种非常耐 H_2O_2 的枯草芽孢杆菌的灭菌效率提高，若升高至 80℃ 灭菌效果更加明显。这种灭菌比用 H_2O_2 结合热处理灭菌更具有优势，因为较低浓度的 H_2O_2（<5%），可降低环境污染和产品中双氧水的残留量。目前，H_2O_2 与紫外线辐

射相结合的灭菌方式已被应用于无菌灌装的纸盒灭菌过程中。

2. 无菌包装系统

无菌包装系统多种多样，主要差别与包装容器形状、包装材料和包装前是否预成型有关。根据包装材料不同，无菌包装系统可分为复合纸无菌包装系统和复合塑料膜无菌包装系统两类。复合纸卷成型包装系统是目前使用最广泛的包装系统，包装材料由复合纸卷连续供给包装机，经过一系列的成型过程进行灌装、封合和切割，分敞开式无菌包装系统和封闭式无菌包装系统。

（1）敞开式复合纸无菌包装系统

① 包装机灭菌　在生产之前，包装机内与产品接触的表面通过包装机本身产生的无菌热空气实现灭菌。由无菌空气装置吸收周围环境空气，由空气加热器加热至足以对空气进行有效灭菌的温度（280℃）。灭菌过程中，无菌热空气直接接触包装机内与产品接触的表面，当产品阀入口温度达到180℃时，计时器启动，在一定时间内（30min以上）完成灭菌。而后水冷却器启动，无菌热空气被冷却，进而将产品接触表面冷却，完成生产前设备预灭菌，包装机进入生产准备状态。

② 包装材料灭菌　敞开式无菌包装系统工作时，包装材料贴条后进入双氧水槽（图2-36），通过辊轮系统将一层双氧水膜附在包装材料表面，由于此时双氧水槽温度较低，达不到所需灭菌效果，此步骤主要是保证包装纸灭菌前均匀地与产品接触的表面涂上一层双氧水膜以保证后续灭菌效果，值得注意的是涂布双氧水膜后整个包装纸是暴露于空气中向前移动的，因此保证包装间温度和湿度的稳定十分重要，否则影响双氧水的蒸发量，最终影响到包装材料灭菌效果。涂上双氧水膜的包装材料经挤压辊轮除去多余的双氧水，向下经导轮、成型环等形成纸筒，一直到达管加热器和横封区域，管加热器通过热传导和辐射加热将包装材料内表面升温至110~115℃，双氧水蒸发为气体，完成包材灭菌。在实际生产过程中，一方面通过管加热器区域蒸发的双氧水气体上升，另一方面向纸筒内不断通入无菌空气，两者在包装材料表面形成一道无菌空气屏障，有效防止微生物二次污染。

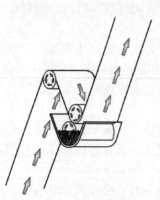

图2-36　敞开式无菌包装系统中双氧水槽

包装容积的大小不同，管加热器的温度范围也不同，一般来说在450~650℃范围内，包装规格有200mL、250mL、500mL、1000mL等，包装速度一般有每小时3600包和4500包两种。

（2）封闭式复合纸无菌包装系统　它与敞开式无菌系统相比最大的改进之处在于建立了无菌室，包装材料的灭菌是在无菌室的双氧水溶槽内进行，不需要使用润湿剂，大大提高了无菌系统的安全性。另外增加了自动接纸装置，包装速度也进一步提高，包装规格范围较广，从100mL到1500mL，包装速度最低每小时5000包，最高可达每小时18000包。

① 包装机的灭菌　封闭式无菌包装机比敞开式要复杂，除了与敞开式相似的产品接触性表面灭菌外，还要对无菌室进行灭菌，一般通过双氧水（浓度35%）蒸汽与无菌热空气（280℃）共同作用实现。

② 包装材料灭菌　与敞开式不同，封闭式主要在双氧水溶槽内进行（图2-37），双氧水浓度一般在35%以上，温度为70℃，保持6s以上。因双氧水一直处于高温条件，其浓度随着水分蒸发不断增高。目前普遍采用密度法来间接测定双氧水浓度，切忌通过加水稀释的方式稳定双氧水浓度，因加水后双氧水中稳定剂的浓度被稀释，双氧水的稳定性下降。一般来

说，生产中每隔120h或每星期都要更换一次系统内的双氧水。

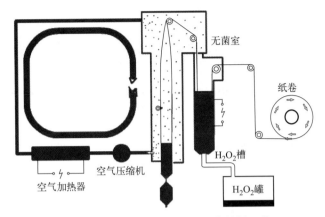

图 2-37　封闭式无菌包装机包装材料灭菌

（3）预成型纸包装系统　预成型纸包装系统主要用于保鲜乳，市场上占有一定的比例。系统中纸盒一般平展叠放在箱子里，预先纵封，每个纸盒上压有折痕线，可直接装入包装机。无菌区内的无菌性由无菌空气过滤器产生无菌空气保证。预成型无菌包装机的第一功能区域（无菌区）完成包装盒内表面灭菌。灭菌时，首先向包装盒内喷洒双氧水膜，再用170~200℃的无菌热空气对包装盒内表面进行干燥，时间4~8s。双氧水去除后，包装盒进入灌装区域（第二无菌区域）。灌装机上一般都装排除泡沫系统，以避免产品灌装过程中溢出的泡沫污染封合区域，导致封合不良及污染灌装区域难于清洗和灭菌，而且该系统必须置于无菌区域内。最后，灌装后的纸盒进入封合区（最终无菌区），进行顶部热封，此过程非常重要，封合的好坏直接影响产品的泄漏与否和微生物的密闭性。

> **思考：** 无菌包装系统无菌三要素指的是哪几方面？

（4）吹塑成型瓶装无菌包装系统　吹塑瓶作为代替玻璃瓶的一种低成本一次性包装材料，广泛应用于巴氏杀菌乳、保持灭菌乳和调制乳等产品包装。从经济和易于成型方面考虑，液态乳制品包装中最广泛使用的是聚乙烯和聚丙烯。但因其避光、隔绝氧气能力相对较差，目前被具有良好的光和氧气的阻隔性的多层复合材料制瓶替代，如聚酯瓶，虽然成本较高，但明显改善了长货架期产品的保存性。绝大部分聚酯瓶均用于保持灭菌而非无菌包装。采用吹塑瓶的无菌灌装系统有三种类型：非无菌瓶灌装（无菌条件下灌装、封合）、无菌吹塑灌装（无菌条件下灌装、封合）、无菌吹塑同时灌装和封合。

① 非无菌瓶灌装系统　采用传统吹塑方法，吹塑过程在无菌加工过程的第一阶段，也可以独立于灌装线预先吹塑成型。成型瓶子由传送带送入无菌室，通入由100级的空气过滤器产生的无菌空气保持室内正压。瓶子进入无菌室后被倒置，内外喷淋双氧水溶液后直立进入热空气隧道，双氧水被蒸发排除后倒立瓶子，内外无菌水冲洗，再直立完成瓶子灭菌，进入灌装过程。灌装是由旋转定量灌装机完成，顶隙充入气体。灌装后，用经过化学灭菌的塑料膜封合加盖。在整个冲洗、灌装、封合过程中，无菌空气从顶部以层流形式不断进入无菌室，保持无菌室内正压环境。包装容积从250mL到3.8L，对于小容量包装来说，最快每小时可达30000瓶；对大容量包装来说，每小时最快可达6360瓶。

②无菌吹塑灌装系统　用无菌热空气吹塑成型后完全密封，此系统所有的操作都在一面玻璃幕墙围成独立的大空间内完成，无菌过滤空气由顶部以层流形式吹入。成型封闭瓶子进入无菌室后，先由双氧水进行外部灭菌，后进行瓶口切割，再由旋转定量灌装机完成灌装，顶隙部分如有必要可充入无菌空气。密封膜在无菌室外经化学灭菌后在无菌室内以热合方式封口，后可根据需要使用旋转瓶盖或挤压式瓶盖，完成包装。

③无菌吹塑同时灌装封合　此系统吹塑、灌装、封合在同一位置上依次进行，各阶段的无菌性是由操作方法保证，没有无菌室的保护。瓶内表面的无菌是由拉伸过程中高温塑料和吹塑成型过程的无菌条件保证的，灌装、封合均在闭合的模子内进行，适于液态乳制品的设备包装容积从200mL至1L，包装速度每小时3600~6000瓶，但应用不普遍。

六、无菌平衡罐

无菌罐（图2-38）主要用于UHT处理乳制品的中间贮存，最终产品由UHT设备直接进行包装，在系统中要求有一个不少于300L的产品回流用以保持灌装时稳定的压力。

图2-38　无菌平衡罐

1. 无菌罐结构和作用

无菌罐设备结构包括非无菌空气单元、蒸汽单元、冷却水单元、十字阀组、末端阀组、产品供料单元，主要的作用是对灭菌后牛乳缓冲暂存，延长无菌灌装机运行时间，提升生产效益；补充杀菌机无回流问题，避免无菌料液反复高温，提升产品品质；独立供料系统为灌装机提供稳定灌注流量和压力。使用时参考工艺参数为用水压力3~4.5bar，蒸汽总压6~8bar，一级减压3bar，二级减压1.5bar，压缩空气：6~8bar（1bar=0.1MPa），无菌输送管线：蒸汽温度110~125℃。

2. UHT系统与无菌灌装系统结合

无菌包装机与UHT系统结合首先要保证无菌输送，最简单的是UHT系统与无菌灌装直接相连，但通常为了保证生产的连续性更为复杂的设计是在系统中间安装无菌平衡罐，整个系统也要尽量简化，中间元件数量愈多，细菌污染的可能性愈大，故障排除难度也相应增大。

（1）**UHT系统与无菌灌装机直接连接**　UHT系统的生产能力必须与灌装机的包装能力相吻合。绝大多数灌装机通过背压阀在灌注口保证一定连续的正压，达到这一要求，UHT系统的流量至少比灌装机多5%的回流量。为避免在灌注管内形成真空，管路内任何一处不密闭而导致外界环境对产品造成污染，为安全起见，回流量一般控制在10%左右。UHT系统与无菌灌装机系统直接连接可将细菌污染的危险性降至最低，但系统灵活性较差，一台机器出现故障将导致整个生产线停产进行全线的清洗和预杀菌，包装形式单一。

（2）**灌装机内置小型无菌平衡罐**　适于非连续性灌装机的生产，小型无菌罐与灌装机结合，其容积不大，但足以满足灌装机需求。生产中保持恒定液位以确保稳定的灌注压力，为此需要随时回流溢出产品或作他用，罐内产品的顶隙通入无菌过滤空气以保持无菌正压状态。

思考：无菌包装系统不设置无菌平衡罐可以吗？

（3）大型无菌平衡罐的使用　大型无菌罐的容量为4000～30000L，根据灌装机不同的生产能力可以连续供料1h以上。无菌罐的使用大大地提高了生产灵活性，灌装机和灭菌机可以相对独立操作，也可以一台灭菌机加工不同产品而中途不必停机。几种产品同时包装，首先将一个产品贮满无菌罐，保证整批包装，随后，UHT设备转换生产另一种产品并直接在包装线上进行包装。需要注意的是若两种产品的性质不同，为避免前种产品灭菌时在管壁上形成的残留物混入下一种产品，需清洗后使用。为灵活安排生产，生产线上也可设置多个无菌罐，但这无疑增加了微生物污染的危险性，生产中要严格监控。

七、成品检验

UHT灭菌乳产品质量标准应符合《食品安全国家标准 灭菌乳》（GB 25190—2010）的规定。产品需要按照《食品安全国家标准 灭菌乳》（GB 25190—2010）进行检验，污染物限量应符合GB 2762的规定；真菌毒素限量应符合GB 2761的规定；微生物要求应符合商业无菌的要求，按GB/T 4789.26规定的方法检验。所有要求商业无菌的产品出厂前都需要进行保温实验。保温实验就是将产品放置在微生物最适生产温度条件下保持一定时间之后进行各项指标检验。

1. 保温条件

在UHT灭菌乳生产过程中，要选取一定数量具有代表性的样品送到保温室进行保温实验，保温室温度条件为36℃±1℃，时间10d。

2. 取样原则

理论上来说，选取样品量越多，测验的结果就越接近真实值，但这是不现实的，通常根据实际情况选取目的样或随机样进行检验，送检时务必标明。

目的样是在最易发生坏包的时段内有意选取的样品。选取原则为开机样20包；换包材样6包；换PP条样10包；暂停样10包；暂开样20包。随机样是在正常生产中所选取的样品。选取原则是无菌砖2包/4min；无菌枕2包/6min，每批次（8～8.5h）选够240包。

3. 检验指标及方法

① 外观鉴定：观察是否有胀包现象。
② 细菌培养：无菌室中接种普通琼脂培养基测定细菌总数。
③ 酸度测定：酸度计测定所有样品的pH，观察是否有pH异常突变的样品。
④ 感官和理化检验：依据《食品安全国家标准 灭菌乳》（GB 25190—2010）相关标准方法。

检验过程要详细记录每一包样品的各项指标，包括生产日期、批次、班次、生产线编号、各项检验项目结果，以便进行分析和追溯。

4. 结果判定

目的样不作为放行的标准，如果目的样的前几包出现问题而后几包正常，一般可以不进行抽检；若前几包正常，而后几包出现问题，一般要求在该时段内抽取150包进行复检。随机样在坏包时段内抽取300包，相邻时段内分别抽取200包、100包进行复检，如果复检仍有问题，则此批产品将不能放行，必须及时销毁；如果没有问题或几乎没有问题，方可放行分销。只有经过保温实验合格的产品才能上市。

思考：巴氏杀菌是不是也需要做保温实验？

八、UHT 灭菌乳生产质量控制

危害分析与关键控制点（HACCP）常被用来帮助乳品生产企业进行质量控制。HACCP 必须是在良好操作规范（GMP）和卫生标准操作程序（SSOP）基础上建立的。危害分析就是针对工艺流程中的每一个步骤，寻找出所有潜在的危害进行分析，判定哪些危害极有可能发生，一旦发生如何能最好控制，再进行危害评估，确定这些危害是不是关键控制点（CCP），制作《危害分析工作表》并进行详细记录。要注意的是，不同的生产企业同类产品的 CCP 不一定一致，因为 CCP 的制定不仅考虑典型的工艺要点，还要同时考虑实际生产环境、设备设施条件和企业的管理模式等。

1. UHT 灭菌乳生产危害分析

（1）**原料乳验收（CCP）** 优质原料乳是生产稳定高品质的 UHT 灭菌乳的关键。将机械挤出的牛乳在 2～3h 内降温至 4℃，在 24h 内送到乳品厂，在装入乳罐车时初步滤去杂质并定时搅拌，以避免乳脂、乳蛋白分离；同时做好控温，防止形成冰乳。

（2）**净乳** 严格执行 CIP 清洗程序，注意设备管道中清洗剂残留，净乳不彻底，可通过定期检修净乳机、监测杂质度控制。

（3）**标准化配料（CCP）** 严格按照采购标准采购辅料，按配料比严格配比。

（4）**预杀菌** 可能存在的危害是生物性危害，由于杀菌不彻底使牛乳中残留耐热菌、芽孢，冷却期间嗜冷菌大量繁殖而发生变质。

（5）**UHT 杀菌（CCP）** 杀菌温度、时间条件不对，设备杀菌不彻底，无菌系统被破坏导致产品灭菌不彻底，造成成品坏包或均质压力不够导致成品乳脂肪上浮、分层。

（6）**无菌输送** 无菌管道泄漏破坏无菌环境或输送管道内清洗剂残留。

（7）**无菌灌装（CCP）** 灌装系统污染；包装材料污染。

2. 关键控制点

原料乳验收、标准化配料、UHT 杀菌、无菌灌装。

3. 关键控制点限值

① 为了保证原料乳的质量，挤出的牛乳在牧场必须立即进行过滤、冷却等初步处理。来自养殖户的生鲜牛乳还必须进行掺假检测，确保原料乳感官指标正常，pH 为 6.6～6.8，酸度≤18°T，抗生素、致病菌不得检出。

② 配料用水和辅料必须符合国家标准要求。

③ 产品灭菌温度和处理时间直接影响产品的灭菌效果，也影响产品的感官和风味。实际生产中，通常设定条件为 137℃保持 4s，温差控制在 10℃内。

④ 双氧水浓度 35%～40%，耗量 150～250mL/h；无菌空气压力≥40kPa；管加热器温度 480℃；空气加热器温度≥350℃。

UHT 灭菌乳生产过程已经实现了数字化、智能化，各设备与管道阀门均与中心控制室建立远程控制能力，生产流程控制、牛乳流量控制、灭菌温度控制、冷却温度控制均由控制系统根据生产计划或根据记录数据发出指令。

九、UHT 灭菌乳产品常见问题分析及解决办法

通过表 2-12 分析不难得到，控制 UHT 灭菌乳的质量应从原料乳入手，严格控制整个生产环节，全面推行优质生产规范，建立完善的质量保证系统，才能最终使产品质量稳定。

表 2-12　UHT 灭菌乳生产过程质量缺陷及控制措施

质量问题	产生原因	控制措施
脂肪上浮	均质效果不佳；过度机械处理；前处理不当，混入过多空气；原料乳中含有过多脂肪酶	适当提高杀菌效果；保证原料乳新鲜度
凝块	饲料喂养不当导致原料乳中脂肪与蛋白质比例不合适（含有过多自由脂肪酸等）；原料乳中蛋白酶的残留以及乳房炎乳、钙、磷酸盐的混入，使用初乳、末乳等	加强饲养管理，加强原料检验
变味	苦味因为 UHT 残留的微生物代谢蛋白酶水解蛋白质形成短肽链、氨基酸所致；脂肪氧化味主要是由 UHT 残留的微生物代谢脂肪酶分解乳脂肪所致	用于包材灭菌的化学消毒剂浓度足够保证彻底灭菌
褐变和蒸煮味	褐变是因赖氨酸与乳糖进行美拉德反应生成黑色素所致；蒸煮味是牛乳加热 β-乳球蛋白释放的—SH 与氧气产生硫化氢	控制灭菌参数预防褐变；进行蛋白质稳定性检验，改善蛋白稳定性

检验提升

一、单选题

1. 紫外线的灭菌原理是细菌细胞中的 DNA 直接吸收紫外线而被杀死，最适致死微生物的紫外线波长是（　　）nm，否则杀菌效果急剧下降。
   A. 220　　　　　B. 250　　　　　C. 280　　　　　D. 360
2. 自然状态的牛乳，其脂肪球大小不均匀，一般为（　　）μm。
   A. 1～3　　　　　B. 2～5　　　　　C. 5～10　　　　　D. 12～15

二、简答题

1. UHT 灭菌乳在工艺上与巴氏杀菌乳有什么不同？
2. AIC 清洗与 CIP 清洗有什么不同？

项目3　调制乳生产

项目描述

根据《食品安全国家标准　调制乳》（GB 25191—2010）调制乳是指以不低于 80% 的生牛（羊）乳或复原乳为主要原料，添加其他原料或食品添加剂或营养强化剂，采用适当的杀菌或灭菌等工艺制成的液体产品，如市场上一些高钙乳、大枣乳、核桃乳及香蕉牛乳等。目前市场上的调制乳包括常温调制乳和低温调制乳两大类，并且以常温调制乳为主。常温调制乳是在 UHT 灭菌乳生产基础上进行生产加工的一种乳制品，主要生产工序有原料乳检验、复原乳还原、配料、杀菌、无菌灌装、检验等，所对应的岗位与 UHT 灭菌乳生产岗位相同。通过虚拟仿真平台或中式生产线等实训条件加强生产工艺流程及质量控制实践训练，完成调制乳生产及记录单填报等具体工作内容。

相关标准

标准二维码：
① GB 25191—2010　食品安全国家标准 调制乳。
② GB 2760—2024　食品安全国家标准 食品添加剂使用标准。

 工艺流程

调制乳的工艺流程见图 2-39，生产线见图 2-40。

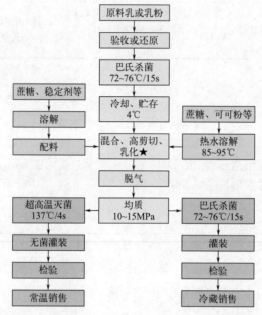

图 2-39　调制乳的生产工艺流程（★为关键质量控制点）

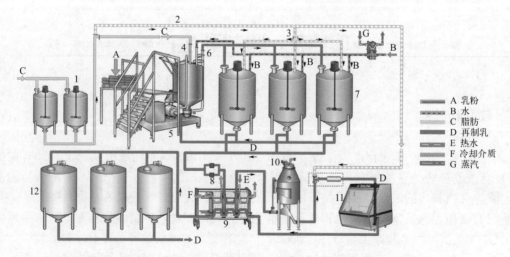

图 2-40　带有脂肪供入混料缸的再制乳生产线示意图

1—脂肪罐；2—脂肪保温管；3—脂肪称重漏斗；4—高速混料器；5—循环泵；6—增压泵；
7—混料罐；8—过滤器；9—板式热交换器；10—真空脱气罐；11—均质机；12—贮料缸

关键技能

根据《食品安全国家标准 调制乳》（GB 25191—2010），生牛乳中只要添加其他原料就属于调制乳，无论是风味物质还是只添加营养素含量较高的营养强化剂。调制乳并不代表品质下降，本质上属于强化型牛乳，是对液态乳品类的补充、拓展和优化。调制乳的生产克服了自然乳业生产的季节性，保证了淡季乳与乳制品的供应平衡。

思考： 调制乳是不是液态乳产品？

一、原料乳验收

调制乳以生乳为原料乳的验收标准应符合《食品安全国家标准 生乳》（GB 19301—2010）要求，具体同巴氏杀菌乳的原料乳验收部分；以复原乳为原料乳验收，其中乳粉应符合《食品安全国家标准 乳粉》（GB 19644—2010）的要求。

复原乳的原料也是牛乳，是有标准并经过国家认可且允许销售的，我国国家标准规定酸牛乳、灭菌乳及其他乳制品可以用复原乳作为原料，但巴氏杀菌乳不能用复原乳做原料。2005年国务院发布了《关于复原乳标识标注有关问题的通知》，通知规定全部用乳粉生产的调制乳应在产品名称紧邻部位标明"复原乳"或"复原奶"，在生牛（羊）乳中添加部分乳粉生产的调制乳应在产品名称紧邻部位标明"含×××% 复原乳"或"含×××% 复原奶"，"×××%"是指所添加乳粉占调制乳中全乳固体的质量分数。"复原乳"或"复原奶"与产品名称应标识在包装容器的同一主要展示版面，标识的"复原乳"或"复原奶"字样应醒目，其字号不小于产品名称的字号，字体高度不小于主要展示版面高度的五分之一。

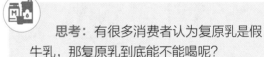

思考： 有很多消费者认为复原乳是假牛乳，那复原乳到底能不能喝呢？

随着国务院发出加强液态乳生产经营管理、规范"复原乳"标识的通知，"复原乳"成了最受消费者关注的乳制品之一。人们对复原乳最大的担心就是"高温破坏了营养"，这似乎成了复原乳的原罪。实际上，从乳制品的主要营养物质分析，复原乳的营养价值损失并不大。蛋白质加热变性不仅不会降低其营养价值，还有助于消化吸收；钙作为一种无机盐，加热对它的含量有影响，加热虽然会损失一些维生素，但损失程度小，如最容易损失的维生素B_1，也不到30%。而且，牛乳并非维生素B_1等维生素的良好来源，所以这种影响微乎其微。因此，复原乳并不是"劣质产品"，也不是"没有营养"的差等生，更不是假牛乳。只要规范生产，规范标注，复原乳可以给人们提供优质蛋白质和钙。

2016年农业部制定的《巴氏杀菌乳和UHT灭菌乳中复原乳的鉴定》的出台，作为"优质乳工程的宣言书"，以糠氨酸和乳果糖两种物质在液态乳中的含量，判定巴氏杀菌乳和UHT灭菌乳中是否含复原乳成分。经多家乳品检测机构验证，该方法具有准确、稳定和可重复的特点，符合检测技术标准的要求。**此项标准的颁布，填补了中国复原乳检测方面的空白，突破了监管违禁添加复原乳和不正确标识复原乳的技术瓶颈。**

二、乳粉还原

复原乳克服了自然原料乳的季节性、区域性限制，保证了淡季乳与乳制品的供应。复原乳生产有两种方式，一种是以全脂乳粉或全脂浓缩乳为原料，加水直接复原而成的乳制品；另一种是以脱脂乳粉和无水奶油等为原料按一定比例混合后加水复原而成的乳制品，通常以第一种还原方式为主。

1. 混合、水合

乳粉包括全脂乳粉（WMP）和脱脂乳粉（SMP），最佳的再制温度为40～50℃，等到完全溶解后，停止搅拌器，静置水合温度最适控制在30℃左右，水合时间不得少于2h，最适为6h。在此温度下的乳粉润湿度更高，同时最有利于蛋白质恢复到其一般的水合状态。尽量避免低温长时间水合（6℃、12～14h），产品水合效果不好且低温导致再制乳中的空气含量过高。尽量减少泡沫产生，利用脱气装置除去多余气泡。

为了减少搅拌过程中吸入的空气，实际生产中常在搅拌容器中采用真空搅拌（图2-41）。当使用真空进行混合时，乳粉被吸入一个充满水的容器中液体表面以下的一点。因此，粉末的润湿性得到了改善，消除了粉末表面漂浮结块的风险。

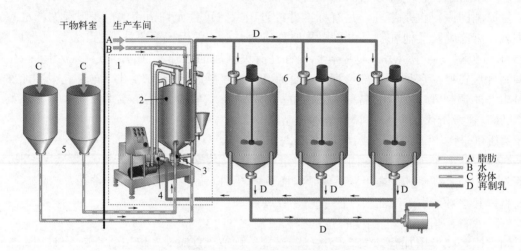

图 2-41　真空混合重组装置

1—真空搅拌机（虚线内）；2—装满水的容器；3—混合单元；4—循环泵；5—筒仓罐；6—循环罐

复原乳中空气含量过高往往易形成泡沫并易在巴氏杀菌过程中形成乳垢，在均质机中产生空穴作用，同时增加脂肪氧化可能性。因此，需要真空脱气装置或静置脱去复原乳中的空气。实验表明，含14%～18%乳固体的脱脂乳在50℃下溶解制得脱脂乳中的空气含量与一般脱脂乳中的含量相同。在混合温度为30℃时，即使再制脱脂乳保持1h，空气含量仍然比正常脱脂乳高50%～60%。

2. 均质

无水奶油为脂肪连续相，在生产复原乳时，要求必须均质，把脂肪分散成微细颗粒，促进其他成分的溶解水合过程，改善产品外观、口感和质地。另外，在加工过程中失去了原有脂肪膜，虽经过均质，但由于缺乏脂肪膜的保护，脂肪颗粒仍容易再凝聚，需要添加乳化剂，以保持均质后脂肪球的稳定性。均质条件：建议采用高于50℃，最适是70～75℃（但不要超过85℃）。国内目前常用的均质压力为5～20MPa、温度65℃，均质后脂肪球直径为1～2μm。

3. 杀菌及冷却

复原乳的热处理方法，依生产产品特性不同而不同。可采用巴氏杀菌、UHT杀菌及保持式杀菌等方法进行，杀菌后置于4℃下进行冷却备用，具体操作同液态乳加工部分。

三、配料

调制乳调了什么？

1. 调制乳的种类

目前市场的调制乳根据添加营养素种类的不同通常分为以下三类。

（1）营养强化型 在生牛（羊）乳或复原乳中添加维生素、矿物质、功能成分，使之不仅具有牛（羊）乳的营养，还具有某些特定的功能。

（2）风味型 在生牛（羊）乳或复原乳中添加食糖及风味物质，改变产品的风味、口感，提升嗜好性，如咖啡乳、可可乳、水果香味乳等。

（3）营养素调整型 对牛乳中的某种营养素结构调整，使之能够适应某些特定消费群体的需求，如低乳糖乳。

2. 调制乳配料及添加方法

（1）常用辅料

① 白砂糖 生产时通常配成55%～58%的糖浆溶液。先将糖溶解于热水中，95℃保温15～20 min，冷却后过滤，再泵入原料乳中。若采用原料乳溶糖的话需要进行净乳。

② 可可粉 将可可粉溶于热水中，然后将可可浆加热到85～95℃，并在此温度保持20～30min，最后冷却，再加入乳中。

③ 果蔬汁类 由于调制乳含有2.3%的蛋白质，不适宜生产酸性产品，适宜中性产品，因此一般以中性果蔬汁如红枣汁、枸杞汁、胡萝卜汁、芦荟汁为主，直接与原料乳或者生鲜乳混合。

④ 谷物类 以小麦片、麦仁、麦糊精、燕麦及糯米、粳米、籼米等为主，需要先预处理熟化后加入调制乳中。

（2）食品添加剂 调制乳中所使用的食品添加剂应符合《食品安全国家标准 食品添加剂使用标准》（GB 2760—2024）规定，调制乳中的添加剂主要有增稠剂、乳化剂、甜味剂等。

① 稳定剂（增稠剂）

a. 作用：与乳形成凝胶，有效改善调制乳体系的稳定性。

b. 种类：海藻酸钠、羧甲基纤维素钠（CMC）、卡拉胶等，可以单体使用，也可以几种单体复合使用。

c. 用法：稳定剂的溶解分为以下三种，在高速搅拌（2500～3000r/min）下，缓慢地加入冷水中或溶解于80℃的热水中；将稳定剂与其质量5～10倍的砂糖干法混合均匀，然后在正常搅拌速度下加入80～90℃的热水中溶解；将稳定剂在正常的搅拌速度下加入饱和糖溶液中（因为在正常的搅拌情况下稳定剂可均匀地分散于溶液中）。若采用优质鲜乳为原料，可不加稳定剂。但大多数情况下采用乳粉时，则必须使用稳定剂。生产上一般采用高剪切溶解的方法，在不停地高速搅拌下缓缓将增稠剂加入水中，连续搅拌直至成为浓稠的胶液，适当加热或溶解前加入适量白砂糖干粉混合，有助于溶解。添加量通常为千分之几。

② 乳化剂

a. 作用：改善脂肪在混合料中的分散性，使均质后的混合料呈稳定的乳浊液，提高产品的分散稳定性。

b. 种类：蔗糖脂肪酸酯、单甘油酯等。

c. 用法：按比例加入配料罐中后，低速搅拌 15~25min。

③ 甜味剂、食用香精

a. 作用：赋予甜味、改善口感、增强调制乳的香气。

b. 种类：常用甜味剂有阿斯巴甜（APM）、木糖醇等；常用香精有可可香精、巧克力香精、麦香香精、红枣香精等。

c. 用法：按比例加入配料罐中后，低速搅拌 15~25min。

（3）食品营养强化剂　所使用食品营养强化剂应符合《食品安全国家标准 食品营养强化剂使用标准》（GB 14880—2012）的规定。此标准中可以添加到调制乳中的营养强化剂有乳糖酶、维生素 A、维生素 C、维生素 D、维生素 E、牛磺酸、乳铁蛋白、酪蛋白磷酸肽、铁、钙、锌、甜菊糖苷，并规定了各自的使用量。

3. 配料工序

（1）配料的基本要求

① 工人准确称量所需辅料，严格按照产品工艺标准按顺序进行辅料的添加。

② 将辅料倒入剪切罐中进行化料，温度要结合所使用稳定剂的类型进行调整，剪切速度保持 1000~15000r/min，20min。

③ 过滤后的配料流经胶体磨，将配料中的较大颗粒磨碎，其作用相当于均质机。

④ 磨过的配料要经过管道过滤器过滤，除去配料中的杂质或较大颗粒。

⑤ 加工完的配料储存在预混罐中，经检验合格后与原料乳进行预混。

（2）配料系统　配料系统一般由混料罐和混料机（配料罐）组成，混料机包含混合器、循环泵和真空泵，真空泵工作时将添加剂吸入混料容器，添加剂在热水的溶解作用和混合器的机械作用下充分混合，循环泵能实现与混料罐之间的生产循环。生产中常使用的设备如下：

① 高剪切配料罐（图 2-42）　该设备采用高剪切乳化机作为配料动力，特别适合于大颗粒的粉碎、油脂类物料的乳化及混合搅拌。搅拌 10min 左右，即可达到混合乳化的效果，然后将料液送至混料罐中混合。

② 套管式高速水粉混合机　该设备适用于可溶性固态物与液态物的混合与溶解。如乳粉还原、可可粉或糖混入牛乳、溶解乳清、稳定剂和牛乳混合等。

③ 高效混合机（图 2-43）　该设备采用特殊的高效混合叶轮，产生极大的混合能力。方形结构的罐体利于混合均匀。适用于需进行大批量配料的场合和再制乳及各种花色乳的配制。

图 2-42　高剪切配料罐　　图 2-43　高效混合机　　图 2-44　高负压配料系统

④ 高负压配料系统（图 2-44）　一种比较先进的配料系统，适用于一些大中型乳品、调制乳的配料工序，有批量配料要求的再制乳、酸乳、花色乳及其他液态食品的生产。该系统的混料缸工作时呈负压状态，能将需添加的固态粉料通过管道从粉仓自行吸入混料，也能有效

去除混料过程中由于各种原因产生的气体,从而减少泡沫的形成,有利于后续工艺的加工。

检验提升

一、单选题

1. 根据《食品安全国家标准 调制乳》(GB 25191—2010)要求,调制乳中生牛(羊)乳或复原乳的含量不低于( )。
   A. 50%　　　　　B. 60%　　　　　C. 70%　　　　　D. 80%
2. 调制乳生产过程中的均质化是为了( )。
   A. 增加乳糖含量　B. 提高蛋白质含量　C. 防止脂肪分离　D. 增加水分含量
3. 在调制乳的生产中,下列符合绿色生产原则的做法是( )。
   A. 使用有机认证的原料　　　　　　B. 减少能源消耗
   C. 优化生产工艺减少废水排放　　　D. 以上所有做法

二、简答题

一家乳品企业计划推出一款新的低温调制乳产品,简述该企业在生产过程中需要注意哪些方面,在保证产品质量的前提下,满足消费者对于健康、安全和可持续发展的需求。

岗位拓展

乳品评鉴师

为规范从业者的从业行为,为职业技能鉴定提供依据,《中华人民共和国劳动法》适应经济社会发展和科技进步的客观需要,立足培育工匠精神和精益求精的敬业风气,人力资源和社会保障部2020年3月30日颁布《乳品评鉴师国家职业技能标准(2020年版)》。乳品评鉴师就是运用口、舌、鼻、眼睛等感觉器官,评鉴乳及乳制品质量和特点的人员。目前我国获得认证的乳品评鉴师只有数百人,而仅乳制品企业对这类人员的需求就在3万~4万人,由此可见我国乳品行业未来对乳品品鉴师的需求有缺口。依据《乳品评鉴师国家职业技能标准》乳品品鉴师分为高级工、技师、高级技师三个等级,分为理论知识考试、技能考核以及综合评审。理论知识考试以笔试、机考等方式为主,主要考核从业人员从事本职业应掌握的基本要求和相关知识要求;技能考核主要采用现场操作、模拟操作等方式进行,主要考核从业人员从事本职业应具备的技能水平;综合评审主要针对技师和高级技师,通常采取审阅申报材料、答辩等方式进行全面评议和审查。理论知识考试、技能考核和综合评审均实行百分制,成绩皆达60分(含)以上者为合格。

在《乳品评鉴师国家职业技能标准》中,关于液态乳部分工作内容为非发酵液态乳制品色泽评鉴、组织评鉴和滋气味评鉴,具体应符合《巴氏杀菌乳感官质量评鉴细则》(RHB 101—2004)和《灭菌乳感官质量评鉴细则》(RHB 102—2004)中要求,包括样品制备、评鉴方法、评鉴数据处理等。

1. 样品制备

将选定用于感官评鉴的样品事先存放于15℃恒温箱中,保证在统一呈送时样品温度恒定和均一,防止因温度不均匀造成样品评鉴失真。由于液态乳容易造成脂肪上浮,在进行评鉴之前应将样品进行充分混匀,再进行分装,保证每一份样品都均匀一致。呈送给评鉴人员的样品的摆放顺序应注意让样品在每个位置上出现的概率是相同的或采用圆形摆放法。食品感官评鉴中由于受很多因素的影响,故每次用于感官评鉴的样品数应控制在4~8个,每个样品的分量应控制在30~60mL;对于实验所用器皿应不会对感官评定产生影响,一般采用玻璃材质,也可采用没有其他异味的一次性塑料或纸杯作为感官评鉴实验用器皿。样品的制备标示应采用盲法,不应带有任何不适当的信息,以防对评鉴员的客观评定产生影响,样品应随机编号,对有完整商业包装的样品,应在评鉴前对样品包装进行预处理,以去除相应的包装信息。

2. 评鉴步骤

① 色泽和组织状态:将样品置于自然光下观察色泽和组织状态。

② 滋味和气味:在通风良好的室内,取样品先闻其气味,后品尝其滋味,多次品尝应用温开水漱口。

3. 评分标准(以全脂巴氏杀菌乳为例)

感官评鉴按照百分制评定,各评鉴项目及评分标准见表2-13。

表2-13 全脂巴氏杀菌乳感官评鉴表

项目	特征	分数
滋味及气味(60分)	具有全脂巴氏杀菌乳的纯香味,无其他异味	60
	具有全脂巴氏杀菌乳的纯香味,稍淡,无其他异味	59~55
	具有全脂巴氏杀菌乳固有的香味,而且此香味延展至口腔的其他部位,或舌部难以感觉到牛乳的纯香,或具有蒸煮味	54~50
	滋、气味平淡,无乳香味	49~45
	有不清洁或不新鲜滋味和气味	44~40
组织状态(30分)	呈均匀的流体。无沉淀,无凝块,无机械杂质,无黏稠和浓厚现象,无脂肪上浮现象	30
	有少量脂肪上浮现象外基本呈均匀的流体。无沉淀,无凝块,无机械杂质,无黏稠和浓厚现象	29~27
	有少量沉淀或严重脂肪分离	26~20
	有黏稠和浓厚现象	19~10
色泽(10分)	呈均匀一致的乳白色或稍带微黄色	10
	均匀一色,但显黄褐色	8~5
	色泽不正常	4~0

4. 评鉴数据处理

① 得分:采用总分100分制,即最高100分;单项最高得分不能超过单项规定的分数,最低是0分。

② 总分:在全部总得分中去掉一个最高分和一个最低分,用剩余的总得分之和除以(全部评定员数-2),结果取整。

③ 单项得分:在全部单项得分中去掉一个最高分和一个最低分,用剩余的单项得分之和除以(全部评定员数-2)计算,结果取整。

模块三
乳粉智能化生产

 学习脑图

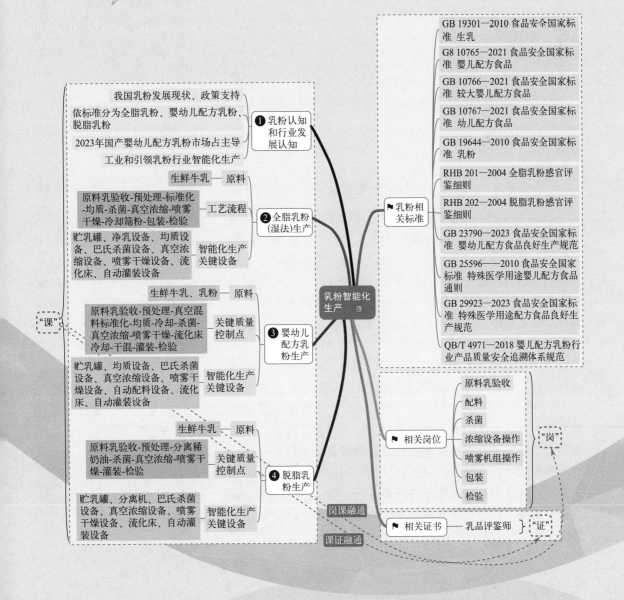

知识目标

1. 了解乳粉行业发展及智能化生产现状，熟悉乳粉的种类及各类乳粉生产依据的标准，掌握乳粉的理化特性。
2. 掌握各类乳粉生产工艺流程及技术要点，掌握乳粉核心工艺设备的使用方法。
3. 掌握乳粉感官评定的方法及乳粉的质量控制，掌握婴幼儿配方乳粉配方设计原则及辅料添加的方法。

技能目标

1. 会进行乳粉生产及产品标准的查阅，能依法依规进行规范生产。
2. 会进行各类乳粉的生产，能使用乳粉生产中浓缩及喷雾干燥设备。
3. 能进行婴幼儿配方乳粉配方的初步设计，对乳粉生产过程中出现的质量问题进行分析解决。

素质目标

1. 培养民族自豪感，勇担振兴的重任。
2. 培养依法依规生产的意识、良好的职业素质及团队协作精神。

案例导入

智造+智管助乳企"一飞冲天"

2022年4月，由世界品质品鉴机构主办的"世界食品品质评鉴大会"奖项评选结果正式出炉，某乳企单项婴儿配方乳粉第8次蝉联"世界食品品质评鉴大会金奖"，该企业也成为中国唯一一家连续8次获此殊荣的婴幼儿配方乳粉企业。乳粉是生产流程最复杂、对加工技术要求极高的乳制品，生产过程多达十几道工序，每一步都需要进行严格的质量把控，智能制造使这种控制更精准，稳稳托起每一罐乳粉的高质量旅程。该企业早在2016年就开始系统性地规划推进智能工厂建设，尤其是2018年以来，持续实施"3+2+2"数字化战略，智能制造成为"3"大重要IT项目之一。把工厂所有的设备、人员、资产全部导入系统，围绕整个工厂进行建模，并重新梳理整个工厂的原料入库、存储、检测、生产、产成品检测、暂存、出库等流程，靠算法设计出最优的生产方案。目前，各个工厂已经接入生产、实验室、仓储等4大核心智能系统，实现智能生产。该企业作为中国最早的乳粉生产企业之一，在改革开放的春风、市场经济的大潮中发展壮大，扎根黑土地潜心打造了国内第一个农牧工一体化全产业集群，建立了世界级制造体系，以科技自立自强和数字智造引领行业创新发展，相信未来我国乳品企业将继续坚守产品品质，树立企业品德，打造民族品牌，确保中国人的奶瓶子牢牢握在自己手中。

反思研讨：2021年，该企业婴儿配方乳粉市场占比第一，达17.6%，你认为它成功因素有哪些？

必备知识

一、乳粉定义

GB 19644—2010中指出乳粉就是以牛（羊）乳为原料，经加工制成的粉状产品，这是乳粉狭义的定义。乳粉能较好地保存生鲜乳的特性及营养成分。由于生产中除去了乳中几乎所有的水分，微生物不能生长，因此大大延长了产品的货架期，而且极大减轻了产品的体积和重量，便于运输。

广义乳粉指的是以生牛（羊）乳及其加工制品为主要原料，添加其他原料，添加或不添加食品添加剂和营养强化剂，经加工制成的粉状产品。在我国标准中，广义乳粉主要包括调制乳粉和配方乳粉，其中调制乳粉标准中规定的乳固体含量应不少于70%。实际生产中，最终产品为干燥粉末状态的乳制品均可以归为乳粉类，还包括乳清粉、乳蛋白粉、乳糖粉、酪乳粉、干酪素和奶油粉等，它们的共同点在于以牛乳或羊乳的部分成分，或乳制品加工后剩余部分为原料，经浓缩、干燥而制成的粉状乳制品。

二、乳粉的分类

1. 广义乳粉的分类

广义乳粉是指以乳及其加工制品为主要原料，添加其他原料制成的粉状产品。根据我国标准可以将广义乳粉分为调制乳粉和乳基婴幼儿配方乳粉，具体见表3-1。

表3-1 广义乳粉的分类

名称	分类
调制乳粉	以乳及其加工制品为主要原料，添加其他原料，添加或不添加食品添加剂和营养强化剂，经加工制成的乳固体含量不低于70%的粉状产品。根据乳粉产品标准，中老年乳粉、孕产妇乳粉和儿童乳粉均归类为调制乳粉
配方乳粉	以乳及其加工制品为原料，添加其他原料，添加或不添加食品添加剂和营养强化剂，满足特定人群特殊营养需要的粉状乳基产品。配方乳粉包括乳基婴幼儿配方食品、乳基特殊医学用途配方食品等

2. 狭义乳粉的分类

狭义乳粉分类见表3-2。

表3-2 狭义乳粉的分类

名称	分类
全脂乳粉	乳粉仅以乳为原料，经浓缩、干燥制成的，蛋白质不低于非脂乳固体的34%，脂肪不低于26.0%的粉状产品
部分脱脂乳粉	仅以乳为原料，经部分脱脂、浓缩、干燥制成的，蛋白质不低于非脂乳固体的34%，脂肪含量为1.5%~34%的粉末状产品
脱脂乳粉	仅以乳为原料，经脱脂、浓缩、干燥制成的，蛋白质不低于非脂乳固体的34%的粉末状产品
酪乳粉	以制造奶油的副产物酪乳为原料，经浓缩、干燥制成的粉末状产品。酪乳粉通常含有不低于4.5%的脂肪和不低于30%的蛋白质
奶油粉	以分离后的奶油为原料，经浓缩、干燥制成的，蛋白质含量不低于非脂乳固体的34%，脂肪含量不低于42%的粉末状产品

3. 根据原料来源进行的粉状乳制品分类

广义上理解，所有最终制成品为干燥粉末状的乳制品均可以归为乳粉类，乳粉类产品的种类繁多，根据原料可以分为以乳为原料的产品和以乳清为原料的产品，具体见表3-3、表3-4。

表3-3 以乳为原料的产品分类

名称	分类
牛乳蛋白	牛乳蛋白是指采用超滤工艺浓缩牛乳，将乳糖和矿物质分离，直至达到所需蛋白质浓度的产品
酪蛋白	酪蛋白是由脱脂乳经过酸凝或者酶凝制得的，不同的凝乳方法可以使酪蛋白具有不同的功能特性。酪蛋白还可以进一步加工制得单一酪蛋白组分
酪蛋白酸盐	酪蛋白在水中不能溶解，但在一定条件下可溶于碱中，形成水溶性酪蛋白酸盐，进一步进行干燥。酪蛋白酸盐中最为常见的是酪蛋白酸钠
蛋白共沉物	加热会使酪蛋白和乳清蛋白相互作用，酸或者钙盐会使蛋白复合物沉淀，制得蛋白共沉物
牛乳渗析物	牛乳渗析物是牛乳蛋白生产的副产物，牛乳蛋白生产过程中，对渗透液进一步加工干燥就获得牛乳渗析物，其主要成分为乳糖、矿物质和非蛋白氮

表3-4 以乳清为原料的产品分类

名称	分类
乳清粉	以乳清为原料，经过脱脂（或脱盐）、超滤（或结晶、沉淀、反渗透等其他物理分离手段）、喷雾干燥所得到的产品
乳清蛋白粉	以乳清为原料，经分离、浓缩、干燥等工艺制成的蛋白质含量不低于25%的粉末状产品
乳糖粉	将乳糖这种天然存在于牛乳中的糖类干燥制成的一类粉末状产品
单一成分乳清蛋白	通过离子交换和色谱法可以进一步分离乳清蛋白，得到单一的乳清蛋白组分，工业生产中常见的包括α-乳白蛋白、乳铁蛋白、乳过氧化物酶和糖巨肽等
乳清渗析物	乳清渗析物是乳清浓缩蛋白或者超滤牛乳的副产物，乳清渗析物含有大于59%的乳糖，其蛋白质含量和灰分含量分别低于10%和27%
乳矿物盐	乳矿物盐是以乳清或者渗析物为原料，去除蛋白质和乳糖制得的。乳矿物盐中含有的宏量营养素包括钙、钠、钾、镁、氯和磷等，微量营养素包括锌、铜和铁等

三、乳粉的理化特性

1. 乳粉成分特性

乳粉的物理组织结构指乳粉的化学成分分布与结合的方式，干燥技术对乳粉的结构具有最直接的影响。

（1）乳粉中的脂肪　乳粉中脂肪存在状态随乳粉生产操作方法的不同差别很大，而脂肪的存在状态对乳粉的保藏性影响很大，通常游离脂肪酸含量越高，乳粉越易腐败变质，保藏性越差。

喷雾干燥法制得的乳粉中的脂肪呈微细的脂肪球状态，存在于乳粉颗粒的内部，压力喷雾的乳粉脂肪球一般为1~2μm，离心喷雾的乳粉脂肪球一般为1~3μm，因此喷雾干燥法制得的乳粉脂肪球均小于原乳中的脂肪球。同时，在喷雾干燥前通过对浓缩乳的两段均质可大大减少乳粉中游离脂肪酸含量。滚筒干燥在干燥过程中由于牛乳与热滚筒接触会破坏牛乳中的脂肪球膜，在滚筒上经刮刀摩擦使部分脂肪球聚结成较大的脂肪团块，脂肪球直径可达1~7μm，大小范围幅度很大。

（2）乳粉中的蛋白质　蛋白质的稳定性决定着乳粉的复原性，在乳粉的生产过程中应尽量降低牛乳的热处理程度。滚筒干燥法较喷雾干燥法热处理程度更高，制得的乳粉蛋白质更容易发生变性。脱脂乳粉由于其用途方面的要求，目前制定了热处理的分级标准用以表示脱脂乳粉中未变性乳清蛋白的含量。喷雾干燥法制得的全脂乳粉在复原为液态乳时常常会出现一层泡沫状浮垢，主要是脂肪-蛋白质的络合物。复原鲜乳中浮垢物的多少与乳粉贮存温度的高低有直接关系，通常贮存温度较高时（如30℃）泡沫状浮垢的量会增加，贮存温度降低时（如7℃）泡沫状浮垢的量很少。

（3）乳粉中的乳糖 乳粉颗粒中含有大量的乳糖，全脂乳粉中乳糖含量38%，脱脂乳粉中乳糖含量50%，乳清粉中乳糖含量约70%。新生产的喷雾干燥乳粉中，乳糖呈非结晶的玻璃状态，α-乳糖与β-乳糖的无水物保持平衡状态，α-乳糖与β-乳糖量之比约为1∶5。玻璃状态的乳糖有很强的吸湿性，吸潮后则慢慢地变为含有一分子结晶水的结晶乳糖，由于乳糖的结晶作用，因而使乳粉颗粒表面产生很多微小的裂纹，这时脂肪就会逐渐渗出，引起氧化变质，同时，外界空气很容易渗透到乳粉颗粒里面去。喷雾干燥脱脂乳粉含水量为3%~5%时，在37℃下存放超过600天才会出现结晶现象。如果吸潮后含水量超过7.6%，37℃下放置1天，就会出现结晶。

思考：为什么所有的乳粉都很容易吸潮呢？如何避免？

（4）乳粉中的维生素 喷雾干燥对乳粉维生素含量的影响很小，比较明显的有维生素B_{12}（损失20%~30%）、维生素C（约20%）和维生素B_1（约10%）。

（5）乳粉中的气体 乳粉中的气体是指给定质量颗粒体积与相同质量的颗粒内部无空气时体积之差。每100g乳粉中通常含有10~30mL的气体。普通乳粉生产常要求乳粉颗粒中含有空气，因为含空气的乳粉粒子表面粗糙，有不同大小的毛细管可提高乳粉的润湿性。但空气使乳粉粒子密度降低，还原时易浮于水面，润湿后易形成气泡，使脂肪氧化，增加包装成本。

2.乳粉颗粒大小和形状

乳粉颗粒直径大，色泽好，则冲调性能及润湿性能好，便于饮用，反之亦然。如果乳粉颗粒大小不一，则乳粉的溶解度就会较差，而且杂质度高。乳粉颗粒大小和形状与生产方法和操作条件有直接关系。喷雾法生产的乳粉颗粒呈球形，压力喷雾干燥法生产的乳粉直径较离心喷雾法生产的乳粉颗粒直径小，一般来说，压力喷雾干燥法生产的乳粉其颗粒直径为0~100μm，平均为45μm，而离心喷雾干燥法生产的乳粉颗粒直径为30~200μm，平均为100μm。目前立式压力喷雾干燥法正在尝试高塔及大孔径喷雾干燥法，以及采用二次干燥技术，这将在一定程度上增大乳粉颗粒的直径。

3.乳粉的密度

（1）表观密度 表观密度是指单位容积中乳粉的质量，它包括乳粉颗粒之间空隙中的空气。乳粉表观密度大小与乳粉颗粒内部结构和颗粒大小有关，这与生产工艺有关。喷雾干燥法生产乳粉的颗粒呈球形，容易致密地填充于容器中，其密度较大。

（2）容积密度 容积密度表示乳粉颗粒的密度，包括颗粒内的气泡，但不包括颗粒之间空隙中的空气。乳粉容积密度大小表明了颗粒组织的松紧状态或含有气泡的多少。喷雾干燥制品，浓缩乳浓度增高，乳粉的容积密度变大，浓缩乳的温度低，容积密度增大。利用这种工艺特性，可以调节乳粉的容积密度，从而改变颗粒的组织结构。浓缩乳温度高黏度低，可以改善压力喷雾时乳液的分散性，制得成品颗粒比较均匀，有利于提高冲调性。热风温度高，获得的乳粉容积密度变小，容易造成空心或破碎颗粒。

思考：乳粉密度的三种表示方法是如何反映乳粉品质？

（3）真密度　完全不包括空气的乳粉本身的重量，真密度与乳粉的化学组成有直接关系。

4. 复原性

复原性是乳粉的重要功能特性，其描述了乳粉与水再结合的现象，是乳粉非常重要的综合特性，包括乳粉的可湿性、沉降性、分散性、溶解性。

> 思考：为什么速溶乳粉要喷涂卵磷脂？

（1）可湿性　可湿性是以给定数量乳粉渗透入静止水面所需时间的长短来表示乳粉润湿性的优劣，一般以秒计，良好湿润性应低于30s。润湿性差的乳粉接触后会在表面形成团块。滚筒干燥的乳粉较喷雾干燥的乳粉易吸湿；乳粉中脂肪的含量与分布也影响乳粉的润湿性，喷涂卵磷脂可明显提高乳粉的润湿性。

（2）溶解性　乳粉的溶解度指乳粉与水按一定的比例混合，使其复原为均一的鲜乳状态的性能。溶解度的高低反映了蛋白质的变性情况。表征乳粉具有良好溶解度的指标为50mL再制乳中存在不多于0.25mL不溶性沉淀物。一般情况下30～50℃时将一份普通喷雾干燥乳粉与10倍的水进行混合，溶解的时间为20～30min。不同的生产技术对乳粉的溶解性具有很大影响，一般速溶乳粉的溶解性好，只需将所需的水倾入缸中，加入乳粉经过很短时间的搅拌，即使在冷水中乳粉亦会很快溶解。

（3）分散性　当乳粉加入水中分散成颗粒且并不存在团块时，即具有良好分散性。影响分散性的因素主要有酪蛋白的热变性程度及乳粉粒的直径。因此乳粉加工过程中要降低原料预热、浓缩等过程中热处理的强度，以防止酪蛋白受热过度影响乳粉的分散性。同时可采用雾化技术、附聚技术增大乳粉颗粒直径以增强分散性。

（4）沉降性　沉降性是指乳粉颗粒克服水的表面张力以及通过表面而沉入水中的能力。沉降性可表示为1min内通过1cm^{2}表面时的乳粉的毫克数。沉降性与颗粒密度有关，颗粒密度大时，更容易下沉。附聚的乳粉通常具有更好的沉降能力。

> 思考：为什么速溶乳粉的沉降性更好呢？

5. 吸湿性

乳粉的吸湿性是乳粉吸收和保持水分的倾向，主要取决于乳粉中乳糖的含量和存在状态。非结晶状态的乳糖很容易从周围吸收水分导致乳粉变黏。乳清粉中这种现象较为严重。采用乳糖结晶化或团粒化可减少这种现象。实际应用中，吸湿性以乳粉在80%相对湿度的空气中平衡水分含量来确定。

6. 热稳定性

当乳粉用于热饮料、果冻、焙烤食品、再制炼乳、咖啡伴侣等产品时，其热稳定性尤为重要。如以脱脂乳粉为主要原料生产再制炼乳，必须经受较高的杀菌温度，从而保持产品的稳定性；用作咖啡伴侣时脱脂乳粉也要有较好的热稳定性，以防止与热咖啡接触时出现"絮凝"现象。控制乳粉热稳定性的方法主要有原料乳的酸度控制、原料乳的热处理方法、浓缩的加热方法、乳清蛋白的去除等。

四、乳粉生产工艺

1. 湿法工艺

鲜牛（羊）乳加入营养成分直接喷雾干燥制成，不仅不存在乳粉回溶等中间环节，而且采用多道过滤工序,杜绝安全隐患,充分保证各种营养的均衡。湿法工艺比较复杂,需要的设备较多,前期处理主要的设备是净乳机、均质机,最好有杀菌机、浓缩设备、干燥设备、包装设备及一些附属设备,还要有锅炉、污水处理等。

湿法工艺需要具备牧场、牛乳和乳粉加工厂三个条件。因为采用第一时间挤出来生鲜牛(羊)乳做原料,产品均一性好,理化指标稳定,营养成分会比较均衡,各种营养物质会在鲜乳当中有一个充分溶解的过程,同时还可减少乳粉的二次污染,能够保证最终产品的新鲜度和营养价值,但采用"湿法"生产并不是所有的乳品企业都能够做到,主要是由奶源地和生产厂的距离所决定的,但是采用单一的湿法工艺,在喷雾干燥过程中,一些热敏性营养素容易被破坏。

2. 干法工艺

采购的大包装乳清粉加入搅拌罐,放入各种固体添加的营养物质充分搅拌以后直接分装出来。干法的生产工艺比较简单,需要混合机、包装机等。干法工艺热敏性物料(遇热不稳定的一类物料,遇热极易发生分解、聚合、氧化等变质反应)的营养成分易于添加。但产品的均一性等不如湿法,口感风味与湿法生产的乳粉相比,也会有一些差异。

思考: 如何区分成品乳粉采用了哪种工艺呢?

干法对车间的要求较高,一般采用 GMP 车间。为了保证乳粉生产加工过程中的安全,食品药监局(现国家市场监督管理总局)官方网站发布了"关于使用进口基粉生产婴幼儿配方乳粉生产许可审查有关工作的通知"规定:允许企业使用进口基粉作为原料生产婴幼儿配方乳粉,企业必须按照《婴幼儿配方乳粉生产许可审查细则》中规定的干法工艺进行生产。严禁企业使用进口大包装婴幼儿配方乳粉进行生产和分装。这一规定对于乳粉生产企业来说,势必会加大企业的成本和投入。

3. 干湿复合工艺

同时采用干混和湿混工艺对鲜牛乳进行加工。应用湿混工艺生产乳粉的工厂离奶源地要求比较近,保证鲜乳一次成粉并能很快成为可销售的最小包装,减少了中间环节的污染,保证乳粉的新鲜;将一些热敏性的营养(维生素、益生菌)在干混工艺阶段加入,保证了其活性,干混复合工艺优越于单独使用湿混工艺或干混工艺。

五、乳粉产业现状和发展趋势

1. 全球乳粉产品产业发展现状

全球脱脂乳粉占据重要市场份额,市场销售额达到了 632 亿元,预计 2030 年将达到 755 亿元,年复合增长率为 2.6%(2024—2030)。根据报道,2023 年全球全脂乳粉市场规模达 827.4 亿元。目前中国是全球全脂乳粉进口量最大的国家,2023 年中国全脂乳粉进口量达 75 万吨。有报告预测 2029 年全球全脂乳粉市场规模将达 1163.27 亿元。

2. 我国乳粉产业发展现状

乳粉市场目前主要以配方乳粉为主,婴幼儿配方乳粉占所有乳粉产量的比例约为 65%,其他配方乳粉(中老年乳粉、孕产妇乳粉、各种强化乳粉等)约占 25%。从各地区产量来看,市场集中度较高,黑龙江产量第一,2023 年产量达到 35.70 万吨,占全国产量的 40.95%,排名第二至第五的产区分别为河北、陕西、内蒙古和山东,其占比分别为 10.85%、10.46%、9.80% 和 5.56%。

作为刚需品类，乳粉市场前景虽然较好，但竞争十分激烈，中国乳粉市场竞争已经进入了一个全新阶段，产业端、企业端、品牌端、渠道端、消费端等5个端口都在更新迭代。

3. 我国乳粉产业发展趋势

据《中国乳粉行业现状深度分析与未来前景预测报告（2023—2030年）》显示，未来乳粉将大量用于冲泡饮用、食品加工、罐装饮料、咖啡牛乳、调味乳、奶茶等食品的生产中，需求量不断增大。《中国奶业奋进2025》指出，未来我国乳业将紧密围绕现代化建设，以科技创新为驱动，以转型升级为主线，以科学技术和智能装备为抓手，着力培育世界级乳业品牌集群，带动全产业链深度融合和协同发展。

（1）行业集中度更高，竞争更加激烈 未来国内市场乳粉消费群体仍以婴幼儿为主，近几年政府密集出台行业相关政策法规，引导行业规范发展，提高行业集中度与国产品牌的竞争力。实施注册制后，婴幼儿乳粉品牌数量大量缩减，大型乳企也将全面提升产品质量，从而带动行业集中度提升。

（2）乳粉市场向高端化、多样化发展 随着我国经济的发展，消费者消费能力和消费意愿均较强，对于乳粉特别是婴幼儿配方乳粉营养的全面性、安全性等更加重视，因此高端和超高端乳粉的销售增长迅速。国内乳粉企业也在不断加强研发投入，从奶源、配方等方面推出多样化的产品，如羊乳粉、有机乳粉、A2粉、OPO、DHA+ARA、FOS+GOS等多种营养添加乳粉，满足不同消费人群的多样化需求。

（3）配方乳粉将成为乳粉行业新的增长点 随着中国居民生活水平和健康意识提高，人们对营养摄入的认知和需求不断提升，产品从简单的营养补充向配方化、功能化升级，满足不同人群的调制乳粉成为乳粉行业未来新的增长点。

（4）企业更加注重产业结构的升级 "得奶源者得天下"，众多乳企更加注重上游产业端布局，提高乳粉源头质量安全的同时，也实现了产业结构的升级重塑。同时，为了助力国家早日实现"碳中和"目标，中国乳企在用"绿色智造"进一步重塑产业结构，为建设生态美好家园而努力。

（5）特配粉将成为新增长引擎 随着人口出生率的逐年下降，婴幼儿配方乳粉的市场容量有所下降，常规乳粉已经到了越来越无利可赚的地步，而针对特殊宝宝需求的特殊配方乳粉正在成为新增长引擎。2024年以来，共有28款特医食品通过了注册审批，包含四家乳品企业。未来随着特医食品的增加，国内乳企也将实现在特医食品数量和质量上的突破，行业将迎来发展的新机遇。

（6）数字化、智能化成为大势所趋 近年来，国家相继推出"十四五"规划、《质量强国建设纲要》等重要文件，数字化、智能化已经成为中国乳业高质量发展的核心驱动力。目前，中国乳业D20头部企业已然在加速推进闭环式全流程数字化建设，赋能乳品质量升级，产能提升。国家鼓励乳粉企业要积极布局智能化生产链条，依托5G、大数据、云计算、工业互联网、物联网和人工智能等技术实现从原料入库、存储、检测、生产、产成品检测、暂存到出库全流程的智能化生产。在国家政策的助力和乳企的重视下，中国乳粉企业将逐步实现从中国质造向中国智造的转变，我国已进入高质量发展阶段，乳业智能化已成为大势所趋。习近平总书记考察时强调，我国是乳业生产和消费大国，要下决心把乳业做强做优，生产出让人民群众满意、放心的高品质乳业产品，打造出具有国际竞争力的乳业产业，培育出具有世界知名度的乳业品牌。

项目1　全脂乳粉（湿法）生产

 项目描述

全脂乳粉是以牛（羊）乳为原料，经净乳、标准化、杀菌、浓缩、喷雾干燥等工艺制成的一种粉状产品。全脂乳粉既可供消费者直接食用，又可作为面包、糕点、巧克力、糖果、冰淇淋等食品的生产原料，全脂乳粉是我国乳品行业重要的组成部分，2023年我国全脂乳粉产量已突破100万吨。根据《企业生产乳制品许可条件审查细则（2010版）》"全脂乳粉、脱脂乳粉、全脂加糖乳粉不得采用干法（干混）工艺生产"，全脂乳粉生产是最具代表性的湿粉工艺过程，脱脂乳粉、全脂加糖乳粉等加工都是在其加工基础上进行的。熟悉全脂乳粉（湿法）生产中浓缩设备操作工、喷雾机组操作工、晾粉操作工、包装工等的工作内容。

 相关标准

① GB 19644—2010　食品安全国家标准　乳粉。
② RHB 201—2004　全脂乳粉感官评鉴细则。

工艺流程

全脂乳粉生产工艺流程见图3-1。

生产全脂乳粉——工艺流程

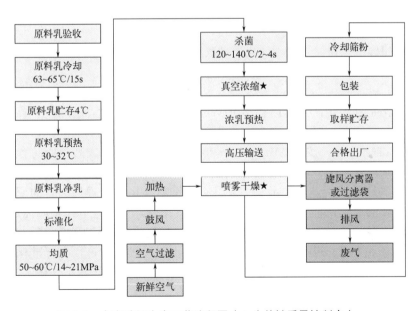

图3-1　全脂乳粉生产工艺流程图（★为关键质量控制点）

> **关键技能**

在原料充足的情况下多采用湿法工艺，但热能损耗较大，容易导致热敏性成分被破坏，不过如今最前沿的湿法工艺叫液相均和低温干燥技术，通过多次低温干燥，保持营养活性不被流失，而且最大可能保持乳粉的新鲜度与均衡，避免像干法工艺和干湿法混合工艺的二次拆包、再生产、再包装中可能出现的污染情况。

一、原料乳验收

原料乳的验收和预处理是保证乳粉质量的关键工段，各乳企也会设置一整套严格的原料乳质检体系，无论使用生乳为原料还是乳粉为原料都必须按照相应标准严格检验。如果原料乳质量不达标或者预处理操作不当，可能导致乳粉出现很多质量问题，常见的主要有以下几个方面。

1. 乳粉溶解度下降

原料乳质量差，混入了异常乳或酸度高的牛乳，蛋白质热稳定性差，受热容易变性，导致乳粉溶解度下降，冲调时变性的蛋白质不能溶解或黏附于容器的内壁或沉淀于容器的底部。因此我国规定原料乳酸度不能超过 18°T，因为酸度过高时蛋白质的稳定性变差，最终影响乳粉的溶解度，甚至导致乳粉酸败，以致不能食用。

2. 乳粉色泽较深

正常乳粉一般呈淡乳黄色。如果乳粉生产中使用经过碱中和或酸度过高的原料乳，所制得的乳粉色泽就会较深，呈褐色。

3. 乳粉中细菌总数过高

原料乳污染严重，细菌总数过高，杀菌后残留量太多，最终会导致成品乳粉中细菌总数过高。

4. 乳粉杂质度过高

原料乳杂质度超标或原料乳预处理净化不彻底都有可能导致成品乳粉杂质度过高。

二、标准化

原料乳的标准化是乳粉生产过程中必不可少的一道工序，脂肪含量不足会导致最终成品乳粉质量不达标，如果脂肪含量过高则会导致乳粉颜色较深，因此乳粉经预处理之后进入干燥之前必须进行标准化处理。按照 GB 19644—2010 规定全脂乳粉成品中脂肪含量达 26%，生产全脂乳粉时，必须使标准化乳中的脂肪与非脂乳固体之比等于产品中脂肪与非脂乳固体之比。但原料乳中的这一比例随乳牛品种、泌乳期、饲料及饲养管理等因素的变化而变动，为此必须测定原料乳的这一比值，经与产品的比值进行比较，以确定分离稀奶油还是添加稀奶油。如果原料乳中脂肪含量不足时，应分离一部分脱脂乳或添加稀奶油，当原料乳中脂肪含量过高时则可添加脱脂乳或提取一部分稀奶油。为实现连续化生产，在标准化的过程中，脱脂乳和稀奶油的调整会随时影响成品乳粉中脂肪的含量，而最终检测不合格的产品通常会返工处理，实际生产时为降低生产成本和缩短时间成本，有部分乳粉厂通过**使用乳成分分析仪等自动化检测仪进行旁线分析，实现标准化过程中快速分析，有效地减少产品质量波动，提高生产效率，大幅提升产品质量稳定性。**

三、均质

在乳粉加工过程中,原料乳在离心净乳和压力喷雾干燥时,不同程度地受到离心机和高压泵的机械挤压和冲击,有一定的均质效果。因此,全脂乳粉生产一般可不进行均质,但如果原料乳进行了标准化,添加了稀奶油或脱脂乳,则应进行均质,使混合原料乳形成一个均匀的分散体系。未进行标准化,经过均质的全脂乳粉质量也优于未经均质的乳粉,因为均质后,大的脂肪球被破碎成了细小的脂肪球均匀分散形成稳定的乳浊液,乳粉冲调复原性更好。

四、杀菌

在乳粉生产过程中要严格按照杀菌条件进行,如果杀菌温度和时间达不到标准会导致成品乳粉中细菌总数过高,或者由于杀菌不彻底导致酯酶和过氧化物酶的活性未完全丧失,致使乳粉产生脂肪氧化味。如果杀菌温度过高,杀菌时间过长则会导致牛乳蛋白质受热过度而变性,最终影响乳粉的溶解度。

大规模生产乳粉经均质后的原料乳用板式热交换器进行杀菌后,冷却至 4~6℃,返回贮乳罐贮藏,随时等待生产计划。原料乳的杀菌方法须根据成品的特性进行选择。生产全脂乳粉时,杀菌温度和保持时间对乳粉的品质,特别是溶解度和保藏性有很大影响。一般高温杀菌可以防止或推迟乳脂肪的氧化,但高温长时间加热会严重影响乳粉的溶解度,最好是采用高温短时杀菌或超高温瞬时杀菌,对乳的营养成分破坏程度小,乳粉的溶解度及保藏性良好,不仅能使乳中微生物几乎被全部杀灭,还可以使乳中蛋白质达到软凝块化,食用后更容易消化吸收。

五、浓缩

1. 乳浓缩作用

乳的浓缩是指使乳中部分水分蒸发,以提高乳固体含量使其达到所要求的浓度的一种乳品加工方法。从溶液中汽化水,热能是必不可少的,与干燥不同,牛乳经过浓缩过程,产品还是液态牛乳。乳经过浓缩处理后,因除去部分水分(图 3-2),减少了乳的重量和体积,从而减少相应的包装、贮藏和运输费用;浓缩提高乳的浓度,增大产品的渗透压,降低了水活性,延长乳制品保质期。未经浓缩的原料乳,若直接进行干燥,则需要干燥能力更高更大的干燥塔才能满足生产要求,同时能耗也随之增加。乳浓缩为下一步的喷雾干燥打基础,节省能耗。经过浓缩再喷雾干燥生产的乳粉,颗粒粗大完整,流动性好,在水中能迅速复原,而未经浓缩喷雾干燥生产的乳粉,颗粒松软并含有大量气泡,色泽灰白,感官质量差,易吸湿。

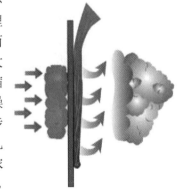

图 3-2 通过热蒸汽对间壁加热从而使另一侧的液体蒸发

2. 乳浓缩方法

浓缩方式有蒸发浓缩、反渗透/超滤(膜)浓缩、冷冻浓缩等三种,目前反渗透/超滤(膜)浓缩、冷冻浓缩等方式主要用于乳清蛋白、脱乳糖产品、牛初乳等高附加值产品的生产,国内刚刚兴起,工业应用还不多。乳粉生产一般采用蒸发浓缩方式,蒸发浓缩中的真空浓缩,利用抽真空设备使蒸发过程在一定的负压状态下进行,整个蒸发过程都是在较低的温度下进行的,特别适合热敏性物料的浓缩,目前在乳品工业生产上应用广泛。

3. 真空浓缩的优点

在真空条件下，牛乳的沸点降低，有效避免牛乳在高温作用下结构的破坏，对产品色泽、风味、复水性等大有好处。因牛乳沸点低，提高了加热蒸汽和牛乳的温差，从而增加了单位面积、单位时间内的换热量，提高了浓缩效率；加热器壁上的结焦现象大为减少，便于清洗，利于提高传热效率。真空浓缩在密闭容器内进行，避免了外界污染，从而保证了产品质量。

4. 真空浓缩的条件

乳的浓缩首先要保证进入真空蒸发器前的牛乳温度保持在65℃左右，同时要维持牛乳的沸腾使水分汽化，还必须不断地供给热量，这部分热量一般由锅炉产生的饱和蒸汽供给。在浓缩过程中还需要迅速排除二次蒸汽，牛乳水分汽化形成的二次蒸汽如果不及时排除，又会凝结成水分，则蒸发就无法进行下去。一般乳的浓缩过程中要求真空度为8~21kPa，温度为50~60℃。单效蒸发时间一般为40min，多效则是连续进行的。

5. 真空浓缩的设备

乳的真空浓缩

真空浓缩设备种类繁多，根据加热蒸汽被利用的次数分为单效、多效浓缩设备和带有热泵的浓缩设备。根据料液的流程方式可分为循环式和单程式。根据加热器结构可分为直管式、板式、盘管式、升膜式、降膜式浓缩设备。

（1）循环蒸发器 乳粉加工产品量较小时常采用循环蒸发器（图3-3），牛乳被加热至90℃，以高速沿切线方向进入真空室沿内壁表面旋转形成薄膜，一部分水分被蒸发掉，蒸汽被吸入冷凝器，空气和其他不凝气体通过真空泵从冷凝器抽出。最终产品失去速度落至内侧弧形底部，最后被排出，部分产品通过离心泵再循环至加热器进行温度调节，并从这里进入真空室进一步蒸发。为了达到规定的浓度，大量的产品必须再循环，通过真空室的流量是需加工流量的4~5倍。

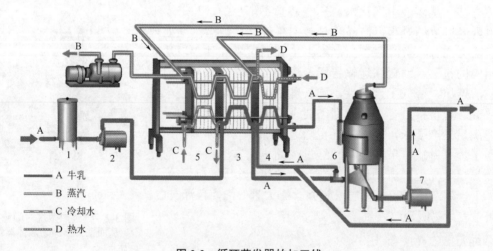

图3-3 循环蒸发器的加工线

1—平衡罐；2—进料泵；3—预热段/冷却；4—温度调节段；5—冷却段/冷却；6—真空室；7—循环泵

（2）升膜式浓缩设备 单效升膜式蒸发器（图3-4）优点是设备结构简单，生产能力强，蒸发速度快，蒸汽消耗低，可连续生产，中、小型乳品厂较适合。缺点是加热时间较长，易焦管，不易清洗，而且料浓时，不易形成膜状，料少时，易焦管，所以不适合炼乳生产。

乳从加热器底部进入加热管，蒸汽在管外对乳进行加热，加热管中的乳在管的下半部只占管长的1/5～1/4。乳加热沸腾后产生大量的二次蒸汽，其在管内迅速上升，将牛乳挤到管壁，形成薄膜，进一步被浓缩。在分离器高真空吸力作用下，浓缩乳与二次蒸汽沿切线方向高速进入分离器。经分离器作用浓缩乳沿循环管回到加热器底部，与新进入的乳混合后再次进入加热管进行蒸发，如此循环直至达到要求浓度后，一部分浓缩乳由出料泵抽二次蒸汽出，另一部分继续循环。一般要求出料量与蒸发量及进料量达到平衡，乳浓度由出料量进行控制。双效升膜式浓缩设备的构造及原理与单效相似，只是多一个加热器进行二次蒸发。

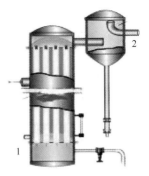

图 3-4　单效升膜蒸发器

1—蒸发器；2—分离室

（3）降膜式浓缩设备　降膜蒸发器是乳品工业最常用的一种类型。在降膜蒸发器中，牛乳从顶部进入，垂直沿加热表面向下流，形成薄膜，加热面由不锈钢管或不锈钢板片组成，这些板片叠加在一起形成一个组件，板的一侧是产品，另一侧是蒸汽。当采用管式时，在管内壁中，乳形成薄膜，外壁围绕着蒸汽。产品首先预热到等于或略高于蒸发温度的温度。产品从预热器流至蒸发器顶部的分配系统。蒸发器中的真空将蒸发温度降低到100℃以下的要求温度。液体在重力的作用下，沿管内壁呈液膜状向下流动。由于向下加速，克服加速压头比升膜式小，沸点升高也小，加热蒸汽与料液间的温差大，所以传热效果好。汽液进入蒸发分离室，进行分离，二次蒸汽由分离室顶部排出，浓缩液由底部抽出。降膜蒸发器能良好运作的一个关键因素是在加热表面获得均匀分散，要实现这一点有许多方法。使用管式蒸发器这一问题能得以解决，如图3-5所示，用一特殊形状的喷头，将产品喷淋分散在一分布板上，产品被稍稍过热，因此，当它离开喷头时，即膨胀，部分水分立即汽化，生成的蒸汽迫使产品沿着管内面向下运动。

思考： 为什么蒸发温度是50℃，却加热到68℃？

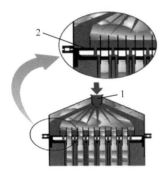

图 3-5　降膜蒸发器上的结构部件

1—产品供料喷嘴；2—分布板

多效蒸发器的特点是上一效蒸发器的蒸汽作为下一效蒸发器的热源。各效蒸发器与冷凝器和抽真空相连，真空度越高，蒸发温度就越低。牛乳通常是由高温到低温。在整个操作过程中，各效之间的温度差几乎是相等的，皆为15℃左右，而且每一效蒸发掉的水分也大致相等。降膜式蒸发器的第一效温度最高，最后一效温度最低，最高温度与最低温度之间的温度由各效平均分布。换句话说，效数越多，则相邻两效温差越小。要达到一定的蒸发速率，就须增加加热面积，但是如果超过4效，能量的节省就会显著减少。大多数工厂选择5效或者6效蒸发器，超过7效的很少见。

由于物料不断被浓缩，在后几效里物料的黏度不断增加，传热系数越来越低，所以需要大的热交换表面。这样不但增加了设备造价，沉淀形成也可能增加，从而引起操作上的困难。解决这一问题是让牛乳倒流，蒸发温度最高的那一刻牛乳的黏度也最大；或者可以使部分高黏性物料回流，从而确保物料布满整个加热表面。后者由于滞留之间不平衡，最终产品质量可能会降低。

在板式降膜蒸发器中，分配系统被安排成沿着板片组成两根管流动，对于每个产品板片，有一个喷头在每根产品管里把产品喷成沿着板片表面的一层薄膜，产品在蒸发温度下进入，避免在分配阶段闪蒸。当产品通过加热面时，产品薄膜中的水分迅速蒸发，蒸汽旋转分离器安装在蒸发器出口，它从溶液中分离出蒸汽。在蒸发过程中，液体容积减小，蒸汽容积增大，如果蒸汽容积超过可利用空间，蒸汽的速度将增加，导致压强增大，这就需要在产品和蒸汽之间有更高的温度差以保证蒸发。为了避免这一点，蒸汽可利用的空间必须随蒸汽容积增加而增加。

为了实现最佳的蒸发条件，沿着整个加热面的产品膜需要有大约相同的厚度，由于产品沿着加热面流下，蒸发液体的容积越来越小，所以加热面的周长必须减少，以保持相同的液膜厚度。以上条件都能由降膜板式蒸发器来实现，如图3-6所示这一独特的办法使蒸发在较低的温度下以较小的温差就能实现。与其他蒸发器相比，板式蒸发器产品停留的时间较短，在蒸发器里的温度和时间组合决定了产品所受的热冲击程度。对于某些热敏感的乳制品的浓缩，降膜蒸发器在较低温度下的使用具有相当大的优势。

图3-6 单段板式蒸发器
1—带喷头的分配管；2—蒸汽分离器

（4）**多效真空浓缩蒸发设备** 从溶液中汽化水需消耗很多能量，以蒸汽的形式提供。为减少蒸汽消耗量，蒸发设备通常被设计成多效的：两个或更多个单元在较低的压力下操作，从而获得较低的沸点，在这种情况下，在前一效中产生的蒸汽被用作下一效的加热介质。蒸汽的需要量大约等于水分挥发总量除以效数。在现代乳品业中，蒸发器效数可高达七效。图3-7所示为带机械式蒸汽压缩机的三效蒸发器，机械或蒸汽压缩系统将蒸发器里的所有蒸汽抽出，经压缩后再返回到蒸发器中。压力的增加是通过机械能驱动压缩机来完成的，无热能提供给蒸发器，无多余的蒸汽被冷凝。

6. 影响浓缩效果的主要因素

（1）**浓缩设备条件的影响** 主要有加热总面积、加热蒸汽与乳之间的温差、乳的翻动速度等。加热面积越大，供给乳的热量亦越大，浓缩速度就越快。加热蒸汽与乳之间温差越大速度越快。一般用提高真空度降低牛乳沸点、增加蒸汽压力提高蒸汽温度的方法加大浓缩，但压力过大会出现"焦管"现象，影响产品质量。

（2）**乳的浓度与黏度** 乳的浓度与黏度对乳的翻滚速度有影响。浓缩初期，由于乳的黏度小，翻滚速度快。随着浓缩的进行，乳的浓度逐渐提高，黏度逐渐增大，翻滚速度缓慢。

（3）**加糖的影响** 加糖可提高乳的黏度，延长浓缩时间。

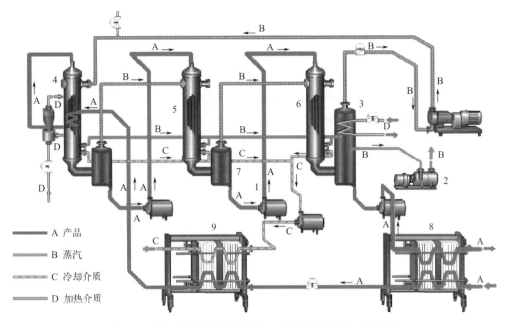

图 3-7 带机械式蒸汽压缩机的三效降膜蒸发器工艺流程

1—压缩机；2—真空泵；3—机械式蒸汽压缩机；4—第一效；5—第二效；
6—第三效；7—蒸汽分离器；8—产品加热器；9—板式冷却器

7. 乳粉真空浓缩的质量控制

乳粉的真空浓缩中，如果操作不当，就有可能出现各种质量问题如乳粉的溶解度下降，真空浓缩对乳粉颗粒的物理性状有显著影响。经真空浓缩后，喷雾干燥时粉粒较粗大，具有良好的分散性和冲调性，能迅速复水溶解。反之，如原料乳不经浓缩直接喷雾干燥，则粉粒轻细，降低了冲调性，而且粉粒色泽灰白，感官质量差。此外牛乳在浓缩过程中温度一定要适宜，浓缩温度偏高，或受热时间过长，则会引起牛乳蛋白质受热过度而变性，导致乳粉冲调时变性的蛋白质不能溶解，或黏附于容器的内壁，或沉淀于容器的底部，影响乳粉的溶解性。还可能造成乳粉颗粒形状不均一，乳粉颗粒直径大，色泽好，冲调性及润湿性就好，反之亦然。乳粉生产过程中浓缩乳中干物质的含量对乳粉的直径有很大的影响，一定范围内，干物质的含量越低，乳粉颗粒的直径越小，形状越不均一，因此要避免浓缩乳中干物质含量过低。一般要求原料乳浓缩至原体积的1/4，全脂乳粉为11.5～13°Bé，相应乳固体含量为38%～42%。

六、喷雾干燥

牛乳经浓缩后再过滤，进行干燥，除去液态乳中的水分，使乳粉中的水分含量控制在2.5%～5.0%，以固体状态存在。乳粉干燥的方法有加热干燥和冷冻干燥。冷冻干燥是利用低温和低压条件下的升华过程，将液体直接升华成为固体，免去了液体状态下的蒸发和干燥阶段，有利于维持牛乳中营养成分和味道，优点是操作简便，能够制作出优质乳粉且生产过程中能保持乳不变性和营养成分，缺点是设备成本高，生产效率低。而目前大部分乳品企业生产乳粉仍然采用的是加热干燥中的喷雾干燥法。

20世纪80年代生产了单喷头立式压力喷雾干燥机，它在乳粉生产中的应用推动了我国乳粉工业技术进步，经喷雾干燥法生产的乳粉为均匀粉状产品，不需再烘干、凉粉、粉碎等过程，可直接进行包装为成品，实现了乳粉生产早期的机械化、连续化和大型化。

乳粉喷雾干燥的原理是将浓缩乳借用机械力量，即压力或离心的方法，通过喷雾器将乳分散为雾状的乳滴（直径为10～15μm），大大增加了其表面积，同时送入热风的情况下雾滴和热风接触，浓乳中的水分在0.01～0.04s蒸发完毕，雾滴被干燥成球形颗粒落入干燥室的底部，水蒸气被热风带走，从干燥室排风口排出，而且微粒表面的温度为干燥介质的湿球温度（50～60℃），若连续出料，整个干燥过程仅需10～30s，故特别适用于热敏性物料的干燥，蛋白质的变性很少，乳清蛋白依然保持良好的溶解性，酶的活性也没有丧失。其具有较高的溶解度及冲调性，保持其原有的营养成分及色、香、味。

1. 乳的雾化

雾化的目的在于使液体形成细小的液滴，使其能快速干燥，并且干燥后粉粒又不至于由排气口排出。乳滴分散得越微细，其比表面积越大，也就越能有效地干燥，1L 牛乳具有约 $0.05m^2$ 表面积，但如果牛乳在喷雾塔中被雾化，每一个小滴会具有 $0.05～0.15mm^2$ 的表面积。1L 乳得到乳滴总表面积将增加到约 $35m^2$，雾化使比表面积增加了约 700 倍。

（1）压力式喷雾 浓乳在高压泵的作用下通过一狭小的喷嘴后，瞬间得以雾化成无数微细的小液滴，如图3-8所示。喷嘴的优点是结构简单，可以调节液体雾化锥形喷嘴的角度（可用直径相对小的干燥室），并且粉粒中液泡含量较少。缺点是生产能力相对小，并很难改变。因此在大型干燥室中，必须同时安装几个喷嘴。此外，喷嘴耐用性差，易堵塞。

（2）离心式雾化 离心式喷雾干燥中，浓乳的雾化是通过一个在水平方向作高速旋转的圆盘来完成的，当浓乳在泵的作用下进入高速旋转的转盘（转速在10000r/min）中央时，由于离心力的作用而以高速被甩向四周，从而达到雾化的目的（图3-9）。

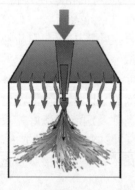

顺流喷嘴　　　逆流喷嘴

图3-8　压力喷雾干燥室中的喷嘴

图3-9　离心喷雾盘

2. 喷雾干燥优缺点

（1）优点

① 干燥速度快，物料受热时间短。由于浓乳被雾化成微细乳滴，具有很大的表面积。若按雾滴平均直径为50μm计算，则每升乳喷雾时，可分散成146亿个微小雾滴，其总表面积约为 $54000m^2$。这些雾滴中的水分在150～200℃热风中强烈而迅速地汽化，所以干燥速度快。

② 干燥温度低，乳粉质量好。在喷雾干燥过程中，雾滴从周围热空气中吸收大量热，而使周围空气温度迅速下降，同时也就保证了被干燥的雾滴本身温度大大低于周围热空气温度。干燥的粉末，即使其表面，一般也不超过干燥室气流的湿球温度（50～60℃）。由于雾

滴在干燥时的温度接近于液体的绝热蒸发温度，干燥的第一阶段（恒速干燥阶段）不会超过空气的湿球温度，所以尽管干燥室内的热空气温度很高，但物料受热时间短、温度低、营养成分损失少。

③ 工艺参数可调，容易控制质量。选择适当的雾化器，调节工艺条件，可以控制乳粉颗粒状态、大小、容重，并使含水量均匀，成品冲调后具有良好的流动性、分散性和溶解性。

④ 产品不易污染，卫生质量好。喷雾干燥过程是在密闭状态下进行，干燥室中保持100～400Pa的负压，所以避免了粉尘的外溢，减少了浪费，保证了产品卫生。

⑤ 产品呈松散状态，不必再粉碎。

⑥ 操作调节方便，机械化、自动化程度高，有利于连续化和自动化生产。

（2）缺点

① 干燥箱（塔）体庞大，占用面积、空间大，而且造价高、投资大。

② 耗能、耗电多。为了保证乳粉中含水量的标准，一般将排风湿度控制到10%～13%，即排风的干球温度达到75～85℃。故需耗用较多的热风，热效率低。

③ 粉尘粘壁现象严重，清扫、收粉的工作量大，如果采用机械回收装置，又比较复杂，甚至又会造成二次污染，而且要增加很大的设备投资。

3. 喷雾干燥方法

（1）一段干燥 一段干燥即一段式干燥，分为三个连续过程，浓缩乳雾化成液滴；液滴与热空气流接触，牛乳中的水分迅速地蒸发，又可细分为预热段、恒速干燥段和降速干燥段；乳粉颗粒与热空气分开。在干燥室内，整个干燥过程大约用时25s。由于微小液滴中水分不断蒸发，使乳粉的温度不超过75℃。干燥的乳粉含水量2.5%左右，从塔底排出，而热空气经旋风分离器或袋滤器分离所携带的乳粉颗粒而被净化，或排入大气或进入空气加热室再利用，如图3-10所示。

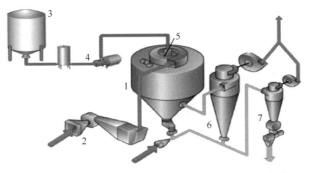

图3-10 带有圆锥底的传统喷雾干燥（一段干燥）室

1—干燥室；2—空气加热器；3—牛乳浓缩缸；4—高压泵；5—雾化器；6—主旋风分离器；7—旋风分离输送系统

（2）二段干燥 两段干燥方法生产乳粉包括了喷雾干燥第一段和流化床干燥第二段（图3-11）。乳粉离开干燥室的湿度比最终要求高2%～3%，流化床干燥器的作用就是除去这部分超量湿度并最后将乳粉冷却下来。二次干燥与常规的一次使水分含量直接降3.5%～4%的干燥法相比，可以采用较低的风温度。流化床内乳粉的厚度不能过厚，一般乳粉厚度控制在100～200mm。由于流化床内温度相对不高，乳粉在其中滞留时间比较长（一般在15min左右），可以采用较低温度的空气来达到干燥的目的。废气从流化床上部排出，经旋风分离器，回收细粉。从流化床内卸出的乳粉可进入下一个包装工序。

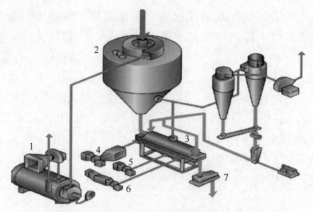

图 3-11 带流化床辅助装置的喷雾干燥室

1，4—空气加热器；2—喷雾干燥塔；3—流化床；5—冷空气室；6—冷却干空气室；7—振动筛

和简单的一段喷雾干燥相比，二段干燥系统中采用较低的出风温度（如85℃，常规一般为95℃），可以节省15%～20%的能源。同时因为最终干燥阶段采用较低的温度使乳粉的质量提高了。一段法干燥生产出来的乳粉成品全部是由单个的乳粉小颗粒组成，容积小，密度大，粉粒轻，脂肪含量高的产品容易结团，复原乳冲调性不佳。二段法生产的乳粉有良好的溶解性，密度高，颗粒大，不易飞扬，这与干燥过程有着密切关系。一段干燥设备最后通过启动输送系统将成品转入包装工序，而二段干燥设备是通过流化床。因此，现代乳粉厂的喷雾干燥多采用二段式干燥法。

（3）三段干燥　三段干燥中第二段干燥在喷雾干燥室的底部进行，而第三段干燥位于干燥塔外进行最终干燥和冷却。目前生产中主要有两种三段式干燥器，一种是具有固定流化床的干燥器，另一种是具有固定传送带的干燥器，如图3-12所示为带过滤器型干燥器，它包括一个主干燥室和三个小干燥室，用于结晶（当需要时，如生产乳清粉）、最后干燥和冷却。产品经主干燥室顶部的喷嘴雾化，来料由高压泵泵送至喷雾嘴，雾化压力高达20MPa，绝大部分干燥空气环绕喷雾器供入干燥室，温度高达280℃。

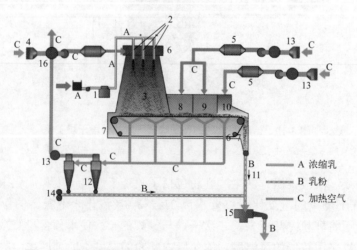

图 3-12 具有完整运输、过滤器（三段干燥）的喷雾干燥器

1—高压泵；2—喷头装置；3—主干燥室；4—空气过滤器；5—加热器/冷却器；
6—空气分配器；7—传送带系统；8—保持干燥室；9—最终干燥室；10—冷却干燥室；
11—乳粉排卸；12—旋风分离器；13—鼓风机；14—细粉回收系统；15—过滤系统；16—热回收系统

液滴自喷嘴落向干燥室底部的过程被称为第一步干燥，乳粉在传送带上沉积或附聚成多孔层。第二段干燥的进行是由于干燥空气被抽吸过乳粉层。刚落在传送带上时，乳粉的水分含量随产品不同为12%～20%。在传送带上的第二段干燥，减少水分含量8%～10%。水分含量对于乳粉的附聚程度和多孔率是非常重要的。第三段和最后一段对脱脂或全脂乳浓缩物的干燥在两个室内（⑧⑨）进行，在两室中进口温度高达130℃的热空气被吸过乳粉层和传送带，其方式与在主干燥室一样。乳粉在干燥室⑩中冷却。干燥室⑧用于要求乳糖结晶的情况（乳清粉）。在此情况下不再向此室送入空气，以使其保持10%的较高的水分含量，第三段干燥在干燥室⑨进行，冷却在干燥室⑩中进行。有一小部分乳粉细末随干燥空气和冷却空气离开干燥设备，这些细粉在旋风分离器⑫与空气分离，这些粉进入再循环，或进入主干燥室或进入产品类型需要或附聚需要的加工工艺点。

4. 喷雾干燥对乳粉品质的影响

喷雾干燥是乳粉生产过程中的最关键工段，直接决定着乳粉质量的好坏，处理操作不当，就有可能出现各种质量问题。

（1）乳粉水分含量过高 喷雾干燥过程中进料量、进风温度、进风量、排风温度、排风量控制不当，或者雾化器因阻塞等使雾化效果不好，导致雾化后的乳滴太大而不易干燥都会导致成品乳粉水分含量过高。

（2）乳粉溶解度降低 牛乳喷雾干燥过程中温度偏高，或受热时间过长，引起牛乳蛋白质受热过度而变性导致乳粉的溶解度降低。喷雾干燥时雾化效果不好，使乳滴过大，干燥困难也可能导致乳粉的溶解度降低。不同的干燥方法生产的乳粉溶解度亦有所不同，一般来讲，滚筒干燥法生产的乳粉溶解度较差，仅为70%～85%，喷雾干燥法生产的乳粉溶解度可达99%以上。

（3）乳粉结块 乳粉极易吸潮而结块，这主要与乳粉中含有的乳糖及其结构有关。采用一般工艺生产出的糖是非结晶的玻璃态，其中 α-乳糖与 β-乳糖之比为1:1.5，两者保持一定的平衡状态，非结晶状态的乳糖具有很强的吸湿性，吸湿后则生成1分子结晶水的结晶乳糖。在乳粉的整个干燥过程中，由于操作不当造成乳粉水分含量普遍偏高或部分产品水分含量过高，这样就容易产生结块现象。

（4）乳粉颗粒的形状和大小不均 乳粉颗粒的形状随干燥方法的不同而不同。滚筒干燥法生产的乳粉颗粒呈不规则的骨状，而且不含气泡，而喷雾干燥法生产的乳粉呈球状，可单个存在或几个粘在一起呈葡萄状，压力喷雾法生产的乳粉直径较离心喷雾法生产的乳粉颗粒直径小。乳粉颗粒直径大，色泽好，则冲调性能及润湿性能好，便于饮用，反之亦然。如果乳粉颗大小不一，而且有少量黄色的焦粒，则乳粉的溶解度就会较差，而且杂质度高。

影响乳粉颗粒形状及大小的因素：

① 雾化器出现故障，将有可能影响到乳粉颗粒的形状。
② 干燥方法不同，乳粉颗粒的平均直径及直径的分布状况亦有所不同。
③ 同一干燥方法，不同类型的干燥设备，所生产的乳粉颗粒直径亦有所不同。例如，压力喷雾干燥法中，立式干燥塔较卧式干燥塔生产的乳粉颗粒直径大。
④ 浓缩乳的干物质含量对乳粉直径有很大影响，在一定范围内，干物质含量越高，则乳粉颗粒直径就越大，所以，在不影响产品溶解度的前提下，应尽量提高浓缩乳的干物质含量。
⑤ 压力喷雾干燥中高压泵压力的大小是影响乳粉颗粒直径大小的因素之一，使用压力低，乳粉颗粒直径就大，但不能影响干燥效果。

⑥ 离心喷雾干燥中转盘的转速也会影响乳粉颗粒直径的大小，转速越低，乳粉颗粒的直径就越大。

⑦ 喷头的孔径大小及内孔表面的光洁度状况也影响乳粉颗粒直径的大小及分布情况。喷头孔径大，内孔光洁度高，则得到的乳粉颗粒直径大，而且颗粒大小均一。

（5）杂质度过高 干燥室热风温度过高，导致风筒周围产生焦粉。均风器热风调节不当，产生涡流，使乳粉局部受热过度而产生焦粉。

5. 压力喷雾干燥设备的使用

（1）开机前的准备工作

① 认真检查干燥设备及辅机，观察塔内清洁状况，各部位密封程度是否良好。

② 高压泵运转状况，有无漏油、缺油等现象，冷却水是否接通等。

③ 对高压泵、所需容器、物料管路杀菌。

④ 检查进、排风机运转状况。

⑤ 将高压喷雾器（喷枪）进行灭菌，将其安装于干燥室相应位置上。

⑥ 检查加热器部分、阀门部分密封情况。

⑦ 开启空气加热器进汽管道上的旁通阀门，并开启各组空气加热器汽水分离器的旁通阀门。

⑧ 缓慢开启加热蒸汽进汽总阀门及各组加热器的进汽阀门，待蒸汽管内、空气加热器内的冷凝水排尽后，关闭进汽管及各组空气加热器水汽分离器的旁通阀门，使加热器分汽缸的蒸汽压力保持在 0.8～1MPa 的范围内。

（2）开机顺序

① 开启进风机（保持进风量较小），对设备预热，正压状态下维持干燥室内运行（以保证布袋过滤器的平底和锥体部位充分预热）。预热温度 85℃，预热时间 20min。预热完成后，开启排风机，保持大进风量，保持塔内温度 85～90℃。

② 打开高压泵活塞冷却水阀和进料阀，启动高压泵进行预喷雾（将位于喷雾器附近的旁通高压阀打开，将高压泵及物料管路内残留的清洗水排出，同时排尽该系统内的空气）。此时应根据物料雾化情况调整物料流量。待雾化正常，塔内温度（85～90℃）、排风温度（75～85℃）、进风温度（130～150℃）稳定，即开始正常运行。

③ 调节进风机和排风机的风板，保持塔内负压维持在 0.001～0.004MPa。

④ 时刻关注塔内温度变化，通过调整塔内温度和物料流量来避免温度过高或过低。

⑤ 操作时要时刻观察雾化状态是否良好。

⑥ 定时开启电磁振动器，保持振动频率为 20～30min1 次，使得黏附在塔壁和锥体上的乳粉振落。

⑦ 及时开启锥体下部的星形出料阀，使乳粉连续不断卸出，以避免锥体出料口乳粉搭桥。

⑧ 定时启动布袋回收器摆动装置。每隔 30min 启动 1 次，将布袋内的积粉抖落（进入锥体），否则将影响废气的排出，影响设备效率。

⑨ 在喷雾干燥期间浓缩乳平衡槽绝对不能断料，若浓缩乳连接不上或出现断料，必须立即停机。若不立即停机，干燥塔内的乳粉会在数分钟内发生严重褐变反应，时间再长则会引起布袋烧毁和乳粉炭化（断料属于严重人为操作事故，是坚决不允许的。如果浓缩乳连接不上，可按正常停机顺序停机，如果在喷粉过程中突然出现断料，应先关闭高压泵，并按顺序关闭进风机、排风机及加热蒸汽总阀门，然后进行善后处理，追查事故原因并落实责任）。

⑩ 若在生产中出现紧急停电事故，在第一时间关闭进料阀及加热蒸汽总阀门，然后检查机组所有控制系统及仪表使其处于正常关机状态。必要时打开干燥塔门通风降温。

（3）停机顺序（含塔内清扫及设备管路清洗）

① 关闭高压泵及冷却水。

② 关闭蒸汽总阀门及各组加热器的蒸汽阀门，开启各组汽水分离器的旁通阀门。

③ 为避免加热器的余热进入干燥室影响扫粉工人的工作，应先关闭进风机，同时关闭风机闸门。

④ 待塔温降至30℃左右时，关闭排风机。操作人员消毒后穿着工作服进入塔内进行清扫。需每隔10min开排风机换气。清扫工人进入干燥塔必须进行严格的消毒，杜绝交叉污染。在塔内进行清扫时，门外须有人配合接应，以免发生意外。

⑤ 关闭喷雾器高压阀，开启高压旁通阀门，卸下喷雾器进行彻底清洗。

⑥ 打开高压泵活塞冷却水，启动高压泵，将泵体及高压管内的浓缩乳顶出，由高压阀的旁通管路回收处理。

⑦ 按要求严格清洗高压泵，必要时拆开清洗。

⑧ 清扫干燥塔前必须先将锥体余粉卸完，然后先清扫热风口以外的部位，清扫时自上而下，最后将热风口附近少量焦粉单独收集处理。

⑨ 关闭自动出料阀。

⑩ 清理现场卫生，关闭车间总电源。

【矮塔干燥塔技术】新技术赋能乳业新质生产力

喷雾干燥技术是乳粉生产中的关键环节，对乳粉的品质有重要的影响，为了使生产的乳粉具有更高的品质，目前乳粉企业已将多种不同的技术应用到乳粉的喷雾干燥中。如通过采用最核心的矮塔干燥塔技术，可合理调节塔内风向、风速、风量、温度以及粉的最佳分布及流动，保证物料和热空气的快速、充分交换，避免了粉的粘壁现象，从而保证了产品最优品质。这是当前世界乳粉喷雾干燥塔最领先的技术，适合各类乳粉的生产。同时，干燥塔还可采用独特的"四路细粉复聚系统"，最大程度去除乳粉中的细粉量，使乳粉颗粒更加均匀一致，易于冲调，温水即可迅速溶解，方便饮用，真正成为大颗粒速溶乳粉。还有部分乳粉企业应用世界先进的二氧化碳充填技术，将乳粉颗粒达到最大化，使颗粒中心变成空心，实现在凉水里速溶的目的，采用该技术生产的乳粉只要用20~60℃的温水，数秒钟就可以完全溶解。为了减少高温对乳粉营养物质的破坏，在喷雾干燥过程中可将粉末水分含量通过三个阶段工序实现粒子化，构成最完美的粒子形态，三阶段工程设定一定温度差异，避免高温环境所产生的成分热变，不同的干燥阶段温度逐渐降低，极大程度减少对营养素的破坏，干燥过程分为多个阶段，干燥充分，粉质均匀、蓬松、吸水性强，易冲调易溶解。

七、冷却筛粉

干燥的乳粉落入干燥室的底部，粉温可达60℃，应及时冷却出粉，避免乳粉受热时间过长。特别是对全脂乳粉，受热时间过长会使乳粉的游离脂肪增加，严重影响乳粉的质量，使之在保存中容易引起脂肪氧化变质，乳粉的色泽、滋气味、溶解度也会受到影响。一般可采用螺旋输粉器出粉，而平底或锥底的立式圆塔干燥室则都采用气流出粉或流化床式冷却床出粉，较为先进的工艺应可以将出粉、冷却、筛粉、晾粉及称量包装等各工序进行连续操作。

1. 出粉、冷却

（1）气流出粉、冷却 "气流输粉装置"可以连续出粉、冷却、筛粉、贮粉、计量包装，其优点是出粉速度快，在大约5s内就可以将喷雾室内的乳粉送走，同时，在输粉管内进行冷却。其缺点是易产生过多的微细粉尘。因气流以20m/s的速度流动，所以乳粉在导管内易受摩擦而产生大量的微细粉尘，致使乳粉颗粒不均匀。再经过筛粉机过筛时，则筛出的微粉量过多。另外，冷却效率不高，一般只能冷却到高于气温9℃左右，特别是在夏天，冷却后的温度仍高于乳脂肪熔点。如果气流出粉所用的空气预先经过冷却，则会增加成本。

（2）流化床出粉、冷却 流化床出粉和冷却装置使乳粉不受高速气流的摩擦，可大大减少微细粉，乳粉在输粉导管和旋风分离器内所占比例小，可减轻旋风分离器的负担，节省输粉中消耗的动力。同时，冷却床所需冷风量较少，可使用经冷却的风来冷却乳粉，冷却效率高，一般乳粉可冷却到18℃左右。通常乳粉因经过振动的流化床筛网板，因而获得乳粉的颗粒较大而且均匀。

速溶乳粉生产中乳粉的有效速溶化也可经流化床获得（图3-13），流化床连接在主干燥室底部，由一个多孔底板和外壳构成。外壳由弹簧固定并有马达可使之振动，当一层乳粉分散在多孔底板上时，振动乳粉以匀速沿壳长方向运送。自干燥室下来的乳粉首先进入第一段，在此乳粉被蒸汽润湿，振动将乳粉传送至干燥段，在此，温度逐渐降低的空气穿透乳粉及流化床，干燥的第一段颗粒互相黏结发生附聚。水分在乳粉经过干燥时从附聚物中蒸发出去。乳粉在经过流化床时达到要求的干燥度。任何大一些的颗粒在流化床出口都会被滤下并被返回到入口。被滤过的和速溶的颗粒由冷风带至旋风分离器组，在其中与空气分离后包装。来自流化床的干燥空气与来自喷雾塔的废气一起送至旋风分离器，以回收乳粉颗粒。

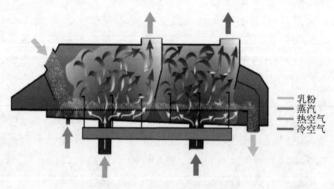

图3-13　速溶乳粉的流化床

（3）其他出粉方式 连续出粉的装置还有搅龙输粉器、电磁振荡器、转鼓型阀、漩涡气封法等。这些装置既保持干燥室的连续工作状态，又使乳粉及时送出干燥室外。但是这些出粉设备的清洗干燥很麻烦，而且要立即进行筛粉、晾粉，使乳粉尽快冷却，即便如此，乳粉的冷却速度还是很慢。

出粉冷却是乳粉生产过程中的关键工序，如乳粉冷却过程中冷风湿度太大，就会引起乳粉水分含量升高。同时在出粉及乳粉输送过程中应避免高速气流的冲击和机械损伤，这样可防止乳粉中游离脂肪的增加，避免乳粉脂肪氧化味的产生。

2. 筛粉

乳粉过筛的目的是将粗粉和细粉（布袋滤粉器或旋风分离器内的粉）混合均匀，并除去乳粉团块、粉渣，并使乳粉均匀、松散，有效地提高乳粉的质量，同时加速乳粉的冷却，便于包装。

一般采用机械振动筛，筛底网眼为40～60目。在连续化生产线上，乳粉通过振动筛后即进入锥形积粉斗中存放。

3. 晾粉

晾粉不但使乳粉的温度降低，还可使乳粉表观密度提高15%，有利于包装。无论使用大型粉仓还是小粉箱，在贮存时严防受潮，包装前的乳粉存放场所必须保持干燥和清洁。

八、包装

当乳粉贮放时间达到要求后，可以开始包装，包装要求称量准确、排气彻底、封口严密、装箱整齐、打包牢固。每天在工作之前，包装室必须经紫外线照射30min灭菌后方可使用，凡是直接接触乳粉的器具要彻底清洗、烘干灭菌。操作者的工作服、鞋、帽要求清洁，穿戴整齐，消毒后方可进入包装车间。

1. 包装形式

适宜的包装不仅能增强产品的商品特性，也能延长产品的货架寿命。包装规格、容器及材质依乳粉的用途不同而异。全脂乳粉小包装容器常用的有马口铁罐、塑料袋、塑料复合纸袋、塑料铝箔复合袋。大包装容器有马口铁箱、圆筒装、塑料袋套、牛皮纸袋等包装。一般铝箔复合袋的保质期为1年，真空包装和充氮包装质量可保持3～5年。

（1）充氮包装 充氮包装是使用半自动或全自动真空充氮封罐机，在称量封罐之后抽真空，排出乳粉及罐内的空气，然后立即充以纯度为99%以上的氮气再进行密封。这种方法不仅能防止乳粉中的脂肪氧化，还可防止乳粉中强化维生素的破坏损失，可以延长乳粉的贮藏期，是目前全脂乳粉密封包装最好的方法。该处理可使乳粉保质期达3～5年，否则保质期仅为半年左右。

（2）塑料袋包装 采用塑料袋简易包装要比瓶装成本低，劳动强度轻，但对乳粉的保藏性有一定的影响，适合短期贮存。塑料薄膜脆而易折，易造成破损。采用复合薄膜袋包装，用高频电热封口，基本上可以避免光线、水分和气体的渗入。复合薄膜包装材料被广泛应用于乳粉包装，虽然目前成本较高，却是很有发展前途的包装材料之一。目前使用的三层复合材料主要有：K涂硬纸/Al/PE（聚乙烯）、BOPP（双向拉伸聚丙烯）/Al/PE、纸/PVDC（聚偏二氯乙烯）/PE等。

（3）大包装 大包装产品一般供应特需用户（如食品工厂等），用于制作糖果、面包、冰淇淋等工业原料。罐装产品一般分为方罐和圆罐两种。袋装时可由聚乙烯薄膜作为内袋，外面用三层牛皮纸套装。

> 【多项新技术突破乳品包装瓶颈】
> 乳品包装是乳业产业链的重要环节，在乳品市场快速发展中发挥了重要作用。随着消费者市场对乳品包装的保藏性、安全性、货架期等要求的不断提高，乳品包装保质控制及创新设计成为亟待解决的行业重大问题。

> 国家乳业技术创新中心（以下简称乳业国创中心）科研团队，针对我国乳品包装的瓶颈问题，开发出"干湿分离营养精准添加技术""微发泡技术""NIAS（非有意添加物）物质非靶向筛查"等多项新技术，为我国乳品包装新材料的创新研发和产业化应用及食品安全提供了有力的支撑。微发泡技术是乳业国创中心基于航天蜂窝材料的技术原理，开发出微胶囊膨胀型发泡剂，成功将发泡技术应用于低厚度（低于0.1mm）的食品用塑料包装中，解决了塑料包装在极薄厚度下发泡倍率的一致性和泡孔均匀分布的问题。该技术可实现在不改变材料性能的基础上减重10%以上。
>
> 目前，新技术已在乳制品企业塑料包装膜、塑料杯以及杯盖上进行示范应用，每年可减少塑料用量2000吨以上，为乳企的绿色低碳可持续发展贡献力量。

2. 包装设备

目前乳粉包装均采用定量包装机，主要由定量称重系统、封口机、缝包机、输送带等组成。这种包装机能完成计量、夹袋、充填、封口、缝包、传送等工作，专为粉剂、颗粒物料包装而设计，适用于粉剂的包装。乳粉包装设备如下。

（1）**储料罐** 粉料储存于储料罐中，储料罐上装有料位传感器，料位低于传感器位置时控制系统控制翻板阀自动下料。

（2）**碟阀** 通过碟阀将储料罐与供粉仓隔开，从而使供粉仓中可以形成一定的正压保证粉料的流动。

（3）**供粉仓** 位于供粉仓上的流化喷嘴向其内充入纯净氮气，使供粉仓内压力升高，从而使物料沿供粉管道流出。

（4）**供粉管道** 流化物料经过的管道，管道出口部有阀板，通过气缸调节阀板的位置来控制下料速度。

（5）**下料仓** 称重传感器及夹袋装置的载体，同时可防止下料时产生的粉尘污染环境。

（6）**称重传感器** 称取包装物料的重量并反馈给控制系统，从而实现实时动态控制，保证计量的精密度。

（7）**夹袋装置** 人工套袋后拨动旁边的开关，通过锁紧气缸将袋夹紧，从而完成下粉工作。

为了保证乳粉的质量安全，在乳粉灌装前还在管道上安装了金属剔除装置，利用磁场原理对通过的乳粉进行检测，如有异常时可实现自动剔除。罐装前后还配备360°视觉检测，包材料需要100%通过数个高清摄像头在线自动检测，高清摄像头可对头发、线绳、黑点等进行检测，异常时自动剔除。最后，在灌装之后，还会配置X光机对罐内金属和玻璃异物进行最终检测，真正打造了高标准、科学化的风控体系。

3. 包装对乳粉品质的影响

全脂乳粉中约有26%的脂肪，颗粒较为疏松，吸湿性很强，与空气接触后容易被氧化，包装工序处理不当，会产生以下问题。

（1）**氧化味（哈喇味）** 包装要尽量采用抽真空充氮的方法，在制造包装时尽量缩短乳粉与氧气接触的时间。

（2）**吸潮结块** 当乳糖吸水后，蛋白质粒子彼此黏结而使乳粉形成块状。乳粉如果使用密闭灌装则吸湿的问题不大，但是如果采用非密闭包装，或者食用时开罐后的存放过程，会有显著的吸湿现象。此外，包装车间要密封、干燥，室内要有空调、紫外线灯等，包装间内温度一般控制在 18～20℃，空气相对湿度应在 60% 以下，以防止乳粉吸潮。

目前全脂乳粉的包装过程已实现智能化生产，产品在包装车间完成自动加勺、自动理袋、纸盒自动成型、自动装盒、自动装箱，而后经堆垛机、分拣机械臂、地面搬运 AGV 等设备实现乳粉的理箱、装箱、拆箱等操作，最后自动入库，后经过自动分拣和电商系统将产品销往全国各地。

九、检验合格出厂

在包装过程中对产品按照采样计划进行采样，每日生产出配方乳粉现场经取样员取样后送入化验室检验，乳粉质量标准应符合《食品安全国家标准 乳粉》（GB 19644—2010）所规定标准，包括原料要求、感官要求、理化指标、污染物限量、真菌毒素限量、微生物限量、其他包装要求等。

全脂乳粉成品将存储于自动化智能立体库（图 3-14）中，乳粉存放的过程中，应尽量避免与空气长时间接触，避免阳光直射。目前大型乳粉厂已采用自动化智能立体库存储，自动化智能立体库是使用自动化存储设备同计算机管理系统的协同来实现立体仓库的使用，主要由货架、堆垛机、入（出）库工作台、调度控制系统以及管理系统组成，结合多种软件系统，实现了成品乳粉的集体存放、自动存取、标准返还，大大降低了存储、运输的费用，减轻了劳动的强度，提高了仓库的空间利用率。一般来说原始仓库只是乳粉的一个储存场所，大部分时间都是静态保存的，但是智能立体库采用了先进的自动化物产管理设备，不仅能使乳粉在仓库内按照需要自动存储，而且可以和仓库外的生产环节进行一个有效的连接，并通过计算机管理系统和自动化物料管理设备，使仓库成为乳粉生产中的一个流程，大大提高了仓库的利用率，待实验室完成感官、微生物、理化检测后，会下发产品质量报告区分合格与不合格的产品，合格品凭合格报告单便可出厂。

图 3-14　自动化智能立体库

 检验提升

一、单选题

喷雾干燥与其他干燥方法相比具有的优点是（　　）。

A. 干燥过程快

B. 干燥后的产品不必粉碎

C. 干燥在密闭状态下进行，既保证产品卫生，又不使粉尘飞扬

D. 机械化程度高，有利于生产的连续化和自动化

二、简答题

1. 乳粉企业生产过程中的 GMP 要求有哪些？

2. 全脂乳粉浓缩终点如何判断？

项目2 婴幼儿配方乳粉（干湿混合）生产

 项目描述

婴幼儿配方乳粉是调制乳粉中最重要的一种，主要针对婴儿的营养需求，改变牛（羊）乳营养成分的含量和比例，使之与母乳相近似，成为婴幼儿较为理想的代母乳食品。婴幼儿配方乳粉的生产可采用干法、湿法、干湿复合三种工艺，其中干湿复合工艺既可以保证原料的新鲜程度，又使营养素混合更均匀，避免一些热敏性营养物质活性的丧失，是目前婴幼儿配方乳粉市场的主流工艺。巩固婴幼儿配方奶粉生产中浓缩设备操作工、喷雾机组操作工、配料工、包装工等的工作内容，掌握婴幼儿配方奶粉（干湿混合）生产的工艺流程、婴幼儿配方奶粉配方的设计原则、配方的计算方法、混料等工艺要点，能进行婴幼儿配方奶粉的质量控制等。

 相关标准

① GB 10765—2021　食品安全国家标准　婴儿配方食品。
② GB 10766—2021　食品安全国家标准　较大婴儿配方食品。
③ GB 10767—2021　食品安全国家标准　幼儿配方食品。
④ GB 29923—2023　食品安全国家标准　特殊医学用途配方食品良好生产规范。
⑤ GB 25596—2010　食品安全国家标准　特殊医学用途婴儿配方食品通则。

 工艺流程

婴幼儿乳粉生产工艺流程见图 3-15，生产设备流程见图 3-16。

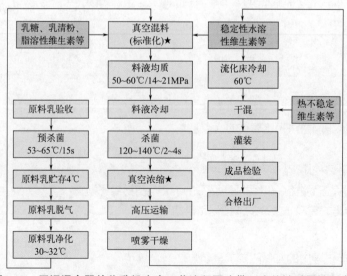

图 3-15　干湿混合婴幼儿乳粉生产工艺流程图（带★为关键质量控制点）

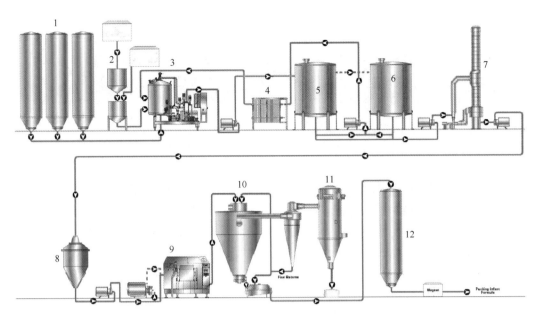

图 3-16　婴幼儿配方乳粉生产设备流程示意图

1—巴氏乳罐；2—辅料添加罐；3—真空混料罐；4—板式热交换器；5—混料罐；6—待料罐；
7—多效浓缩设备；8—浓乳缸；9—高压泵；10—喷雾干燥塔；11—细粉收集器；12—包装设备

 关键技能

婴幼儿配方乳粉经历了3个阶段的发展。第一阶段（1900—1988年），配方乳粉追求蛋白质、脂肪、碳水化合物、维生素以及矿物质等基础营养素均衡，预防人体对某类营养素摄入不足。第二阶段（1989—2003年），配方乳粉开始追求营养素强化，如二十二碳六烯酸（DHA）、二十碳四烯酸（ARA）、牛磺酸、胆碱、核苷酸等人体所需重要营养素进行了添加强化。第三阶段（2004年至今），婴幼儿配方乳粉配方设计及生产工艺更加追求精确性，通过对牛、羊乳和母乳的差异化深入研究，开发出添加多种功能因子的婴幼儿配方乳粉，同时也开始针对特殊群体开发适宜其生长发育的功能性配方乳粉。

1979年，黑龙江乳品工业研究所研制出"婴儿配方乳粉Ⅰ"，是国内第一种婴儿配方乳粉，其主要原料为牛乳、豆浆、蔗糖和饴糖。1985年，内蒙古轻工业研究所和黑龙江省乳品工业研究所在"婴儿配方乳粉Ⅰ"的基础上研制出以乳为基础，调整乳清蛋白含量的"婴儿配方乳粉Ⅱ"，此后，国内婴幼儿配方乳粉的研究真正开展起来。如今，在婴幼儿配方乳粉行业，"中国标准"已经成为世界标准。我国婴幼儿乳粉企业不管从生产管理、质量控制、厂房设施建设、硬件、软件条件均处于世界一流水平，远远超过欧洲、澳大利亚、新西兰标准。2023年2月22日乳粉新国标《食品安全国家标准 婴儿配方食品》（GB 10765—2021）、《食品安全国家标准 较大婴儿配方食品》（GB 10766—2021）和《食品安全国家标准 幼儿配方食品》（GB 10767—2021）正式实施。在旧版国标的基础上，进一步考虑了婴幼儿的生长发育特点和营养素需求，在调整优化营养成分的同时，对企业生产能力、产业链资源都提出了更高要求，堪称史上"最严格标准"。

> **【盘点史上最严新国标】**
>
> 在标准划分方面，相较于旧国标和目前国际先进标准，新国标针对不同年龄段的婴幼儿配方标准规定更为精准。一直以来，在主要国家组织制定的标准中，普遍以"6个月以下"和"6个月以上"的年龄段划分来制定标准，新国标顺应国际食品法典委员会修订趋势，将"6个月以上"的年龄段细分为"6～12月龄"的较大婴儿和"12～36月龄"的幼儿分别制定标准，即 GB 10766 和 GB 10767，对配方指标进行了细化要求。
>
> 兼顾营养安全，新国标对配方主要成分及添加量提出更严格要求。新国标下调了较大婴儿配方食品、幼儿配方食品（以下简称"2段粉""3段粉"）的蛋白质总含量要求，增设乳清蛋白含量指标；2段粉要求乳清蛋白含量≥40%。增加了乳糖含量要求，限制婴儿配方食品（以下简称为"1段粉"）、2段粉除乳糖外其他成分不得作为碳水化合物主要来源，其中乳基1段粉、3段粉乳糖占碳水化合物比重分别不得小于90%和50%。
>
> 新国标提高了行业门槛，优化微量元素含量规定，部分可选择成分调整为必需成分。新标准提高了主要维生素和矿物质指标的最小值，增设2段粉、3段粉维生素最大值要求，增加了相关豆基产品中铁、锌、磷含量的要求等，部分指标标准高于国际标准。提高了1段粉维生素D、烟酸的含量要求，将1段粉、2段粉胆碱调整为必需成分，提高了胆碱、DHA指标的最小值要求，将2段粉锰和硒调整为必需成分。

乳粉质量是由国家市场监督管理总局分级监督管理。2013年起开始重视奶源地的管理和保护，乳粉生产管理参照药品 GMP 管理模式。国家市场监督管理总局于2022年11月修订发布了《婴幼儿配方乳粉生产许可审查细则（2022版）》（以下简称《细则（2022版）》）。从生乳来源、储运温度和时间、基粉使用等方面进一步严格原料管控要求，明确生乳应来源于自建（全资或控股）或自控（指与企业签订生乳供给合同，企业能够采取派员监管、定期对养殖情况进行审核，确保生乳质量安全可控）奶源基地；调整了"基粉"的概念，强制加入营养素和（或）其他辅料，由"湿法工艺生产的婴配乳粉的半成品"调整为"经湿法工艺加工而成的用于其他企业生产婴幼儿配方乳粉的复合配料"，与"半成品"相区分，明确定性为"复合配料"。企业使用符合要求的基粉作为原料需要根据《关于进一步规范婴幼儿配方乳粉产品标签标识的公告》的规定在产品标签配料表中按照食品安全国家标准的要求标注复合配料。强调不得使用"已经"符合婴幼儿配方食品安全国家标准的复合配料作为原料生产婴幼儿配方乳粉，即配方中使用的基粉不应是符合婴幼儿配方乳粉食品安全国家标准规定的成品，避免出现大包粉分装现象。《细则（2022）版》对企业还提出了"充分利用信息化技术手段"建立追溯体系的细化要求等，在多方面进一步明确、细化了相关要求，遵从食品安全"四个最严"要求的同时，落实"放管服"改革要求，以灵活高效地加强婴幼儿配方乳粉生产许可管理，为更有效地落实婴幼儿配方乳粉生产许可审查的监管要求提供保障。

> 思考：为什么提倡母乳喂养？

一、配料

1. 母乳与牛乳的区别

母乳是婴幼儿最好的食物,当母乳不足时,才不得不靠人工喂养。牛乳虽是最好的代乳品,但是牛乳无论是从感官上还是组成上与母乳都有很大的区别,见表3-5。因此需要将牛乳中的各种成分进行调整,使之接近于母乳。

生产婴幼儿配方乳粉-标准化配料1

表3-5 母乳与牛乳的成分区别

成分	蛋白质		脂肪/g	乳糖/g	灰分/g	水/g	能量/kJ
	乳清蛋白/g	酪蛋白/g					
母乳/(100g)	0.68	0.42	3.5	7.2	0.2	88.0	274
牛乳/(100g)	0.69	2.21	3.3	4.5	0.7	88.6	226

（1）**蛋白质** 母乳与牛乳中蛋白质不仅含量不同,组成构成也相反。母乳中蛋白质以乳清蛋白为主,酪蛋白含量较少,而牛乳中酪蛋白较多。由于乳清蛋白可促进糖的合成,在胃中遇酸后形成较稀软的凝乳,更利于婴幼儿的消化吸收。而牛乳中酪蛋白含量高,在婴幼儿胃内形成较大的坚硬凝块,不易消化吸收。虽然母乳蛋白质总量较牛乳少,但所含必需氨基酸丰富,更适于婴儿生长发育需要,并且母乳中含有丰富的牛磺酸,对婴儿的大脑发育、智力发育和视力有重要作用。

（2）**脂类** 母乳与牛乳脂肪含量大致相当,但脂肪组成差别很大,母乳中亚油酸、亚麻酸等不饱和脂肪酸含量相当高,易消化吸收,因此配方乳粉中常添加植物油（如玉米油、棕榈油）和无水奶油等来提高不饱和脂肪酸的含量,棕榈油添加量不适宜过多。

（3）**碳水化合物** 乳糖是母乳和牛乳中唯一的碳水化合物。100g牛乳中乳糖含量为4.5g,100g母乳中为7.2g,母乳乳糖含量高于牛乳且变动不大,除供给热能外,在小肠中转变成乳酸,有利于预防肠道细菌的生长,有助于钙和其他无机盐的吸收。

（4）**无机盐及电解质** 牛乳中盐的含量远高于母乳,需采用脱盐操作除掉一部分无机盐,母乳含钙量虽较牛乳少得多,但母乳中钙和磷的比为2:1,适合于婴幼儿肠道吸收并可满足其需要。母乳中含铁量比牛乳高,所以要根据婴儿需要补充一部分铁。应注意的是添加微量元素时要慎重,兼顾微量元素之间的相互作用。

（5）**维生素** 维生素虽然需要量很少,但在体内代谢中起着极为重要的作用。调制乳粉中一般添加的维生素有维生素A、维生素B_1、维生素B_6、维生素B_{12}、维生素C、维生素D和叶酸等。在添加时一定要注意维生素的可耐受最高摄入量,防止因添加过量而对婴儿产生毒副作用。

思考： 新生儿为什么不能直接食用鲜牛乳?

（6）**其他** 母乳是婴儿重要的免疫保护来源,含有多种抗体如IgG、IgA和IgM,同时母乳中还富含大量的免疫细胞,如巨噬细胞和淋巴细胞,具有吞噬病原体的能力。此外,母乳中的乳铁蛋白和溶菌酶等免疫物质能抑制细菌生长和破坏细菌的细胞膜,为婴儿提供抗菌保护。

2. 原料选择

（1）**乳清配料的选择** 婴幼儿配方乳粉常选用乳清配料来调整蛋白质比例。常用的有脱盐乳清粉和浓缩乳清蛋白粉,考虑婴儿生长发育的特点,除蛋白质指标外,选取原料时要充分考虑灰分指标以及蛋白质的热稳定性。乳清浓缩蛋白原料添加比例较高的配方在加工过程中容易出现蛋白质变性，影响产品感官和冲调质量。此外，除考虑乳清蛋白与酪蛋白的比例，还要考虑蛋白质的成分和氨基酸组成。配方通过选用 α- 乳清蛋白原料和部分水解乳清蛋白原料来实现蛋白质的成分和氨基酸组成更接近母乳。乳清配料是婴幼儿配方乳粉使用的主要配料，《食品安全国家标准 乳清粉和乳清蛋白粉》（GB 11674—2010）对乳清配料相关指标作了详细规定，但实际生产中企业通常会制定更严格的技术要求来确保产品质量。

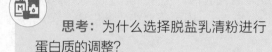

思考：为什么选择脱盐乳清粉进行蛋白质的调整？

（2）油类配料的选择　　婴幼儿配方乳粉中添加的油类通常以植物油最常见，如大豆油、菜籽油、玉米油、椰子油和葵花籽油中的一种或几种。大豆油亚麻酸含量较高，大豆油、玉米油、葵花籽油、菜籽油亚油酸含量较高，同时葵花籽油和菜籽油也是油酸的很好来源。根据母乳脂肪酸组成可将几种植物油按比例组合，实现脂肪酸组成与母乳脂肪酸组成接近，还可考虑使用 1,3- 二油酸 -2- 棕榈酸甘油三酯原料，可以调整脂肪酸结构上与母乳相似。通常需要根据配方选不同的油脂配料，注意调整脂肪酸比例合理，如亚油酸与亚麻酸的比例，但需要注意的是不能选用氢化油脂。另外，婴幼儿配方乳粉中使用的植物油比例较高，不饱和脂肪酸比例高，容易氧化，原料选择时要注意过氧化值指标。

（3）糖类配料的选择　　母乳中糖类主要是乳糖和低聚糖（即寡糖），乳糖使用最多，其他有低聚半乳糖、低聚果糖、多聚果糖、棉籽糖和聚葡萄糖等，添加量要符合《食品安全国家标准 食品营养强化剂使用标准》（GB 14880—2012）的规定。无特殊情况婴儿配方的糖类应以乳糖为主，乳糖不耐受的婴幼儿配方乳粉可以使用玉米糖浆固体或麦芽糊精。

（4）维生素和矿物质配料的选择　　维生素和矿物质可选择的剂型参见《食品安全国家标准 食品营养强化剂使用标准》（GB 14880—2012），维生素加工时不稳定，如维生素 C，选择时要考虑加工过程中的损失，对于添加量较少的维生素或矿物质，为方便生产操作，常选用复合配料。此外，原料选择还要注意各种元素之间的配比，如钙磷比、钠钾比等。

（5）特殊功能配料的选择　　除了常规的大宗配料和维生素矿物质配料外，婴幼儿配方乳粉配制过程中还会加入一些可选性成分，如核苷酸，可提高免疫力、促进铁吸收以及大脑发育。酪蛋白磷酸肽，有效地促进人体对钙、铁、锌等二价矿物营养素的吸收和利用。胆碱，被称为"记忆因子"，能帮助中枢神经传递信号，对婴幼儿的神经发育有重要意义，进而促进大脑智力和记忆力的发育。乳铁蛋白，促进婴幼儿铁的吸收、促进成骨细胞分化、促进胃肠道内双歧杆菌的增长，并参与免疫系统的建立、调节与完善等。DHA 和 ARA，有助于提高婴幼儿视力和智力发展水平的提高。

婴幼儿配方乳粉原料的选择是配方调制的基础，是决定婴幼儿配方乳粉质量的关键因素。我国"十四五"规划提出乳粉生产企业要发展深加工产品，重点解决婴幼儿配方乳粉的原料供应问题，目前我国乳粉龙头企业已建成投产了脱盐乳清粉、乳铁蛋白自主生产线，打破了国外乳企脱盐乳清粉垄断的局面。要牢记总书记"中国人的饭碗任何时候都要牢牢端在自己手中，我们的饭碗应该主要装中国粮"的嘱托。

思考：2022 年 5 月 23 日，某乳企获批我国第一条乳铁蛋白自动化生产线正式投产，对此你怎么看？

3. 配方设计

（1）普通婴幼儿配方乳粉配方设计　0～6个月婴儿配方乳粉和12～36个月幼儿配方乳粉基本配方举例见表3-6。

表3-6　普通婴幼儿配方乳粉配方设计

婴儿（0～6个月）配方乳粉基本配方		幼儿（12～36个月）配方乳粉基本配方	
原料	用量/(kg/t)	原料	用量/(kg/t)
生牛乳	2000	生牛乳	5000
脱盐乳清粉D90	490	乳糖	160
植物油	120	乳清浓缩蛋白34	115
无水奶油	80	脱盐乳清粉D90	50
乳糖	70	植物油	50
复合维生素	适量	复合维生素	适量
复合矿物质	适量	复合矿物质	适量
碳酸钙	1	碳酸钙	1
可选成分	适量	可选成分	适量

（2）特殊用途婴幼儿乳粉配方设计　自2022年以来，特配粉通过配方注册的产品明显增多，越来越多的品牌加速布局该领域。近两年一系列调研数据显示需要特配粉的婴幼儿群体日益庞大，婴幼儿过敏患病率不断攀升，发生率高达40%，婴幼儿食物过敏病率增长超过200%。WHO数据显示，目前全球每年约有1500万名婴儿出生过早，中国早产儿数量居世界第二且逐年递增。此外，我国还有众多乳糖不耐受、苯丙酮尿症等特殊体质婴幼儿，尤其对苯丙酮尿症婴幼儿而言，特配粉是其生长发育的必需且唯一选项。

思考：为什么特配粉将是婴配粉市场下一个"刚需"品？

① 乳蛋白部分水解配方　乳蛋白部分水解配方主要针对乳蛋白过敏高风险婴儿，延缓或防止敏感婴儿过敏症的发生。配方中的乳蛋白经过加热或酶水解为小分子乳蛋白、肽段和氨基酸，蛋白质部分水解可以大大降低过敏性，同时不会或很少产生苦味，此类产品的糖类既可以完全使用乳糖，也可以使用其他糖类部分或全部替代乳糖。其他糖类指葡萄糖聚合物或经过预糊化的淀粉，但不能使用果糖。还需注意乳蛋白部分水解配方不能用于患有遗传性过敏症的婴儿。

② 早产儿/低出生体重（LBW）婴儿配方　37周前出生的婴儿称为早产儿，出生体重低于2500g的婴儿称为低出生体重儿，对于早产儿和低出生体重儿，配方要有更高的能量密度、更丰富的营养素成分。糖类通常采用乳糖和葡萄糖的聚合体，容易消化吸收的中链脂肪作为脂肪的部分来源，但不应超过总脂肪的40%，同时要强化大量维生素和矿物质。对母乳喂养的早产/低出生体重儿，可采用母乳营养补充剂补充早产/低出生体重儿母乳中能量、蛋白质、维生素和矿物质不足，为早产/低出生体重儿提供充足的能量和营养素。配方对于母乳中含量已能够满足早产/低出生体重儿需求的营养成分，无需另外补充。对于母乳中含量尚不足以满足早产/低出生体重儿快速生长需求的营养成分，需要额外添加，主要体现在能

量、蛋白质、部分维生素和矿物质等方面。早产/低出生体重儿的体重发育至正常可更换成婴儿配方乳粉。

③ 无乳糖/低乳糖配方　婴幼儿乳糖不耐受是由于缺乏乳糖酶，不能完全消化分解母乳或牛乳中的乳糖所引起的非感染性腹泻。以牛乳为基料的无乳糖/低乳糖配方，使用乳糖水解酶将牛乳中的乳糖完全或部分水解为葡萄糖和半乳糖，然后再配料加工或者直接用乳蛋白分离物和乳清蛋白浓缩物，一般通过膜处理将其中的乳糖除去。粉状无乳糖配方中乳糖含量应低于0.5g/100g，粉状低乳糖配方中乳糖含量应低于2g/100g。

（3）设计原则　婴幼儿时期是生长发育和智力发育的关键时期，快速的生长发育带来了特殊的营养需求，婴幼儿配方乳粉的设计需综合全面考虑婴儿营养需求。0～6月龄婴儿配方需提供全面营养，而且要充分考虑小婴儿营养需求高但消化系统不成熟的特点。6月龄以上的婴儿生长发育仍然处于高速发展的时期，但婴儿的消化系统较0～6月龄婴儿有较大改善，婴儿也开始逐渐添加辅食，婴儿配方乳粉不再是其唯一的食物。

① 能量需要量的计算　婴儿的能量需要量为总能量消耗量+体重增长的能量储存量之和。0～6月龄和6～12月龄取各自月龄组的平均值，具体见表3-7。

表3-7　中国婴儿能量需要量 I

月龄	总能量消耗量/[kcal/(kg·d)]			能量储存量/[kcal/(kg·d)]	能量需要量/[kcal/(kg·d)]		
	母乳喂养	人工喂养	合计		母乳喂养	人工喂养	合计
男0～6	68	74	71	17.5	85	92	89
男6～12	84	90	87	2.5	86	92.5	89.5
女0～6	68	74	71	16	84	90	87
女6～12	84	90	87	2.5	86	92.5	89.5
平均0～6	68	74	71	17	85	91	88
平均6～12	84	90	87	2.5	85	92.5	89.5

② 脂肪占比的设计　脂肪以最小的渗透压、最小的肾脏负担提供高能量，是新生儿所需能量的主要来源，同时，脂肪也是必需脂肪酸的主要来源和脂溶性维生素的载体。0～6个月婴儿能量消耗量大，根据母乳摄入量800mL计算，即每天摄入脂肪27.7g，脂肪占总能量的47%，脂肪推荐摄入量定为45%～50%。而6个月以后的婴儿虽然开始逐步添加辅助食品，但还是以乳类食品或者配方乳粉为主，所以脂肪供能为35%～40%。

除了考虑能量因素外，饱和脂肪酸和不饱和脂肪酸的含量和比例是关系到脂肪质量的重要因素。必需脂肪酸包括$n-6$和$n-3$两种类型不饱和脂肪酸，由于人体内缺少在$n-6$和$n-3$位置形成双键的酶系，因此，此类脂肪必须依赖食物供给。亚油酸和α-亚麻酸是真正的必需脂肪酸，以二者为前体，通过内部代谢可以生成γ-亚麻酸、二十碳四烯酸、二十碳五烯酸和二十碳六烯酸系列$n-6$和$n-3$脂肪酸。过量摄入亚油酸可能对脂蛋白代谢、免疫功能和二十烷类物质的平衡产生不良影响，导致氧化应激，因此婴儿标准也对亚油酸的最高限量进行了规定。

③ 蛋白质占比的设计　研究表明，以牛乳蛋白为基础的婴儿配方食品中，蛋白质能量密度达1.9g/100kcal以上，足以满足婴儿的需求。母乳中蛋白质含量为1.0%～1.5%，酪蛋白：乳清蛋白的比例为4∶6，而牛乳中蛋白质含量为2.9%～3.3%，酪蛋白：乳清蛋白的比例为8∶2，无论是蛋白质的总量还是蛋白质的组成，婴幼儿配方乳粉均需要对牛乳蛋白进行调

整，过高比例或者含量的酪蛋白，在婴儿肠胃内也容易形成较大的坚硬凝块。在计算婴儿蛋白质需要量时，首先要对蛋白质的计算方法进行统一。通常蛋白质的计算方法是将氮含量的测定值乘以换算系数。食品法典乳蛋白标准中蛋白质的换算系数为6.38（总蛋白的重量中氮占15.7%），但婴幼儿配方食品国际标准中通常采用混合蛋白质惯用的氮含量折算系数6.25，两种折算方法都有依据，但是产品开发者应该综合考虑产品配方中蛋白质的组成。因为即使是牛乳中，不同蛋白和蛋白成分的氮换算系数也存在很大差异。不同牛乳蛋白和蛋白成分的氮换算系数见表3-8。

表3-8　牛乳分离蛋白（不含糖类）及其蛋白成分在乳中的含量及氮换算关系

牛乳蛋白及其蛋白成分	乳中含量/(g/L)	氮换算系数	牛乳蛋白及其蛋白成分	乳中含量/(g/L)	氮换算系数
$\alpha s1$-酪蛋白	10.0	6.36	胨蛋白胨3	0.3	5.89
$\alpha s2$-酪蛋白	2.6	6.29	乳铁蛋白	0.1	5.88
β-酪蛋白	9.3	6.37	乳脂肪球膜	0.4	6.60
γ-酪蛋白	3.3	6.12	全乳	33.0	6.31
κ-酪蛋白	0.8	6.34	酸酪蛋白		6.33
α-乳白蛋白	1.2	6.25	副酪蛋白		6.31
牛血清蛋白	0.4	6.07	酸乳清		6.21
免疫球蛋白	0.8	6.00	凝乳酶乳清		6.28
胨蛋白胨5.8F.8S	0.5	6.54			

④ 糖类含量的设计　婴儿阶段的大脑对能量的需要量非常大。国际食品法典需总糖类的最低推荐量规定为9g/100kcal，这是根据中枢神经系统氧化时对葡萄糖的需要量计算出来的，此时糖异生作用最小，而国际食品法典将糖类的最高限量定为14g/100kcal。哺乳动物的乳汁中糖类绝大部分都是乳糖，乳糖对肠道的有利作用包括发挥益生元作用、软化大便，以及增加水、钠和钙的吸收率。乳糖的消化速度较慢，产生的乳酸可以使大肠中pH值维持在5.5~6.0，从而有益于肠道益生菌的生长，并抑制有害菌的生长。母乳中乳糖含量为55~70g/L，此外母乳中还有10~13g/L的不同种类的寡糖。但是婴儿对乳糖的具体需要量并无确定数据，因而国际食品法典并没有规定乳糖的最低和最高限量。我国婴儿配方食品标准中则规定配方中乳糖含量应大于糖类的90%以上。

⑤ 维生素和矿物质的设计　脂溶性维生素A、维生素D、维生素E和维生素K贮存于体脂（如脂肪组织），长期摄入过量可导致在组织中堆积并产生不良反应。因此，应避免过低或者过高的摄入量。对于水溶性维生素，不能被体内吸收的部分则必须排出体外，过量摄入就降低了安全阈值。配方乳粉中每种维生素的最低限量应能保证婴儿的正常生长，而且没有发生不良营养状况的危险，最低限量以婴儿体重为5kg而设计。而为了避免发生过量风险，水溶性维生素的含量一般不应超出最低限量的5倍，矿物质的吸收量除参考母乳中的含量外，还要考虑配方乳粉中添加矿物质的生物利用率。婴儿的肾脏功能还未发育完全，不能充分排泄体内蛋白质所分解的过剩电解质。而婴儿配方乳粉中除单独添加的矿物质之外，乳粉、乳清粉和乳清浓缩蛋白等都会增加配方中的矿物质含量，配方设计时需统一考虑。

思考： 目前我国哪些企业有自建的母乳数据库呢？

⑥ 其他营养成分的添加　婴幼儿配方乳粉的配方添加除了蛋白质、脂肪、糖类、维生素和矿物质外，还需要添加其他营养成分，不同的配方中一般根据产品不同特点添加物质也有所不同，如溶菌酶、乳过氧化酶、核苷酸、糖巨肽、益生菌等。

目前大多数厂家生产的婴幼儿配方乳粉只是实现了配方乳粉的宏观营养素和部分生物活性物质的母乳化，深入研究母乳生物活性物质，最终实现婴幼儿配方乳粉的真正母乳化，是未来婴幼儿配方乳粉配方上的发展方向。只有了解母乳，才能设计出贴近它的好乳粉。因此国家积极鼓励各大乳品企业建立母乳数据库，借助不同地区、不同人群的样本数据建立中国母乳营养成分谱系，对中外母乳数据的全面回顾与分析，探寻中国母乳的特点以及中外母乳的差异。通过大数据分析得出母乳中各项营养素及生物活性物质的种类、含量及比例，为配方设计提供原始的数据支撑。**母乳数据库的建立，标志着我国在母乳研究方面的进步，但由于母乳的成分构成十分复杂，相关研究水平仍有待加强，未来加强科学数据的开放共享，提升整体研究水平，这对未来我国婴幼儿配方乳粉配方的指导具有重要意义。**

4. 真空混料

婴幼儿配方乳粉生产的关键环节是配方计算及将配方中添加的各种成分进行充分混合。传统乳粉加工生产，要由乳粉的投料员人工反复称重、计算，再用报表记录、核对然后进行人工投料。现代化的生产流程已通过进料系统、真空混料系统、出料系统实现全自动生产，在配料过程中运用全自动数据采集、储存和分析系统，为乳粉混料的精确管控提供数据支撑和信息保障。生产系统接到排产任务的同时，智能化立体仓库也同步得到指令，原料出库，无人搬运车开始按照轨道奔跑，将原料运送给机械手，机械手自动将物料码放至传送带，传送至粉仓投料部位进行粉仓投料，感应器安装在粉仓底部，根据中控配方设置参数进行物料计量及输送，到目标量，程序就立刻停止运行。同时每一个配方将要添加原辅料的种类和含量都是不一样的，通过全自动在线计量技术，同时保证了每罐乳粉的营养素配比精确到微克，使配方能够实现精准配比，同时也使整个混料时间缩短到现在的数十分钟。目前对于以吨计算的乳粉量，原料校准系统已能将误差控制在 0.1g 范围内。

二、喷雾干燥

婴幼儿配方乳粉的喷雾干燥方法和生产流程与全脂乳粉完全一致，但生产婴幼儿配方乳粉要更加注重乳粉中营养物质的活性，同时对最终营养成分的检测也更加严格。喷雾干燥过程中温度的确定对产品的品质影响最为重要，烘干温度太低，乳粉容易粘连；温度太高，乳粉容易焦煳。目前我国已有婴幼儿配方乳粉工厂将 DSC 差示量热扫描仪来确定合适的烘干温度，实现了不同的配方采用不同的热气温度进行烘干，既保证了喷雾干燥过程中烘干的效果又最大限度保留乳粉中的营养成分。同时，为了实现实时监测喷雾干燥后的婴幼儿配方乳粉各成分是否达标，已有乳粉厂将近红外技术应用于喷雾干燥过程中。通常会在喷雾干燥出粉口附近，安装在线检测仪，一秒就能对每一粒乳粉中的 10 多项指标（蛋白质、脂肪、维生素等）扫描 20 多次，并以每秒钟 20~30 次的频率输出检测结果，实现了对乳粉质量的秒级监测。监测结果会传输回数据中台，各项指标一旦有偏差，就会立刻警告并及时反馈给生产线，进行迅速处理。智能系统对喷雾干燥环节的精准把控，不仅保障了乳粉质量安全，更在最大程度保证了乳粉的新鲜与活性。

三、干混

在婴幼儿配方乳粉生产中对于一些不耐热的营养素，如益生菌、牛磺酸、生长因子、ARA、DHA 等与干燥并冷却后的乳粉混合有助于保持其营养素不被破坏，使乳粉品质更高。

干混设备多采用立体旋转方式以保证搅拌均匀，多采用自动干混技术，在90～120s内能满足1∶1000配料比例的混匀精度，实现热敏性营养物质的后续添加，优化产品口感，避免营养损失。产品从喷塔送入粉仓，再进入灌装机，然后采用正压密相、负压密闭输送技术，对乳粉颗粒破坏小，安全无污染。

四、灌装

目前市场上婴幼儿配方乳粉的主流包装材料为马口铁，采用的常见包装形式为充氮包装。婴幼儿配方乳粉易与包装袋内的氧气发生氧化反应，吸收空气中的水分，发生结块现象。为了减少或避免上述情况发生，很多婴幼儿配方乳粉生产企业采用充氮包装。充氮包装采用自动包装机，通常会在复合膜袋或铁罐中抽真空，注入性能较稳定的空气，如氮气和二氧化碳，去除氧气，降低营养素与氧气反应而发生衰减可能，抑制脂肪发生氧化，避免憋罐、憋袋的发生，确保婴幼儿配方乳粉在保质期内营养成分稳定，损耗较小。

思考：婴幼儿乳粉信息化溯源系统的建立意义是什么？

为了确保婴幼儿配方乳粉的规范生产，2018年我国婴幼儿配方注册制度的实施，对乳粉的包装也提出了更为严格的要求。其中包括包装主要展示版面（正面）的内容应包括标注产品名称、规格（净含量）、注册号等信息，同时产品名称规范严格，不能有虚假、夸大、违反科学原则及绝对化的词语，不能有"金装""超级""升级"等涉及预防、治疗、保健功能的词语等。不能用"不添加""不含有""零添加"等词强调《食品安全法》中不应当含有或使用的物质，不能有"进口奶源""源自国外牧场""生态牧场""进口原料""原生态源""无污染奶源"等模糊信息，不能有"人乳化""母乳化"等或近似术语表述。

除此之外，每一罐出厂的婴幼儿配方乳粉的罐底都应附着一个二维码，通过扫码可追溯到产品的工厂信息、产品执行标准、原料情况、营养成分表、检验报告等内容，一举实现乳品生产全过程可视化。据统计，由工业和信息化部主导开发的"婴配乳粉追溯"小程序目前已接入76家国内主要婴幼儿配方乳粉企业的相关数据，标志着国产婴幼儿配方乳粉追溯体系基本建设完成。在溯源系统覆盖范围内，消费者可通过扫码查询到产品信息、消费信息、企业信息三大类32项内容。据业内介绍，我国婴幼儿乳粉行业的"追溯史"开始于2012年，目的是提振国产乳粉的消费信心。经过十多年的建设，追溯系统已成为婴幼儿配方乳粉企业实现大数据生产、智能制造的一个手段，为企业更精准地生产、营销提供决策依据。国家推动婴幼儿乳粉信息化溯源系统建设，主要解决的是质量监管问题，希望通过构建质量追溯体系，以奶源、加工、运输、销售记录为基础，以质量风险评估作为质量风险管理和预警的依据，及时利用溯源系统进行质量安全预警，溯源和召回，精准定位问题环节等。建设溯源系统对有效解决乳品安全问题、提高消费者对乳品安全信任度等具有举足轻重的作用。

五、成品检验

婴幼儿配方乳粉的检验项目按产品适用的《食品安全国家标准 婴儿配方食品》（GB 10765—2021）、《食品安全国家标准 较大婴儿配方食品》（GB 10766—2010）、《食品安全国家标准 幼儿配方食品》（GB 10767—2021）及国家卫生计生行政部门的相关公告内容进行检验，检验合格后方可出厂。

婴幼儿配方乳粉的检验项目涉及感官、蛋白质、脂肪、维生素、矿物质、

婴幼儿配方乳粉
感官检验

真菌毒素、食品添加剂、微生物等近百项检验项目，除采用传统的检验方法外，为提高检验效率，在婴幼儿配方乳粉检验中有更多的快检技术及新技术已应用于现代检验技术中，如色谱法、质谱法、光谱法等检测维生素、三聚氰胺、矿物质含量，生物技术手段检测微生物、烟酸、叶酸、泛酸，高分辨质谱筛查技术检测药物残留，NMR 食品组学技术检测碳水化合物、有机酸类、核苷酸类等以及小分子食品添加剂。相比于一般乳粉，婴幼儿配方乳粉的生产要求更严格，尤其是对致病性微生物的检测，如大肠杆菌、沙门菌、真菌毒素、阪崎肠杆菌等都是婴幼儿配方乳粉重要的检测指标。2022 年 11 月 18 日，国家市场监督管理总局发布《婴幼儿配方乳粉生产许可审查细则（2022 版）》，该细则指出在保证结果准确的前提下，可以将快速检测方法应用于出厂成品的检验中，如菌落总数测试片、大肠菌群测试片、金黄色葡萄球菌测试片、阪崎肠杆菌核酸检测试剂盒（PCR-探针法）、沙门菌核酸检测试剂盒（PCR-探针法）等。

六、合格出厂

经检验合格的婴幼儿配方乳粉在出厂前需在仓库中进行贮存，近年来在仓储环节各大乳业全力加速供应链的数字化升级，自动化仓库的建设已成为乳粉后端生产中的重要环节。为进一步提升服务水平和消费体验，各大乳粉企业相继打造中央物流配送中心，全面升级乳粉供应链管理效率。物流中心通过建立自动立库及输送与分拣系统，投入使用堆垛机、分拣机械臂、地狼搬运 AGV、环穿 RGV 等多款智能仓储装备，运用包含生产集成层（PIS）、设备集成调度层（EIS）、设备控制层（ECS）等系统，实现多设备协同作业与有序衔接，贯穿产品出入库、存储、包装、分拣的仓储全流程，大幅提升生产环节的作业效率，降低仓储成本，提高生产效率。智能仓储的建立不仅能支撑乳粉企业的运营和管理，更基于配方粉行业在拣选场景的复杂性与高效率要求，通过物控 WCS 系统、机械臂多 SKU 多抓混码技术以及 3D SCADA 一站式实时监控系统等多种物流创新技术联动，帮助乳粉企业更好适应快消行业的发展变化与商业增长需求。此外，该系统通过运用 3D SCADA 实时监控功能，可实时采集整仓设备状态，实时监控设备故障与运行状态，实现仓储的一站式监控管理，实现高度自动化与智能化并行、高效率与低成本领先的现代化全国乳粉配送中心。为保证婴幼儿配方乳粉的新鲜度，乳粉企业不断升级智慧供应链条，通过追溯系统及时捕捉、准确预测市场需求，实现小批量、高速度的柔性生产，不仅更精准满足消费者的需求，也稳定保证了乳粉的新鲜度，实现智能化指导婴幼儿配方乳粉的弹性生产。总之，凭借物流基础设施及中央物流配送中心的建设，打造人性化、自动化、智能化、高效率及成本领先的全新智能仓储模式，在提升体验的同时帮助实现了降本增效。未来，各大配方乳粉企业将继续深入洞察消费者需求，以更智能、更高效、更温馨的服务提升客户满意度，引领行业数字化、智能化发展。

如何选择一罐好乳粉

检验提升

一、单选题

1. 在鲜乳中进行大部分原辅料混合，经均质、杀菌、浓缩、喷雾干燥后，再添加部分辅料，经包装得到婴幼儿配方乳粉的是（　　）。
　　A. 湿法工艺　　　　B. 干法工艺　　　　C. 干湿复合工艺　　　　D. 鲜乳还原工艺

2. 以下选项（　　）不是婴幼儿配方乳中的常规添加剂。

A. 香兰素　　　　　B. 单甘油硬脂酸酯　　C. 柠檬酸钠　　　　D. 二氧化钛

3. 一位营养师在进行乳粉喂养宣传活动，一位妈妈询问很多婴幼儿配方乳粉都额外添加了乳脂球膜，请问该物质的作用是（　　）。

A. 提高机体免疫力　B. 促进视力发育　　　C. 帮助矿物质吸收　D. 促进脑部、肠道发育

4. 配方粉中，乳清蛋白与酪蛋白的比例不应低于（　　）。

A. 8∶2　　　　　　B. 7∶3　　　　　　　C. 6∶4　　　　　　D. 5∶5

5. 乳粉的冲调，应该先加水再加乳粉，顺序倒过来会影响乳粉的（　　）。

A. 口感　　　　　　B. 质量　　　　　　　C. 色泽　　　　　　D. 溶解度

二、简答题

1. 婴幼儿配方乳粉的基本要求有哪些？
2. 从配方不同的角度解释为什么有的婴幼儿配方乳粉腥味比较大？

项目3　脱脂乳粉生产

项目描述

脱脂乳粉是以新鲜的脱脂乳为原料，经过杀菌、浓缩、喷雾干燥制成的乳制品。脱脂乳粉可直接作为食品，但更多的是做食品工业原料，是很重要的蛋白质来源。脱脂乳粉的脂肪含量低，因此不易发生氧化，耐保藏。初步掌握脱脂乳粉生产中浓缩设备操作工、喷雾机组操作工、包装工等的工作内容，掌握脱脂乳粉生产的工艺流程，脱脂乳粉的真空浓缩、喷雾干燥、冷却筛粉等工艺要点，巩固真空浓缩设备及喷雾干燥设备的使用，能进行脱脂乳粉的质量控制。

相关标准

① GB 19644—2010　食品安全国家标准　乳粉。
② RHB 202—2004　脱脂乳粉感官评鉴细则。

工艺流程

脱脂乳粉生产工艺流程见图 3-17。

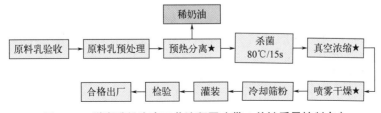

图 3-17　脱脂乳粉生产工艺流程图（带★关键质量控制点）

关键技能

脱脂乳粉是仅以乳为原料，添加或不添加食品营养强化剂，经脱脂、浓缩、干燥制成的，蛋白质不低于非脂乳固体的32%左右，脂肪不高于2.0%的粉末状产品。脱脂乳粉因其脂肪含量较少，所以易于保存，不易发生氧化作用。相对于其他乳制品，脱脂乳粉产量大，是制作饼干、糕点、冰淇淋等食品最好的原材料。

脱脂乳粉的生产工艺流程及设备与全脂乳粉大体相同，但加工过程中如果加热温度不适当将引起脱脂乳中的热敏性乳清蛋白变性，从而影响乳粉溶解度。从营养成分上看，全脂乳粉作为鲜牛乳仅仅除去水分的代

 思考：脱脂乳粉的生产工艺与全脂乳粉有哪些不同？

产品，具有鲜乳所有的一切营养成分，只是在干燥过程中损失了一部分热敏性维生素，例如B族维生素、维生素C、维生素E等。而脱脂乳粉不仅仅是除去水分，而且除去绝大部分的乳脂肪，同时除去了脂溶性维生素，例如维生素A、维生素D、维生素E等。由于脂肪含量的不同，造成全脂乳粉热量高于脱脂乳粉。从营养价值上看，全脂乳粉营养全面、均衡，适合于一般消费者食用，脱脂乳粉脂肪含量低，蛋白质含量较高，尤其适合于需要补充高蛋白质的人群。

一、牛乳的预热与分离

原料乳在检验和预处理操作后，经35～38℃预热后即可进行分离，牛乳经分离机的作用后可获得稀奶油和脱脂乳两部分。分离机在生产脱脂乳中是必不可少的设备。

1. 分离机原理及操作

利用离心力将牛乳中的脂肪和乳清分离开来。牛乳经过加热后，进入旋转的圆柱体内，然后在高速运转的离心力作用下，产生巨大压力，将脂肪和乳清分离开来。脂肪密度大于1，乳清密度小于1，经过分离后，脂肪会被压入分离机的内部，而乳清则由外部流出。

将牛乳加热，一般加热到60～65℃，启动牛乳分离机，将加热后的牛乳倒入分离机内，等待10～15min即可完成分离，将收集器内的脂肪倒出，并将乳清存放于容器内。

2. 分离机的注意事项

分离机应该定期进行清洗和消毒，以保证卫生安全。操作时应该按照说明书进行，切勿操作不当，以免发生意外事故。使用后应该及时清理设备。

3. 影响离心分离效果的主要因素

（1）**分离机的转速** 转速越快，分离效果越好，但最大不能超过规定转速的10%～20%，超过负荷会使机器寿命大幅缩短，甚至损坏。

（2）**脂肪球的直径** 脂肪球的直径越大，分离效果越好。

（3）**乳的温度** 温度低时，乳的密度较大，黏度增加，使脂肪的上浮阻力增大，分离不完全。预热后，分散介质与脂肪球的密度差大，乳黏度降低，可提高牛乳的分离效果，故分离的最适温度应控制在35～38℃之间。

（4）**乳中杂质含量** 杂质含量高时，分离钵的内部间隙很容易被杂质阻塞，分离能力随之降低，故分离机使用一段时间即需清洗一次。同时在分离之前必须对原料乳进行严格的过滤，以减少乳中的杂质。

（5）乳流量 单位时间内乳流入分离机的数量越少、乳层越薄，分离得就越完全，实际生产时可增加分离机内碟片以提高分离效率（图3-18）。

二、杀菌

脱脂乳中所含乳清蛋白（乳白蛋白和乳球蛋白）热稳定性差，在杀菌和浓缩时易引起热变性，使制品乳粉溶解度降低，并且乳清蛋白中含有巯基，热处理时容易产生蒸煮味。为了使乳清蛋白变性程度不超过5%，减弱或避免蒸煮味，达到杀菌灭酶目的，脱脂乳的预热杀菌条件以80℃/15s效果较好，如表3-9所示。此条件，结核菌和大肠杆菌均能被杀死，磷酸酶和酯酶也能被钝化。

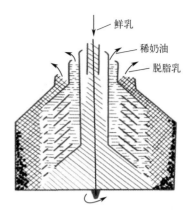

图 3-18　加入碟片增加分离能力示意图

表 3-9　加热温度与时间对乳清蛋白变性的影响

变性程度/%	温度与时间	
	15s	30s
5	80℃	66℃
10	82℃	67.5℃
15	84℃	68℃
20	86℃	69.5℃
25	87℃	71℃
30	87℃	71.5℃
35	88℃	72℃
40	89℃	73℃

脱脂乳粉质量指标区别于其他乳粉还有一项是乳清蛋白氮指数（简称为WPN指数），反映成品脱脂乳粉在加工工艺过程中的受热处理程度的大小。WPN指数是以每克脱脂乳粉中乳清蛋白氮的毫克数来表示。取一定量的试验脱脂乳粉，用一定量的蒸馏水复原，经氯化钠溶液使酪蛋白及变性的乳清蛋白沉淀，过滤后向滤液中加入一定量的弱酸缓冲液，溶液中因含有未变性的乳清蛋白会混浊，用一定波长的分光光度计测其光密度并与标准曲线对照，即求出其乳清蛋白氮指数。一般低热处理的脱脂乳粉WPN指数大，其乳清蛋白变性程度轻，而高热处理的脱脂乳粉WPN指数小（表3-10）。

表 3-10　脱脂乳粉的热处理分类

分类	典型加工处理	未变性乳清蛋白氮 WPN/(mg/g)	推荐用途
低温粉	牛乳累积热处理强度不超过70℃，2min	≥6.00	液态乳强化、农家干酪、发酵脱脂乳、发酵剂、巧克力乳饮料、冰淇淋
中温粉	累计热处理强度为70~80℃，2min	1.51~5.99	预混料、冰淇淋
高温粉	累计热处理强度为70~88℃，30min	≤1.50	预混料、冰淇淋、烘焙食品

检验提升

一、单选题

1. WPN>6mg/g 的脱脂乳粉为（　　）。
   A. 低温粉　　　　B. 中温粉　　　　C. 高温粉　　　　D. 不确定
2. WPN 为 1.51～5.99 的脱脂乳粉为（　　）。
   A. 低温粉　　　　B. 中温粉　　　　C. 高温粉　　　　D. 不确定
3. WPN 小于 1.50 的脱脂乳粉为（　　）。
   A. 低温粉　　　　B. 中温粉　　　　C. 高温粉　　　　D. 不确定
4. 脱脂乳粉中蛋白质含量一般不超过（　　）。
   A. 32%　　　　　B. 34%　　　　　C. 36%　　　　　D. 38%
5. 脱脂乳粉的脂肪含量一般不超过（　　），因为脂肪含量低，所以耐保藏，不易引起氧化变质。
   A. 2%　　　　　B. 3%　　　　　C. 4%　　　　　D. 5%

二、简答题

1. 分析脱脂乳粉水分含量超标的原因。
2. 简述影响乳真空浓缩的因素。

岗位拓展

结合中国乳制品工业行业规范《全脂乳粉感官评鉴细则》（RHB 201—2004）进行乳粉感官评鉴。

一、样品制备

1. 备样

从包装完好的产品中取适量（50～100g）样品放于敞口透明容器中，不得与有毒、有害、有异味或是影响样品风味的物品放在一起，评鉴温度在 6～10℃ 范围内。

2. 仪器

硫酸纸若干、透明洁净的 200mL 烧杯一只、蒸馏水若干、大号塑料勺、黑色塑料盘、秒表一只。

二、操作步骤

1. 色泽、组织状态的评定

在充足的日光或白炽灯光下，将待检乳粉取 5g 分别放在硫酸纸上，观察乳粉的色泽和组织状态。

2. 冲调的评定

（1）**下沉时间**　量取 50～55℃ 的蒸馏水 100mL 放入 200mL 烧杯中，称取 13.6g 待检乳粉，将乳粉迅速倒入烧杯的同时启动秒表开始计时。待水面上的乳粉全部下沉后结束计时，记录乳粉下沉时间。

（2）**小白点、挂壁和团块**　检验完乳粉的"下沉时间"后，立即用大号塑料勺沿容器壁按每秒转动二周的速度进行匀速搅拌,搅拌时间为 40～50s。然后观察复原乳的挂壁情况;将复原乳(2mL)倾倒到黑色塑料盘中观察小白点情况;最后观察容器底部是否有不溶团块。

3. 滋气味的评定

首先用清水漱口,然后用鼻子闻复原乳气味,最后喝一口(5mL 左右)复原乳,仔细品味再咽下。

三、评鉴要求

根据表 3-11 进行评鉴。

表 3-11 全脂乳粉感官评定分数表

项目	特征		得分
色泽 (10分)	色泽均一,呈乳黄色或浅黄色;有光泽		10
	色泽均一,呈乳黄色或浅黄色;略有光泽		9～8
	黄色特殊或带浅白色;基本无光泽		7～6
	色泽不正常		5～4
组织状态 (20分)	颗粒均匀、适中、松散、流动性好		20
	颗粒较大或稍大,不松散,有结块或少量结块,流动性较差		19～16
	颗粒细小或稍小,有较多结块,流动性较差;有少量肉眼可见的焦粉粒		15～12
	粉质粘连,流动性非常差;有较多肉眼可见的焦粉粒		11～8
冲调性 (30分)	下沉时间(10分)	≤10s	10
		11～20s	9～8
		21～30s	7～6
		≥30s	5～4
	挂壁和小白点 (10分)	小白点≤10个,颗粒细小;杯壁无小白点和絮片	10
		有少量小白点点,颗粒细小;杯壁上的小白点和絮片≤10个	9～8
		有少量小白点,周边较多,颗粒细小;杯壁有少量小白点和絮片	7～6
		有大量小白点和絮片,中间和四周无明显区别;杯壁有大量小白点和絮片而不下落	5～4
	团块 (10分)	0	10
		1≤团块≤5	9～8
		5<团块≤10	7～6
		团块>10	5～4
滋味及气味 (40分)	浓郁的乳香味		40
	乳香味不浓,无不良气味		39～32
	夹杂其他异味		31～24
	乳香味不浓同时明显夹杂其他异味		23～16

拓展知识

以牛乳为原料的乳粉占据着乳粉行业的绝对优势地位,但随着羊乳粉的迅速发展,市场上逐渐涌现出牦牛乳、骆驼乳等更多奶畜产品品类,甚至驴乳、马乳等产品也在市场发展的洪流当中"冒出尖尖角"。2020年4月8日，食品安全国家标准审评委员会发布了关于乳粉食品安全国家标准的征求意见稿，相较于《食品安全国家标准 乳粉》（GB 19644—2010）征求意见稿新增牦牛乳粉、骆驼乳粉、驴乳粉和马乳粉等特色奶畜乳粉的技术要求。同时为防止产品的掺假，在乳粉及调制乳粉的定义中"生乳"前增加"单一品种的"的限定。乳粉则修改为以单一品种的生乳为原料，调制乳粉以单一品种的生乳和（或）其加工制品为主要原料，添加的其他原料、食品添加剂、营养强化剂中的一种或多种，经加工制成的乳固体含量不低于70%的粉状产品。值得注意的是，在针对理化指标的修改中，征求意见稿增加牦牛乳粉、调制牦牛乳粉、骆驼乳粉、调制骆驼乳粉、驴乳粉、调制驴乳粉、马乳粉和调制马乳粉的理化指标要求，并将蛋白质、脂肪、水分的单位由"%"调整为"g/100g"，同时更新了脂肪、复原乳酸度的检测方法。另外，为了便于乳粉的监管、保证消费者的知情权、明确乳粉的真实属性，该标准还增加乳粉标识的要求，要求产品包装上标明乳粉或调制乳粉，同时牛乳粉可标识为"乳粉"或"奶粉"，其他奶畜来源的乳粉应标识奶畜品种，如"羊乳粉"或"羊奶粉"等描述。食品安全国家标准乳粉的征求意见稿的修订既弥补了特色奶畜乳粉标准的缺失，又明确了乳粉标签标识，让消费者放心消费，提升乳粉行业的消费信心，确保百姓舌尖上的安全！

思考：食品安全国家标准乳粉的征求意见对未来特色奶畜乳粉的发展有何意义？

一、小众乳粉发展现状

1. 羊乳粉

据统计，羊乳占整个乳业市场的4.5%，从整个乳制品行业3500亿元的规模来看，羊乳规模的确较小，但作为乳制品行业的第二大乳类制品，我国羊乳粉年复合增长率在20%以上，有些企业羊乳粉年复合增长率达到40%~50%。在市场不断扩容的同时，行业竞争也在加剧。虽然市场规模增速迅猛，但我国羊乳销售市场整体仍较薄弱，在乳制品市场中所占份额较小。近些年羊乳制品发展侧重羊乳粉、乳饮料等一般产品，市场上少见功能性羊乳制品、特色羊乳制品等高端产品。

2. 骆驼乳粉

数据显示，中国骆驼乳制品市场规模2022年达12亿元（人民币），全球骆驼乳制品市场规模2022年达409.65亿元。至2028年全球骆驼乳制品市场规模将达到601.26亿元。目前市场中销售的骆驼乳粉主要分为纯骆驼乳粉、配方骆驼乳粉、驼乳蛋白粉等骆驼乳风味固体饮料。纯骆驼乳粉是指以生驼乳为原料，不加任何其他成分，经加工制成的粉状产品。调制骆驼乳粉是以生驼乳或其加工制品为原料，添加其他原料，添加或不添加食品添加剂和营养强化剂，经加工制成的驼乳固体含量不低于70%的粉状产品。

3. 牦牛乳粉

据统计，我国是世界上牦牛数量最多的国家，占世界牦牛总数的90%以上。牦牛乳发展具有明显的地域性，主要分布在青海、甘肃、西藏等地。国内以牦牛乳为原料的乳制品生产企业有10家左右，但推出牦牛婴幼儿配方乳粉的企业却不多。从通过注册的速度和数量来看，牦牛乳粉越来越被大众所接受，尤其是婴幼儿牦牛乳粉的通过更加验证了牦牛乳粉的潜力所在。随着国家扶持政策的实施和乳品企业自身的努力，牦牛乳品行业将逐渐在行业内崭露头角甚至有望出现井喷式的发展。

二、小众乳粉生产

1. 羊乳粉

目前企业都是用牛乳和牛乳粉的标准来生产，如生乳按 GB 19301—2010 执行，乳粉按 GB 19644—2010、GB/T 22990—2008、GB/T 23210—2008 等执行。羊乳粉生产工艺及流程与牛乳粉基本一致，主要包括生产原料乳验收、过滤脱气、均质、杀菌、喷雾干燥、冷却筛分、灌装、检验、合格出厂等工序。

羊乳营养价值虽高，但是羊乳膻味较大，主要原因是山羊头部角芽基部后内侧有一种分泌脂质的细胞团，它所分泌的脂质能散发出特殊的臭味，使羊乳变膻，特别是公羊的角间腺发达，在发情期羊乳易被污染上膻味。此外，膻味还与羊乳中游离脂肪酸的含量有关，羊乳中的短链游离氨基酸如己酸、辛酸和癸酸在羊乳中的含量较高（一般为6%～18%，平均为12%，而牛乳中仅为5%左右），在一定条件下形成一种较稳定的络合物，或以相互结合的形式存在时就会发出典型的羊乳膻味。羊乳或羊乳制品未来要想占有市场，赢得更多消费者的喜爱，需要采用一定的技术手段将羊乳中膻味物质去除。因此，越来越多乳企把羊乳粉的生产注意力都集中到羊乳的脱膻技术上，力求在脱除羊乳中膻味物质的同时保证其营养物质不流失。

目前羊乳粉生产中采用除膻方法主要有①分居式饲养，公羊母羊分开饲养，避免公羊腺体的气味被母羊吸附，从而减少羊乳受污染程度。②小羊羔出生后5～10天（不超过15天），在去角的同时，除去角间腺那些细胞团，即去掉散发膻味的主要器官角间腺。③挤奶时采用现代化的全自动挤奶设备，一方面避免人工挤奶给羊乳造成不必要的污染，同时也有效避免鲜乳吸附空气中的膻味。④封闭式挤奶，挤奶采用先进的自动封闭式负压挤奶法，避免鲜乳与空气接触，减少污染物的吸附。⑤低温式闪蒸，利用目前国内最先进的低温多效闪蒸除膻工艺，彻底除去羊脂肪中的膻味。⑥干湿结合生产工艺，鲜乳在经标准化、浓缩、喷雾干燥成粉的同时加入稳定的营养成分，成粉后添加活性营养成分，使乳粉锁住了新鲜营养成分，充分保证了最终产品的新鲜度和营养价值，又避免了喷雾干燥的过程中会使少量乳糖遇高温产生焦化的现象。

2. 骆驼乳粉

驼乳是地域性很强的一种食品，我国驼乳主要产自内蒙古和新疆两地，骆驼乳粉执行国家行业标准 RHB 903—2017 和新疆地方标准 DBS 65/014—2023、内蒙古地方标准 DBS 15/016—2019，三种标准有其一即可。

目前市场上生产销售骆驼乳粉主要有三种企业类型，分别为奶源地厂家直产、贴牌代加工、固体饮料生产厂家。驼乳粉具有极强的地域性，奶源地厂家一般为骆驼养殖、驼乳生产研发、驼乳销售运营为一体的企业，拥有自有牧场、骆驼、生产线，能够全程把控产品的质量。骆乳粉生产工艺及流程与牛乳粉基本一致，主要包括生产原料乳验收、预处理、均质、杀菌、干燥、灌装、检验、合格出厂等工序。骆驼产乳量低，决定了骆驼乳具有极高的营养价值，同时骆驼必须散养，吃的戈壁滩上的植物都是没有污染的盐草、沙拐枣、骆驼刺、骆绒藜、盐生假木贼、沙蒿等植物，也决定了骆驼乳是纯天然多功能绿色食品。丰富的营养物质造就了生产骆驼乳粉工艺的不简单，与巴氏杀菌骆驼乳类似，为尽可能最大限度地保留骆驼乳中生物物质的活性，应采用75℃、15s的低温巴氏杀菌工艺，真空浓缩时，浓缩温度不超过50℃，同时喷雾干燥过程也应采用低温喷雾干燥工艺，保证进风温度控制在140℃左右，排风温度控制在65℃左右。也有部分企业采用投入精良的冻干低温喷雾干燥技术，冻干机设备将需要干燥的制品在低温下使其所含的水分冻结，然后放在真空的环境下干燥，让水分由固体状态直接升华为水蒸气并从制品中排出而使制品活性干燥。该方法有效地防止了制品理化及生物特性的改变，对生物组织和细胞结构和特征的损伤较小，使其快速进入休眠状态，有效保护了许多热敏性营养物质的稳定性。同时，冻干制品在干燥后形态疏松、颜色基本不发生改变，加水后能够快速溶解并恢复原有水溶液的理化特性和生物活性，低温工艺生产的骆驼乳粉由于乳铁蛋白、不饱和脂肪酸、B族维生素和维生素C含量丰富，高蛋白、高钙、低脂，不引起过敏等优点，特别适合老年人、婴幼儿以及术后康复患者食用。

3. 牦牛乳粉

从牦牛乳粉生产标准来看，除婴幼儿配方乳粉执行了食品安全国家标准较大婴儿和幼儿配方食品之外，成人乳粉大多执行《食品安全国家标准 乳粉》，当然还有企业执行的是企业标准。

牦牛乳一开始在进入乳粉市场时，主要是以成人乳粉作为切入点，现在已经慢慢向婴幼儿配方乳粉迈进。资料显示，牦牛生活在高海拔地区，由于生存环境比较艰苦，存栏数量不是很多。再加上牦牛的产乳量较低，可以用于生产的牦牛奶源是非常稀缺的，牦牛产业要做大做强离不开多方的共同支持。目前国内生产和加工牦牛乳的企业主要集中在四川、甘肃、青海、西藏、云南等地，牦牛乳仍在市场培育阶段，未来还有很长的路要走。

【洞察产业前沿】

中国最早的乳粉企业打造了行业内第一个以婴幼儿配方乳粉为核心的农牧工一体化全产业集群。

一、智能化工厂

智能化工厂建设分为五层，可实现各系统间横向关联，纵向打通。第一，在自动化控制层为有效实现自动化控制，采用国际先进的 PLC、SCADA 等先进控制系统，对自动化设备进行全面控制，使设备控制率达到 90% 以上，能够有效管理及控制设备运行，实现生产过程自动化。第二，在设备数据集成层，通过安装部署各类传感器、终端扫描设备、上位机等，对生产数据进行全面采集，并通过生产大数据进行生产数据分析，用分析结果指导生产过程及设备优化。第三，在执行控制层，建设生产执行系统，包括生产制造执行系统 MES，使用 MES 系统实现生产过程管理及生产现场指导；实验室管理系统 LIMS，用于检验过程精细管理；仓储物流系统 WMS，用于生产原料仓，半成品、成品仓出入库及库存管理；生产赋码采集系统，用于产成品赋码及一物一码管理等。通过以上系统全面管理生产过程，实现全面生产过程的质量控制及过程追溯。第四，在流程智能层，通过企业数据总线，使生产系统与企业资源计划系统 ERP、研发管理系统 PLM，实现生产全面协同。第五，在智能数据层，通过企业大数据平台，对业务数据、生产数据进行全面管理，并对数据进行分析，用于指导生产、营销管理、企业决策支撑。通过这五层技术建设，不仅可对关键的控制参数实施精准控制，还实现了数字化、可视化管理，提高了工厂的工作效率和管理水平。

智能工厂除配备先进的自动化设备以外，综合应用物联网、云计算、大数据分析等技术，形成一套网络世界与物理世界的交互系统，具有可靠性高、可扩展性好、实时性强等特点。通过实时收集生产现场的各种生产信息、及时的信息共享和准确的事件预报，为公司管理层进行生产决策提供实时的现场数据，促进管理与制造的一体化和实时化，一方面实现企业资源计划系统 ERP、生产制造执行系统 MES、研发管理系统 PLM 信息系统的集成，另一方面实现生产制造执行系统 MES、仓储物流系统 WMS、实验室管理系统 LIMS 系统的集成，全面整合并有效利用各管理系统和控制系统的数据，变质量检验为质量保证，实现全程可追溯，并可进行基于用户需求的定制化配方设计与生产，简化业务操作，提高业务效率。同时完成销售与电子商务系统的集成，使工厂能够及时得到市场的反馈，根据需求调整生产，持续提质增效。

全产业链信息采集监控平台的建设，可对乳品整个生产流程进行密切监控，在自动化设备基础上，对可能发生的意外做到及时查明原因并纠正，将分析数据提供给专业人员，尽可能减少或消除在生产流通环节中危害产品安全或质量的因素。

二、构建"3+2+2 数智化战略"

为全面建设新一代数智化信息平台，支撑企业战略发展，启动了全面数智化转型，构建了"3+2+2 数智化规划（图 3-19）"。

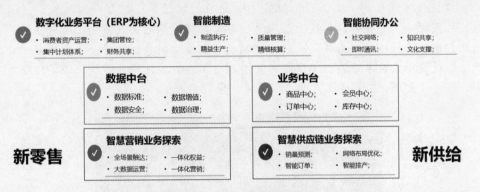

图 3-19 "3+2+2 数智化规划"

① 建设"以 ERP 为核心的业务运营及管理平台""支撑智能制造体系运行的智能制造平台""数字化、智能化的统一办公平台"这三大平台（"3+2+2"中的 3）。目标是实现乳业全业务、全流程、全触点的全面数字化，实现完整、准确、及时地采集获取业务运营及管理过程中的数据。同时，通过系统规范业务流程及员工操作行为，为品质与安全保驾护航，最大限度地与外部生态伙伴及产业链上下游智能协同，优化供应链、生产和资产绩效。

② 建设数据中台和业务中台的双中台（"3+2+2"中的第一个 2），数据中台（图 3-20）从企业内部业务运营平台及企业外部采集获取数据，借助大数据能力清洗、分析、建模、输出并展现有价值的数据信息，支持经营管理决策并反哺业务运营，识别业务运营过程中的风险与机会；业务中台打造"商品能力中心、订单能力中心、营销能力中心、库存能力中心、结算能力中心、基础能力中心"六大能力中心，全面支撑乳业不同业态的电商业务发展。

③持续开展智慧营销及智慧供应链两大业务探索（"3+2+2"中的第二个2）。智慧营销业务探索是依托中台的能力，结合新技术建立有效的客户留存及分配机制，进行全域用户全生命周期的运营；智慧供应链业务探索是以业务运营平台数据为基础，对供应链及生产的主要核心指标进行监控及预警，设计智能算法，提升数据探查及预测能力，赋能供应链业务。

图 3-20　数据中台界面

三、智能化工厂集群建设

智能化工厂集群（图 3-21）配备先进的自动化设备，综合应用物联网、云计算、大数据分析等技术，形成一套网络世界与物理世界的交互系统，将智能工厂自动化控制层、设备数据集成层、执行控制层、智能协同层、数据决策支持层全面打通。通过这五层技术建设，不仅可对关键的控制参数实施精准控制，还实现了数字化、可视化管理，提高了工厂的工作效率和管理水平。

图 3-21　智能化工厂集群

最大限度地与外部生态伙伴及产业链上下游智慧协同，优化供应链，解决内部信息的孤岛问题，在企业内部实现所有环节信息的无缝连接；并打通上下游合作伙伴之间的信息壁垒，从研发、农场、牧场到生产加工，建立起一个以数据为驱动的实时透明的覆盖全产业链、贯通全生命周期的乳品生产及安全管控体系，通过事前预防、事中控制、事后追溯，实现完整的人、机、料、法、环的质量可控、管理智能、全面覆盖的智能制造体系。同时，建立了全程可视化的溯源系统、实现产品全面可追溯，并向监管方与消费者开放查询和服务接口。通过价值链上不同企业资源的整合，实现从产品研发、生产制造、物流配送、产品服务的全生命周期的管理和服务，努力为消费者提供更新鲜、更适合的产品。

四、新业态新模式探索和发展情况——新零售智慧营销

围绕信息化战略规划,打造新零售智慧营销业务探索,建设以消费者为核心的线上线下融合发展的新型体系示范项目,该项目依托数字化、物联网、云计算等多项技术,联合品牌、渠道及上下游合作伙伴对消费者进行全方位优质服务。新商业时代是把运营模式从以品牌、商品为中心走向以消费者为中心,加重对消费者需求的理解以及为消费者提供服务方式的多样化。联合线下分销网络、销售网点、终端门店导购形成新型共生体,通过乳业数据中台、业务中台等信息化基础建设,将整体运营能力、业务能力赋能于新型共生体,直接带动传统企业提质升级,最终以新型共生体的模式服务于线上线下全域客户,带动行业转型升级。

五、新业态新模式探索和发展情况——智慧供应链建设

项目打造基于全生命周期的智慧供应链服务,依托于大数据和人工智能的数据驱动、流程管控透明化、生产运维智能化、全流程数据可视化,实现产品研发、计划排产、原料采购、生产制造、产品配送、创新零售、客户服务等环节的融合发展的智慧供应链闭环新模式。

智慧供应链(图3-22)基于全域物流网络进行设计规划,由之前"工厂仓库—总仓—中转仓—经销商仓库"四级库存通过物流网络优化为"工厂线下零库存JIT转运—中央仓全品项库存—大小中转仓落地配—多家经销商共享云仓"的两级库存,工厂库存缩减80%,同时加快供应链补货频率,实现供应链上货品的快速、小批量、连续流动,助力经销商和云仓级别库存缩减50%以上,实现供应链相关方的"协同运作和共赢"。项目设计仓储业务量为年均出货量4400万箱,全年约5.08万车次,直接服务全国2000多名线下经销商,11万个零售网点,千万级消费者,实现产品从生产到消费者手中45天的新鲜体验,达到国际领先水平。

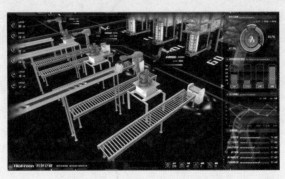

图3-22 智慧供应链平台界面

模块四
发酵乳智能化生产

 学习脑图

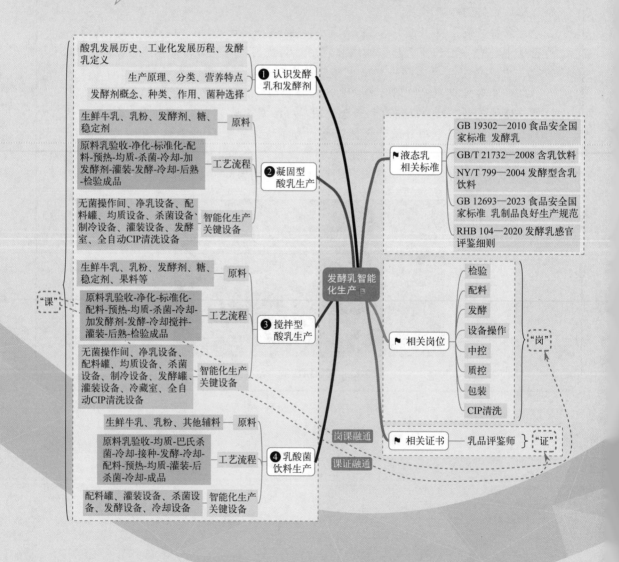

知识目标

1. 明晰发酵乳和酸乳的定义，了解酸乳工业发展历程。
2. 了解发酵剂的作用、种类及菌种选择，掌握发酵剂的制备方法和质量控制方法。
3. 掌握凝固型酸乳和搅拌型酸乳的生产工艺流程及操作要点。
4. 掌握发酵乳质量的影响因素、常见质量问题及控制方法。
5. 了解乳酸菌饮料生产工艺、操作要点及影响乳酸菌饮料质量的因素。

技能目标

1. 能够完成凝固型和搅拌型酸乳生产。
2. 能够分析和解决发酵乳生产中的常见质量问题。
3. 能规范操作生产设备，进行日常维护和保养。

素质目标

1. 培养科学严谨、安全生产的职业素养，提升团队协作意识。
2. 培养发酵乳智能化生产，以及质量意识、诚信意识和工匠精神。
3. 提升酸乳产业发展关注度，加强创新创业能力。

案例导入

造就一杯酸乳的工业技改之旅

全亚洲第一的低温酸乳工厂位于东西湖区，占地总面积 320 亩，从业人员 300 余人，现有生产线 18 条，规划产线 25 条，日产能预计 2000 吨，产值 60 亿元。透过全透明化的密封玻璃，能看到多条生产线高速运转。蜿蜒公路般的全自动化生产线上，从牧场运送来的新鲜原料乳，经过预处理、灌装、包装、检验后，一杯鲜活酸乳就此诞生。这个智能化工厂不仅拥有 219 项创新，引进多台国内外先进的生产设备，而且建设有最权威质量检测中心，能够检测 9 大类 189 项，确保了每一杯酸乳品质如一。数据增长的背后，离不开智能化改造赋能，详细的智能制造规划定位数字化工厂，通过 MES 与 SAP 横向互联、纵向集成，实现生产过程透明化、质量管控数字化、成本控制精细化；通过自动化 OT 控制层与信息化 IT 管理层融合，实现透明、高效地管理数字化新模式的生产运营指挥。全产业链质量一键追溯系统，当顾客在超市买到 1 瓶酸乳后，能追溯到这瓶酸乳产自哪条生产线，由哪位工人负责生产，大幅度提升了追溯速度和准确性。智能工厂大大降低了用人成本、提高了生产效率，新质生产力赋能企业提质增效。

反思研讨：智能化改造如何赋能乳企新质生产力？

必备知识

酸乳，亦称酸奶，是以牛乳为主要原料经乳酸菌发酵而制成的一种乳制品。虽说人们经常喝酸乳，但很少有人真正"懂酸乳"。由牛乳经发酵到酸乳的转变是在无氧条件下，乳糖在乳酸菌的作用下分解产生大量乳酸，使牛乳 pH 值下降，当牛乳 pH 值降至 4.6~4.7 时，酪蛋白发生凝集沉淀，乳液呈凝乳状态使牛乳变稠，同时产生乙醛、丁二酮、丙酮和挥发性酸等形成了酸乳特有的香味和风味。从牛乳到酸乳，不仅保留了牛乳优质蛋白、乳脂肪、钙和部分维生素等营养成分，在发酵过程中乳酸菌发酵还可以产生人体所需要的多种维生素，如维生素 B_1、维生素 B_2 等，而且经过发酵后牛乳中乳糖转化成了乳酸，可以消除或减轻人体乳糖不耐受症状。

思考：酸乳是怎么形成的？

一、发酵乳和酸乳的定义

按照《食品安全国家标准 发酵乳》（GB 19302—2010），人们常说的"酸奶"分为以下 4 类。

（1）发酵乳（fermented milk） 以生牛（羊）乳或乳粉为原料，经杀菌、发酵后制成的 pH 值降低的产品。

（2）酸乳（yoghurt） 以生牛（羊）乳或乳粉为原料，经杀菌、接种嗜热链球菌和保加利亚乳杆菌（德氏乳杆菌保加利亚亚种）发酵制成的产品。

（3）风味发酵乳（flavored fermented milk） 以 80% 以上生牛（羊）乳或乳粉为原料，添加其他原料，经杀菌、发酵后 pH 值降低，发酵前或后添加或不添加食品添加剂、营养强化剂、果蔬、谷物等制成的产品。

（4）风味酸乳（flavored yoghurt） 以 80% 以上生牛（羊）乳或乳粉为原料，添加其他原料，经杀菌、接种嗜热链球菌和保加利亚乳杆菌（德氏乳杆菌保加利亚亚种）发酵前或后添加或不添加食品添加剂、营养强化剂、果蔬、谷物等制成的产品。

简单来说，酸乳和发酵乳区别在于发酵菌种不同。酸乳只用嗜热链球菌和保加利亚乳杆菌两种；发酵乳在酸乳菌种的基础上添加了 3 种或者以上的益生菌发酵，如乳双歧杆菌、嗜酸乳杆菌、干酪乳杆菌等。没有风味二字的产品原材料必须是纯牛乳（粉）或纯羊乳（粉）。加了风味二字纯乳（粉）占原材料比重也不应低于 80%，可以加入合法的食品添加剂。

【如何选对酸乳？】

其一：看配料表和食品标签

酸乳配料表第一位是生牛乳或乳粉，代表生产时使用量最高，也是酸乳营养价值的基线。如果配料表第一位是水，就需要留意食品标签"饮料"二字，如乳酸菌饮料、酸乳饮料，说明该产品不是酸乳，而是一种饮品。

其二：看营养成分表

蛋白质、脂肪和钙是消费者关注的 3 种营养成分。食品安全国家标准要求风味发酵乳中蛋白质含量≥2.3g/100g，脂肪含量≥2.5g/100g，通常可以通过营养成分表查看各个营养成分含量，选择合适的酸乳。

> **其三：结合自身需求**
>
> 饮食最终目的是获得膳食平衡，不同食物的营养素含量不同，通过摄入多种食物组成的膳食以便更好地满足人体对能量和各种营养素的需要，酸乳也不例外，如控制体重人群可选择低糖或食用代糖的酸乳。
>
> 饮用时忌空腹及加热酸乳。酸乳中的活性乳酸菌分解鲜牛乳中的乳糖产生乳酸，使肠道酸性增加，有抑制腐败菌生长和减弱腐败菌在肠道中产生毒素的作用。若加热煮沸，不仅酸乳特有风味消失，有益菌也受到影响，营养价值大大降低。

二、酸乳分类

除《食品安全国家标准 发酵乳》(GB 19302—2010)将酸乳分为四类，通常也按照成品组织状态、贮存温度、生产工艺、脂肪含量等进行分类。

1. 按成品组织状态分类

（1）凝固型酸乳 牛乳接入菌种后，先装入零售容器，然后保温发酵，成品在容器内呈凝胶状的半固体状态。培养温度和培养时间视菌种而异。对于直投式菌种，一般采用40～43℃，时间一般为4～6.5h；对于传代式菌种，一般采用40～43℃，但时间一般为2.5～4h（图4-1）。

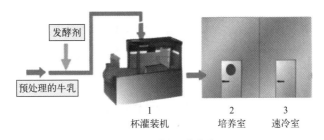

图 4-1 凝固型酸乳

（2）搅拌型酸乳 牛乳接入菌种后在大型发酵罐中发酵，灌装前经机械搅拌成为黏稠状组织状态。搅拌型酸乳适合于大规模生产，便于添加果料，以使产品多样化（图4-2）。

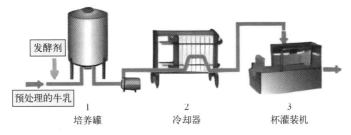

图 4-2 搅拌型酸乳

2. 按产品中所含脂肪含量高低分类

全脂酸乳含脂率3%以上；部分脱脂酸乳含脂率在0.5%～3%之间；脱脂酸乳含脂率在0.5%以下。

3. 按生产时所添加的原辅料不同分类

（1）天然纯酸乳 天然纯酸乳是以牛乳或复原乳为原料，脱脂、部分脱脂或不脱脂，经乳酸菌发酵制成的产品，不含任何辅料和添加剂。

（2）**加糖酸乳** 加糖酸乳由原料乳和糖加入菌种发酵而成。该类产品在我国市场最常见，糖的添加量一般为6%～8%。

（3）**调味酸乳** 调味酸乳是以牛乳或复原乳为主要原料，脱脂、部分脱脂或不脱脂，添加蔗糖、调味剂如食用香料、色素等经发酵制成的产品。

（4）**果料酸乳** 果料酸乳是以牛乳或复原乳为原料，脱脂、部分脱脂或不脱脂，添加天然果料如草莓、菠萝、水蜜桃等辅料和糖经发酵制成的产品。果料的添加比例通常为15%左右，其中约一半是糖，酸乳容器的底部加有果酱的酸乳为圣代酸乳。

（5）**复合型或营养健康型酸乳** 在酸乳中强化不同的营养素（维生素、食用纤维等）或在酸乳中混入不同的辅料（如谷物、干果、菇类、蔬菜汁等）而制成。

（6）**疗效酸乳** 有一定食疗功效的酸乳，如低乳糖酸乳、低热量酸乳、维生素酸乳或蛋白质强化酸乳等。

4. 按发酵后的加工工艺分类

（1）**浓缩酸乳** 将正常酸乳中的部分乳清除去而得到的浓缩产品。因除去乳清的方式与加工干酪方式类似，也称酸乳干酪（图4-3）。

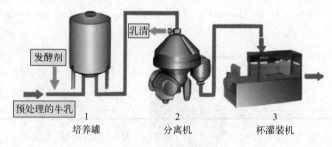

图4-3 浓缩酸乳

（2）**冷冻酸乳** 在酸乳中加入果料、增稠剂或乳化剂，然后进行冷冻处理而得到的产品，又称为酸乳冰淇淋（图4-4）。

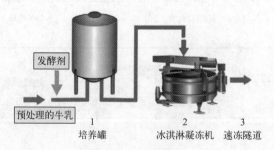

图4-4 冷冻酸乳

（3）**充气酸乳** 发酵后在酸乳中加入稳定剂和起泡剂（通常是碳酸盐），经过均质处理即得这类产品。通常以充CO_2的酸乳饮料形式存在。

（4）**酸乳粉** 在酸乳中加入淀粉或其他水解胶体后，经冷冻干燥或喷雾干燥将酸乳中约95%的水分除去加工而成的粉状产品。

5. 按菌种种类分类

（1）**酸乳** 通常指仅用保加利亚乳杆菌和嗜热链球菌发酵而成的一类产品。

（2）双歧杆菌酸乳　酸乳菌种中含有双歧杆菌。

（3）干酪乳杆菌酸乳　酸乳菌种中含有干酪乳杆菌。

（4）嗜酸乳杆菌酸乳　酸乳菌种中含有嗜酸乳杆菌。

思考： 国内市场常见的是哪种酸乳？

三、发酵剂

发酵剂是指生产发酵乳制品时所用的含有高浓度乳酸菌的特定微生物培养物，在酸乳生产过程中的作用非常重要，是酸乳产品产酸和产香的基础。酸乳质量的好坏主要取决于酸乳发酵剂的品质类型及活力。

1. 发酵剂的种类

（1）按发酵剂的制备过程分类

① 商品发酵剂：从专门发酵剂生产公司或研究所购得的原始菌种。

② 母发酵剂：商品发酵剂的扩大再培养产物，它是工作发酵剂的基础。

思考： 你认为如何能生产出合格的工作发酵剂？合格的发酵剂应具备哪些特点？

③ 中间发酵剂：母发酵剂的活化产物。

④ 工作发酵剂：生产发酵剂，是母发酵剂的扩大培养，是用于实际生产的发酵剂。

（2）按使用发酵剂的目的分类

① 混合发酵剂：含两种或两种以上菌种。如保加利亚乳杆菌和嗜热链球菌按1∶1或1∶2比例混合的酸乳发酵剂，而且两种菌比例的改变越小越好。

② 单一发酵剂：只含有一种菌种，便于保存、调整。具有如下优点：容易继代，便于保存、调整不同菌种的使用比例；在实际生产中便于更换菌株，特别是在引入新型菌株时非常方便；便于进行选择性继代；能减弱菌株之间的共生作用，从而减慢产酸的速度；冷藏条件下容易保持性状，液态母发酵剂甚至可以数周活化一次。

③ 补充发酵剂：为增加酸乳黏稠度、增加风味及保健功能等添加的菌种。一般可单独培养或混合培养后加入乳中。为防止产黏菌过度增殖，应将其与保加利亚乳杆菌或嗜热链球菌分开培养。当生产的天然纯酸乳的香味不足时，可考虑加入特殊产香的保加利亚乳杆菌菌株或嗜热链球菌丁二酮产香菌株。干酪乳杆菌具有调节肠道菌群、增强免疫力和促进消化等多种作用和功效。

（3）按发酵剂的物理形态分类

① 液态发酵剂：液体发酵剂由于其品质不稳定且易受污染，已经逐渐被大型酸乳厂家所淘汰，只有一些中小型酸乳工厂还在联合一些大学或研究所进行生产。

② 冷冻发酵剂：冷冻发酵剂是经深度冷冻制成，其价格虽然比直投式发酵剂便宜，菌种活力高，活化时间短，但运输和贮藏都需要 $-55 \sim -45℃$ 环境条件，使用广泛性受到限制（图4-5）。

③ 直投式发酵剂：一系列高度浓缩和标准化的冷冻干燥发酵剂菌种，可直接加入热处理后的原料乳中进行发酵，无需进行活化、扩培等其他预处理工作。直投式发酵剂因活力强、类型多、不需扩大培养成为普遍使用的酸乳菌种。直投式酸乳发酵剂的生产专业化、社会化、规范化、统一化，使酸乳生产标准化，提高了酸乳质量，保障了消费者的利益和健康。

（4）按使用发酵剂的种类分类

① 传统菌种：保加利亚乳杆菌（*Streptococcus thermophilus*）和嗜热链球菌（*Lactobacillus bugaricus*）1∶1的混合菌种（图4-6）。

图4-5　用冻干菌种或冷冻菌种制作生产

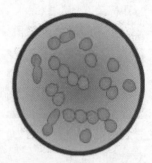

图4-6　保加利亚乳杆菌（左图）及嗜热链球菌（右图）

② 益生菌：能促进人体健康且能在人体肠道内定植的一类微生物。乳酸杆菌属有嗜酸乳杆菌（*Lactobacillus*），双歧杆菌属有两歧双歧杆菌（*Bifidobaterium*）、婴儿双歧杆菌（*B. infantis*）、青春双歧杆菌（*B. adolescentis*）。

2. 发酵剂主要作用

① 分解乳糖产生乳酸，分解柠檬酸产生微量的乳酸，使乳的pH值下降，从而使酪蛋白凝固，使酸度增高。

② 产生挥发性的物质，如丁二酮、乙醛等，从而使酸乳具有典型的风味；在产生风味方面主要是通过分解柠檬酸生成酮类物质及微量的挥发酸、乙醛等。其中丁二酮是酸乳的特有风味的来源。

③ 具有一定的降解脂肪、蛋白质的作用，将牛乳中的大分子蛋白质分解成易消化的小分子氨基酸及肽类物质。这样使酸乳更利于消化吸收，同时还可提高酸乳的营养价值。

④ 酸化过程抑制了致病菌的生长。

3. 发酵剂菌种的选择

菌种的选择对发酵剂的质量起着重要作用，应根据生产目的不同选择适当的菌种。

（1）产酸能力和后酸化作用　不同的发酵剂产酸能力会有很大的不同，判断发酵剂产酸能力有两种方法即测定酸度和产酸曲线。产酸能力强的发酵剂在发酵过程中容易导致产酸过度和后酸化过强。后酸化指发酵剂在终止发酵后继续产酸的现象。应选择后酸化程度弱或中等的发酵剂，以便控制产品质量。

（2）滋气味和芳香味的产生　菌种产香能力强，风味优美，气味芳香。评估方法一般有：

① 感官评估：进行感官评价时应考虑样品的温度、酸度和存放时间对品评的影响。品尝时样品温度应为常温，因为低温对味觉有阻碍作用；酸度不能过高，酸度过高会将香味完全掩盖；样品要新鲜，用生产24～48h内的酸乳进行品评为佳，这段时间内是滋味、气味和芳香味的形成阶段。

思考：发酵剂菌种选择的依据是什么？

② 测定挥发酸量：通过测定挥发酸的量来判断芳香物质的产生量。挥发性酸含量越高就

意味着产生的芳香物质含量越高。

③ 测定乙醛的生成能力：乙醛形成酸乳的典型风味，不同的菌株产生乙醛能力不同，因此乙醛生成能力是选择优良菌株的重要指标之一。

（3）黏性物质的产生 发酵剂在发酵过程中产黏有助于改善酸乳的组织状态和黏稠度，特别是酸乳干物质含量不太高时显得尤为重要。一般情况下产黏发酵剂往往对酸乳的发酵风味会有不良影响，选择这类菌株时最好和其他菌株混合使用。

（4）蛋白质水解性 乳酸菌的蛋白水解活性一般较弱，如嗜热链球菌在乳中只表现很弱的蛋白水解活性，保加利亚乳杆菌则可表现较高的蛋白水解活性，能将蛋白质水解，产生大量的游离氨基酸和肽类。

四、酸乳行业发展历史

大约在公元前5000年，生活于现在的土耳其和伊拉克地区人最早驯养山羊，将山羊乳贮藏于葫芦中，在温暖的气候条件下，自然发酵形成凝乳。这大概是有关酸乳最早的历史了。五六千年前埃及的文字中，有一种叫"Leben"的酸性很强的乳饮料，不仅可供食用，而且用作化妆品和外伤药。

在公元前200年，印度、埃及和古希腊人等已掌握了酸乳的制作方法，1908年，俄国科学家伊·缅奇尼科夫发现保加利亚高山部族长期习惯饮用酸乳而得以长寿的例子，提出了"酸乳长寿理论"。对色雷人的酸乳研究后发现了一种能有效抑制肠道腐败菌的杆菌，并命名为"保加利亚乳酸杆菌"。之后酸乳的营养价值和保健功能才逐渐被人们所熟悉。

我国在后魏时期，贾思勰编著的《齐民要术》中就记载了酸乳的制作方法"牛羊乳皆可作，煎乳四五沸便止，以消袋滤入瓦罐中，其卧暖如人体，熟乳一升用香酪早匙，痛搅令散泻，明旦酪成"。

1911年，上海可的牛乳公司开始生产酸乳，这是我国第一家用机器生产酸乳的厂家。改革开放后，大中城市引进国外整套酸乳生产线，加上国内40多家乳品制造企业，使酸乳生产的工艺技术和生产设备向较高水平发展，从原料乳进厂、收乳、储存、净乳、杀菌、发酵及管路的清洗消毒将实现自动化。

五、酸乳的工业化发展历程

随着人们生活质量的不断提高，越来越多的消费者更注重营养健康，以酸乳为代表的乳制品也越来越受到消费者的欢迎。各乳企也是纷纷抓住这一机遇，推出各种口味、包装和功能的酸乳产品。从20世纪80年代酸乳开始工业化生产到现在，短短40多年的时间里，中国酸乳行业取得了突飞猛进的发展。

酸乳在我国的加工制作销售可以追溯到100多年前。在清朝时期，北京有俄国人开的酸乳铺，后在上海法租界也有外国人开店出售瓶装酸乳，上海大饭店内自制酸乳供应外宾，当时这些酸乳均为手工制作。20世纪70年代到80年代初，各地的牛奶厂大多都在生产凝固型酸乳，采用大肚瓷瓶或玻璃瓶包装，在街头巷尾售卖，北京牛奶厂、上海市牛奶公司、广东省牛奶公司生产的酸乳作为各地的代表，成为一代人的记忆。进入20世纪80年代中期，随着改革开放的逐步深入，我国的乳品厂和国外企业合作联系加深，酸乳在技术工艺上有了实质性跨越。直到20世纪90年代中期，含活性乳酸菌酸乳开始引领潮流，成为消费者追求的新产品，各大城市的酸乳需求和生产快速上升，开始向乡镇和农村市场拓展。20世纪90年代后期，我国酸乳行业进入了快速发展阶段，各地的乳企纷纷加入酸乳产品的生产中来，市场规模快速扩容。据IDF中国委员会资料，1998年我国酸乳产量为12万吨，2001年增至42万吨。酸乳市场发展迅速，各种新品类、新产品纷纷出现，为规范市场，我国关于酸乳的标准《酸牛乳》（GB 2746—1999）正式出台，对酸乳的产品分类、技术要求、标签、包装、运输、贮存要求和菌种作出了明确规定。21世纪的前十年，酸乳行业经历了快速而深刻的变化，不仅是产品品牌更多，产品品类也更加多元。这一时期最值得关注三大特点：a. 全国性品牌形成。b. 高端化趋势初步显现，经过近三十年的发展积累，消费者对酸乳的要求已经从喝到提升到喝好。乳企相继推出高端酸乳品牌，预示着高端酸乳时代即将来临。c. 常温酸乳横空出世。市场竞争激烈，酸乳行业渠道日益完善，常温、低温齐头并进，口味更多元，添加果粒、坚果，向代餐化发展，菌种升级，功能性凸显，配方简化，讲求轻负担等。随着消费市场发展，消费升级，酸乳的高端化、多元化发展是必然趋势。享受和安全是

思考：酸乳的发展趋势及前景如何？

最基础的需求，产品升级还需要顺应营养升级、产品标签清洁化、透明化等基础的需求以获得发展。

六、乳酸菌饮料

近年来，乳酸菌饮料以其营养保健功能和独特的风味备受消费者青睐，销量不断上升。在乳酸菌饮料中，通过添加不同风味的营养物质制造出的新型乳酸菌饮料正成为一种发展趋势。这些饮料中有的含维生素、矿物质，有的有利于微生物的繁殖等，极大地丰富和满足了酸乳制品市场，并以其特殊的口味给人们带来一种新的味觉体验。

1. 乳酸菌饮料定义

乳酸菌饮料是一种发酵型的酸性含乳饮料，通常以牛乳或乳粉、果蔬汁或糖类等为原料，经杀菌、冷却、接种乳酸菌发酵剂培养发酵，然后经稀释而成的一种饮品。

2. 乳酸菌饮料分类

（1）根据采用的原料及加工处理方法不同分类

① 酸乳型　在酸乳的基础上将其破碎，配入白糖、香料、稳定剂等通过均质而制成的均匀一致的液态饮料。

② 果蔬型　在发酵乳中加入适量的浓缩果汁（如柑橘汁、草莓汁、苹果汁、椰汁、芒果汁等）、蔬菜汁浆（如番茄酱、胡萝卜汁、玉米浆、南瓜汁等）或在原配料中配入适量的果蔬汁共同发酵，再通过加糖、稳定剂或香料等调配、均质后制成。

思考：你能判断出来你喝的乳酸菌饮料是什么类型吗？

（2）根据产品中是否存在活性乳酸菌分类

① 活性乳酸菌饮料　经乳酸菌发酵后不再杀菌制成的产品，其特点除含有维生素和酶类

等有益健康的代谢产物外还含有一定数量的活性乳酸菌,一般要求每毫升含活的乳酸菌 100 万 CFU 以上,有利于调节人体肠道微生态平衡。产品需要在 2～10℃低温下冷藏保存,保质期一般较短,活性菌的数量会随着时间增加而逐渐减少。

② 非活性乳酸菌饮料　经乳酸菌发酵后再经杀菌制成的产品,在乳酸菌发酵过程虽然产生了有益健康的代谢产物,但乳酸菌已不具有活性,它具有味道好、保质期长、无需冷链运输等优点。生产厂家为便于运输和销售,有的产品还会加入防腐剂、稳定剂等添加剂。产品常温下保质期可达 6 个月,这也是目前国内市场上较常见的一种乳酸菌饮品。

3. 乳酸菌饮料市场分析

我国乳酸菌产业目前以酸乳及乳酸菌饮料为主,产业规模超过 200 亿元。近年来我国乳酸菌饮料市场持续保持快速增长,目前正以每年 20% 的速度递增,成为乳品行业增长最快的品类。营养学专家称:"低温冷灌装的常温乳酸菌饮料更迎合年轻消费者在营养与功能上的诉求,同时又能适应不同饮用场景,更便利、更畅快地满足消费者的个性需求,将成为未来几年最具潜力的一个品类。"业内认为,常温乳酸菌饮料已经进入黄金时代,在很长一段时间内将保持高增长的态势,是乳企抢夺全国市场的关键。

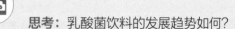

思考: 乳酸菌饮料的发展趋势如何?

项目1　凝固型酸乳生产

项目描述

凝固型酸乳是原料乳经过巴氏杀菌后,在一定温度条件下添加乳酸菌,经灌装、发酵、冷却等工艺生产出来的乳制品。在纯牛乳发酵过程中,乳酸菌可产生人体营养所必需的多种维生素(维生素 B_1、维生素 B_2、维生素 B_6、维生素 B_{12})和乳酸,有效提高钙、磷在人体中的利用率。本项目学习凝固型酸乳的分类、质量标准、生产工艺流程、工艺要点等。凝固型酸乳生产工艺与搅拌型酸乳有很大的相似之处,前者是先灌装后发酵,后者是先发酵后灌装。目前酸乳智能化生产线实现了全程自动化,酸乳整个生产流程,包括从原料乳进厂,到合格的酸乳出厂,大部分是电脑和机器人操控,生产线每个工序仅需少量工作人员,从进厂到出库的全过程只需要对中央控制系统设定指令即可。在酸乳生产车间里,全自动封闭的单机设备"各司其职"同时又共同配合,组成了一条智能化酸乳生产线,通过净乳、闪蒸、均质、发酵、杀菌、灌装等一系列流程保证产品营养、风味、口感以及品质等。通过虚拟仿真平台和实训室小型酸乳生产线加强生产工艺流程及质量控制实践训练,完成凝固型酸乳生产。

相关标准

① GB 12693—2023 食品安全国家标准 乳制品良好生产规范。
② GB 19302—2010 食品安全国家标准 发酵乳。

 工艺流程

凝固型酸乳生产工艺流程见图 4-7 和图 4-8。

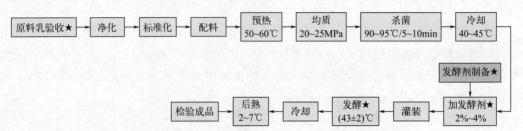

图 4-7 凝固型酸乳生产工艺流程图（★为关键质量控制点）

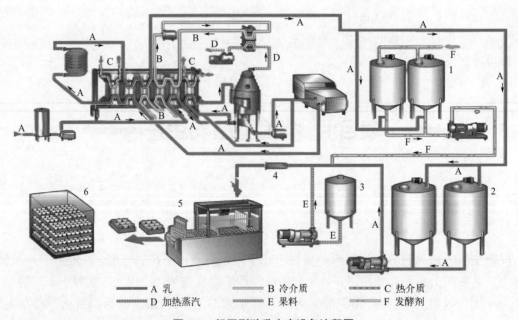

A 乳　　B 冷介质　　C 热介质
D 加热蒸汽　　E 果料　　F 发酵剂

图 4-8 凝固型酸乳生产设备流程图
1—发酵剂罐；2—发酵罐；3—香精罐；4—混合器；5—包装；6—培养

 关键技能

一、原辅料要求及处理

1. 原料乳的质量要求

生产酸乳用的原料乳品质比一般乳制品加工的原料乳要求高，除按规定验收合格外，还必须满足以下要求。

① 总乳固体不低于 11.5%，其中非脂乳固体不低于 8.5%，酸度在 18°T 以下，否则将会影响发酵时蛋白质的凝胶作用，直接决定酸乳的凝固状态。

② 不得使用含有抗生素或残留等效杀菌剂的牛乳。一般乳牛注射抗生素后 4 天内所产的乳不得使用，因为常用的发酵剂菌种对于抗生素、残留杀菌剂以及清洗剂非常敏感，它们将直接影响到发酵剂的活力，致使乳液不凝固或酸度低。用于生产酸乳的原料乳要经过严格的抗生素试验和酸乳小样的发酵试验，从而保证不合格的鲜乳不进入生产流程。

③ 患有乳房炎的牛乳不得使用，否则会影响酸乳的风味和蛋白质的凝乳能力。

④ 用于制作酸乳的鲜牛乳含菌数应不大于 5.0×10^5 CFU/mL，经灭菌消毒后的细菌总数应不大于 3.0×10^4 CFU/mL。

在凝固型酸乳生产过程中，原料乳质量差往往会引起一些质量问题如凝固型酸乳的凝固性差。乳中含有抗生素、防腐剂时，会抑制乳酸菌的生长。使用乳房炎乳时由于其白细胞含量较高，对乳酸菌也有不同的噬菌作用。此外，原料乳掺假特别是掺碱，也会使乳不凝或凝固不好。牛乳中掺水，会使乳的总干物质降低，也会影响酸乳的凝固性。避免凝固性差的措施是必须把好原料验收关，杜绝使用含有抗生素、农药以及防腐剂或掺碱牛乳生产酸乳。对于干物质较低的牛乳，可适当添加脱脂乳粉，使干物质达 11% 以上，以保证质量。

2. 菌种质量要求

用于生产酸乳的发酵剂由两种不同的乳酸菌组成，即嗜热链球菌和保加利亚乳杆菌。前者呈球形，而后者呈杆状。所用菌种是由国务院卫生行政部门批准使用的菌种。要求发酵剂菌种比例适合，菌体活力、产酸力良好，确保菌种无杂菌污染。当酸乳菌种被噬菌体污染时，也会出现凝固性差。可采用经常更换发酵剂的方法加以控制。由于噬菌体对乳酸菌的选择作用，两种以上菌种混合使用可减少噬菌体危害。发酵剂活力弱或接种量太少也会造成酸乳的凝固性下降。现在酸乳智能化生产一般采用直投式干粉菌种，能够减少由于菌种原因引起的凝固型酸乳凝固性差的问题。对一些灌装容器上残留的洗涤剂（如氢氧化钠）和消毒剂（如氯化物）也要清洗干净，以免影响菌种活力，确保酸乳的正常发酵和凝固。

3. 辅料质量要求

（1）脱脂乳粉（全脂乳粉）　用作酸乳生产的脱脂乳粉质量必须高，要求无抗生素、防腐剂。添加脱脂乳粉可提高干物质含量，改善产品组织状态，促进乳酸菌产酸。全脂乳粉用于复原乳的调制，以缓解奶源不足，降低成本。一般添加量为 1%～1.5%。

（2）稳定剂　通常搅拌型酸乳生产中都要添加适量的稳定剂，目的是增加制成搅拌型酸乳的热稳定性，使其能长时间保持不发生分离沉淀。凝固型酸乳也有用稳定剂，一般有明胶、果胶、琼脂、变性淀粉、CMC 及复合型稳定剂，其添加量应控制在 0.1%～0.5%。

（3）糖　酸乳生产中加糖的目的是改善风味，同时可提高乳中干物质的含量和乳的稠度，有利于稳定酸乳的凝固性，使组织状态细致光滑。酸乳生产中一般用蔗糖作为甜味剂，其添加量可根据各地口味不同有所差异，一般以 6.5%～8% 为宜。过多的蔗糖会影响酸乳发酵时间，影响乳酸菌增殖。现在在酸乳生产中加甜味剂也愈来愈受欢迎，如果葡糖浆、阿斯巴甜、安赛蜜。

① 果葡糖浆：果葡糖浆是由植物淀粉水解和异构化制成的淀粉糖晶，是一种重要的甜味剂。果葡糖浆是一种完全可以替代蔗糖的产品，其风味与口感要优于蔗糖。果葡糖浆的甜度接近于同浓度的蔗糖，风味有点类似天然果汁。由于果糖的存在，具有清香、爽口的感觉。另外，果葡糖浆在 40℃ 以下时具有冷甜特性，甜度随温度的降低而升高。

② 阿斯巴甜（天门冬酰苯丙氨酸甲酯）：甜度为蔗糖的 100～200 倍。甜味纯正，无任何

异味。摄入后的消化、吸收和代谢过程不会造成龋齿，安全性较高。

③ 安赛蜜（乙酰磺胺酸钾，又称 AK 糖）：目前世界上第四代合成甜味剂。甜度为蔗糖的 200 倍，具有口感好，无热量，在人体内不代谢、不吸收，对热和酸稳定性好等特点。同时它和其他甜味剂具有协同作用，达到增甜 30%～50% 的效果。

（4）果料　常用果料形式很多，如果酱含糖量一般在 50% 左右；果肉粒度 2～8mm。果料 pH 应接近酸乳 pH，以防因果料的混入影响酸乳的质量。果料及调香物质在搅拌型酸乳中使用较多，而在凝固型酸乳中使用较少。

二、杀菌

1. 杀菌目的

① 杀灭原料乳中的杂菌，确保乳酸菌的正常生长和繁殖。

② 钝化原料乳中对发酵菌有抑制作用的天然抑制物。

③ 热处理使牛乳中的乳清蛋白变性，以达到改善组织状态、提高黏稠度和防止成品乳清析出的目的。

思考：酸乳生产杀菌条件与液态乳杀菌区别在哪里？

2. 杀菌条件

乳清析出是生产凝固型酸乳时常见的质量问题，其发生主要原因是杀菌处理不当，热处理温度偏低或时间不够，不能使大量乳清蛋白变性。通常变性乳清蛋白可与酪蛋白形成复合物，能容纳更多的水分且具有最小的脱水收缩作用。根据经验，原料乳的最佳热处理条件是 90～95℃、5min。UHT 加热处理（135～150℃、2～4s）虽能达到较好灭菌效果，但不能保证 75% 乳清蛋白变性，因此酸乳生产不宜用 UHT 加热处理。这也是一些厂家生产凝固型酸乳较多发生乳清析出的原因之一。

三、接种

热处理以后，牛乳冷却到 40～45℃，加入生产发酵剂，发酵剂为保加利亚乳杆菌和嗜热链球菌的混合菌种，其比例通常为 1∶1 或 1∶2。对风味酸乳而言，两种菌的比例可以调整到 1∶10，此时保加利亚乳杆菌的产香性能并不重要，酸乳香味主要来自添加的水果。由于菌种生产单位不同，杆菌与球菌的活力也不同，在使用时搭配比应灵活掌握。混合发酵剂发酵过程中能产生共生作用，促进发酵，大大加快发酵产酸。但由于所选择菌株不同或混合比例的不同，而表现出酸乳产酸强度与后酸化能力有显著的差异。接种过程是造成酸乳受微生物污染的主要环节，为防止霉菌、酵母菌、噬菌体和其他有害微生物的污染，必须使用无菌操作方式（图 4-9、图 4-10）。

工序3接种、灌装

一般接种量为 2%～4%，接种量受以下因素影响：a. 发酵的时间与温度，若发酵温度高，时间长可适当减少接种量，反之可适当增加接种量；b. 发酵剂的产酸能力，若发酵剂产酸能力强，应减少接种量，防止产酸过量；c. 产品冷却速度，冷却速度慢也应减少接种量，否则容易发酵过度；d. 原料乳质量（是否存在生长抑制剂）。酸乳生产不允许原料中存在乳酸菌生长抑制剂。

当接种操作不当会出现酸乳风味不良的问题，具体如下：

a. 无芳香味：主要由于菌种选择及操作工艺不当所引起。正常的酸乳生产应保证两种以上的菌混合使用并选择适宜的比例，任何一方占优势均会导致产香不足，风味变劣。

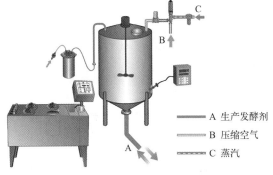

图 4-9　母发酵剂中间发酵剂的无菌转运　　图 4-10　从中间发酵剂到生产发酵剂罐的无菌转运

1—无菌过滤器；2—无菌注射器；
3—母发酵器瓶子；4—中间发酵器容器

　　b. 酸乳的不洁味：主要由发酵剂或发酵过程中污染杂菌引起。污染丁酸菌可使产品带刺鼻怪味，污染酵母菌不仅产生不良风味，还会影响酸乳的组织状态，使酸乳产生气泡。因此，必须严格保证卫生条件。

　　c. 当发酵剂活力弱或噬菌体污染还会导致酸乳凝固不良。现在酸乳智能化生产企业多采用直投式菌种可减少以上质量问题的出现。

四、灌装

　　接种后的牛乳经充分搅拌后立即连续地灌装到零售容器中。酸乳灌装容器可根据市场需要选择种类、大小和形状。在灌装前需对容器进行蒸汽灭菌，并要保持灌装室接近无菌状态。酸乳对包装的要求是耐低温、阻隔性好、饮用方便、有饮用附件等。由于酸乳本身 pH 值为 3.5～5，不利于细菌生长，与鲜乳相比，同样包装更易保质。

工序3接种、灌装

　　在现代智能化酸乳灌装线上，每隔一段时间，就有酸乳被智能设备"踢"出流水线。被"踢"出的酸乳，从肉眼上看不出它有任何问题。但通过成像系统捕捉每个瓶口的高度，瓶身与瓶盖缝隙大于 0.06mm 的话，机器会自动剔除。通过图像识别，把指令传送到踢奶器上，整个过程只需要 0.1s，大大提高了每瓶酸乳含量的精准度。

五、发酵

　　灌装后，容器被推入发酵室，乳酸菌经过物理、化学、生物化学等一系列反应过程，表现为蛋白质、脂肪轻度水解，使肽、游离氨基酸、游离脂肪酸增加。乳糖分解产生乳酸并产生乙醛、双乙酰等典型的风味成分，形成圆润、黏稠、均一的软质凝乳。

工序4发酵、冷却、冷藏后熟

1. 发酵温度与时间

　　发酵时的温度与时间对酸乳品质影响较大，发酵过程严格控制发酵的温度和时间。有保加利亚乳杆菌与嗜热链球菌的混合发酵剂时，酸乳最适发酵温度为 40～45℃，时间为 2.5～4h。发酵时间随菌种类型及接种剂量、发酵剂活性和培养温度等而异。

2. 发酵终点的判断

　　① 酸度判断　　滴定酸度达到 70°T 以上，乳酸度为 0.7%～0.8%，pH 值低于 4.6～4.7。（每隔 0.5h 抽样检测一次）

②　组织状态判断　倾斜酸乳容器，乳变黏稠。

③　乳清判断　酸乳已凝固，表面有少量水痕。

> **思考：** 发酵过度或不足会出现哪些质量问题？

3. 发酵时的注意事项

发酵应注意避免震动，否则会影响组织状态，发酵温度应恒定、均匀；掌握好发酵时间，防止酸度不够或过度以及乳清析出。

4. 发酵过程易出现的质量问题

（1）**凝固性差**　发酵温度与时间低于或高于乳酸菌发酵的最适温度与时间，都会使乳酸菌凝乳能力降低，从而导致酸乳凝固性下降。发酵室温度不均匀也会造成酸乳凝固性下降。因此生产中一定要控制好发酵温度与时间，并尽可能保持发酵室温度一致和恒定。

（2）**乳清析出**　发酵时间过长或过短，都容易出现乳清分离。若发酵时间过长，乳酸菌继续生长繁殖，产酸量不断增加，酸性的增强破坏了原来已形成的胶体结构，使其容纳的水分游离出来形成乳清上浮。发酵时间过短，乳蛋白质的胶体结构还未充分形成，不能包裹乳中原有的水分，也会形成乳清析出。因此，酸乳发酵时，应随时抽样检查，发现牛乳已完全凝固，就应该立即冷却，停止发酵。酸乳发酵受到温度、时间影响较大。

> **思考：** 酸乳的生产如何做到绿色环保？你有什么好的建议？

在生产线上的发酵装置采用智能化控制系统，能够准确地把控发酵的温度和时间，从而便于产生大量益生菌。亚洲最大的酸乳自动化生产单体工厂的生产和传统的乳制品生产大不一样。发酵车间是酸乳生产的核心车间，每天，几百吨新鲜牛乳在这里变成酸乳。然而，看不到传统乳制品工厂里蒸汽四溢的场景。所有产生的蒸汽和冷凝水实现了100%的回收，**实现了零排放**。不仅生产过程更加绿色环保，整个车间也看不到一个工人，在中央控制室由四位工程技术人员通过控制按钮，遥控几百吨酸乳的生产。大屏幕上，绿色代表正在运行，橘红色代表正在消毒。技术人员只需要把主程序启动起来，输入相应的参数，程序就会自动运行，生产有条不紊进行。

六、冷却、冷藏后熟

酸乳发酵终点后冷却的目的首先是抑制乳酸菌的生长，防止产酸过度，其次是降低脂肪上浮和乳清析出的速度，还能延长酸乳的保存期并使酸乳产生一种食后清凉可口的味觉。最好在 1～1.5h 内将温度降到 20℃ 以内。冷却速度过快会引起乳清的分离和降低乳成分中亲水性胶体的性能，过慢又会使发酵过度，凝固型酸乳的发酵和冷却如图4-11。

工序4发酵、冷却、冷藏后熟

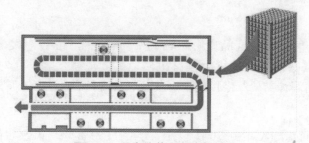

图4-11　混合培养室和冷却隧道

冷却后，2～7℃冷藏后熟。冷藏是酸乳凝固后产香阶段，也是后成熟阶段，在冷藏期间，风味成分双乙酰含量会上升，赋予酸乳清凉爽口的风味。冷藏期内，酸乳酸度仍会有所上升。一般从42℃冷却到5℃左右需要4h，其间酸度上升0.8%～0.9%，pH降至4.1～4.2；同时，研究表明，冷藏24h，风味成分双乙酰含量达到最高值，超过24h又会减少，所以酸乳一般冷藏24h后再出售，这段时间又称作后熟期。另外，冷藏可改善酸乳的硬度并延长保质期。酸乳要求冷链流通和销售，冷藏期为7～21d。

七、成品检验

我国低温短保质期食品（以下简称"短保食品"）面临出厂检验周期与保质期矛盾的问题，该类食品的保质期相对较短，低温发酵乳一般3～21天，而终产品的出厂检验需要2～5天。生产企业按照食品安全国家标准要求的所有项目进行终产品检测时，客观上无法做到待检测结果合格后再出厂放行。在满足消费者对短保产品需求和生产企业对于产品货架期期望的同时，短保产品的放行管理首先要在满足合规的基础上实施，重点要结合企业包括人员团队的既往经验、经营的历史数据、产品的特性风险和行业现状，保证严格的生产过程控制，对生产状态的质量稳定性评估，确认达到足够的安全稳定性，方可开启短保产品的放行之门。

思考：如何能保障短保产品的质量及消费者的权益？

检验提升

一、单选题

1. 凝固型酸乳生产中，原料乳的乳固体含量一般要求不低于（　　）。
   A. 8%　　　　B. 10%　　　　C. 12%　　　　D. 14%
2. 以下有助于凝固型酸乳凝固的添加剂是（　　）。
   A. 蔗糖　　　B. 明胶　　　　C. 柠檬酸　　　D. 抗坏血酸
3. 凝固型酸乳生产中，为了使口感更细腻，通常会进行（　　）操作。
   A. 均质　　　B. 离心　　　　C. 浓缩　　　　D. 喷雾干燥

二、简答题

1. 简述凝固型酸乳发酵终点的判断方法。
2. 酸乳发酵时加白砂糖的目的是什么？

项目2　搅拌型酸乳生产

项目描述

搅拌型酸乳是指将经过预处理的原料乳接种发酵剂后先在发酵罐中发酵至凝乳，在罐装前将果酱等辅料与发酵后的酸乳凝胶体搅拌混合均匀，然后分装入容器内，再经冷却后熟而得到的酸乳制品。搅拌型酸乳与普通酸乳相比具有口味多样化、营养更为丰富的特点。本项目学习搅拌型酸乳的发酵、冷却搅拌、加果料、灌装等工艺及质量控制。搅拌型酸乳生产与凝固型酸乳的区别就是发酵后经搅拌破乳后，加果料灌装。其他工艺与凝固型酸乳相同，因此只对搅拌型酸乳与凝固型酸乳不同之处进行介绍。

 相关标准

① GB 19302—2010　食品安全国家标准 发酵乳。
② GB 12693—2023　食品安全国家标准 乳制品良好生产规范。
③ GB 2760—2024　食品安全国家标准 食品添加剂使用标准。

 工艺流程

搅拌型酸乳生产工艺流程和设备见图 4-12 和图 4-13。

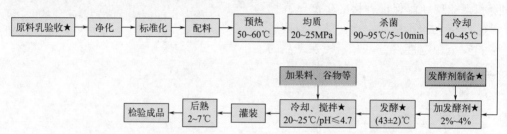

图 4-12　搅拌型酸乳生产工艺流程图（★为关键质量控制点）

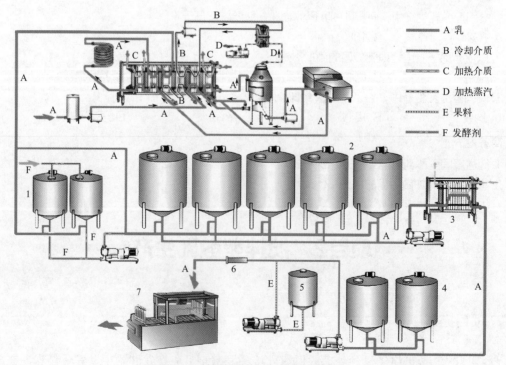

图 4-13　搅拌型酸乳生产设备流程图

1—生产发酵剂罐；2—发酵罐；3—片式热交换器；4—缓冲罐；5—果料/香料；6—混合器；7—包装

关键技能

一、发酵

与凝固型酸乳不同的是搅拌型酸乳的发酵是在发酵罐（图 4-14）进行的，利用罐周围夹层的热媒体来维持恒定温度，热媒体温度可随发酵参数而变化。发酵罐带保温装置，设有温度计和 pH 计。pH 计可控制罐中的酸度，当酸度达到一定值后，pH 计就传出信号。若在大缸中发酵，则应控制好发酵间的温度，避免忽高忽低。发酵间上部和下部温差不要超过 1.5℃。同时，发酵缸应远离发酵间的墙壁，以免局部过度受热。

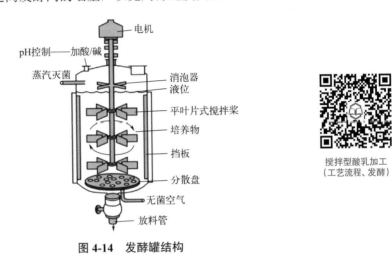

图 4-14　发酵罐结构

1. 发酵条件

典型搅拌型酸乳生产的培养条件为 42～43℃，2.5～3h。冷冻和冻干菌种直接加入酸乳培养罐时发酵温度采用 43℃，培养时间在 4～6h，主要考虑到干粉发酵剂迟滞期较长。

2. 发酵质量问题

搅拌型酸乳生产时，当原料选择处理、杀菌、发酵等工艺控制不当，就会出现一些质量问题。

> 思考：生产过程如何监控才能避免搅拌型酸乳的质量问题？

（1）组织砂状　酸乳组织外观上有许多砂状颗粒存在，不细腻。产生砂状的原因有发酵温度过高或搅拌温度过高；发酵剂（工作发酵剂）的接种量过大，常大于 3%；原料乳干物质含量过高或添加乳粉质量差，均质效果不好；杀菌的时间过长。在制作搅拌型酸乳时，应选择适宜的发酵温度，采用适当均质条件，控制好杀菌条件，避免原料乳受热过度，采用优质乳粉，避免干物质过多和较高温度下的搅拌。

（2）乳清析出　酸乳的国家标准规定酸乳允许有少量的乳清析出，但大量的乳清析出属于不合格产品。发生乳清分离的原因有乳中干物质、蛋白质含量、脂肪含量过低或均质效果不好；接种温度过高，菌种黏度低；发酵过程中凝胶组织遭受破坏，如酸乳发酵过度、冷却温度不适、振荡等；乳配方中没加稳定剂或用量过少，也容易发生搅拌型酸乳的乳清析出。

3. 发酵罐操作与维护

发酵罐作为培养乳酸菌的生物反应装置，是进行乳酸菌发酵的特殊设备，用于酸乳生产。发酵罐在使用的过程中，必须正确操作，否则对发酵罐以及乳酸菌生长等均会造成不良的影响。

（1）发酵罐的使用　发酵罐使用前，罐内须用热水清洗干净，然后用蒸汽消毒，物料浆液由固定在缸盖上的物料管进入缸内，或开启缸盖倒入，物料不宜装得太满，以免物料被搅拌时外溅，造成环境不卫生或损失。加热时必须关闭冷媒进管阀门，放进夹套内的剩余冷媒，再输入物料，开启搅拌器，然后开启蒸汽阀门。到达所需温度后应先关闭蒸汽阀门，过2~3min后，再关闭搅拌器。冷却时关闭发酵罐蒸汽阀门，放尽夹套剩余蒸汽冷凝水，再打开发酵罐罐底冷却阀门，使冷媒从夹套通过，降低罐内物料的温度。根据所需温度，开动搅拌器，调整阀门，保持温度（注意温度表），以便达到保温之目的。

（2）发酵罐的维护保养　发酵罐的精密过滤器，一般使用期限为半年。如果过滤阻力太大或失去过滤能力以致影响正常工作，则需清洗或更换。清洗发酵罐时，应用软毛刷进行刷洗，不要用硬器刮擦，以免损伤发酵罐表面。发酵罐配套仪表应每年校验一次，以确保能正常使用。发酵罐的电器、仪表等电气设备严禁直接与水、汽接触，防止受潮。发酵罐停止使用时，应及时清洗干净，排尽发酵罐及各管道中的余水；松开发酵罐罐盖及手孔螺丝，防止密封圈产生变形。发酵罐的操作平台、恒温水箱等碳钢设备应定期（一般一年一次）刷油漆，防止锈蚀。经常检查减速器油位，如果润滑油不够，需及时增加。定期更换减速器润滑油，延长其使用寿命。如果发酵罐暂时不用，则需对发酵罐进行空消，并排尽罐内及各管道内的余水。

（3）发酵罐使用注意事项　必须确保发酵罐的所有单件设备能正常运行时，再使用发酵系统。消毒过滤器时，流经空气过滤器的蒸汽压力不得超过0.17MPa，否则过滤器滤芯会被损坏，失去过滤能力。在发酵过程中，应确保发酵罐罐压不超过0.17MPa。在实消过程中，夹套通蒸汽预热时，必须控制进汽压力在设备的工作压力范围内（不应超过0.2MPa），否则会引起发酵罐的损坏。发酵罐在空消及实消时，一定要排尽发酵罐夹套内的余水，否则可能会导致发酵罐内筒体压扁，造成设备损坏；在实消时，还会造成冷凝水过多导致培养液被稀释，从而无法达到工艺要求。在空消、实消结束后的冷却过程中，严禁发酵罐内产生负压，避免造成污染，甚至损坏发酵罐。在发酵过程中，发酵罐的罐压应维持在0.03~0.05MPa之间，避免引起污染。发酵罐操作过程中，必须保持空气管道中的压力大于发酵罐的罐压，否则会引起发酵罐中的液体倒流进入过滤器中，堵塞过滤器滤芯或使过滤器失效。

二、冷却、搅拌

发酵至终点后，为防止产酸过度，稳定酸乳的组织状态，降低乳清析出速度，应立即进行冷却。

1.冷却条件

在酸乳完全凝固（pH 4.6~4.7）后冷却过程应稳定进行，冷却过快将造成凝块收缩迅速，导致乳清分离，冷却过慢则会造成产品过酸和添加果料脱色。冷却可分为4个阶段（20~30min）。

（1）温度从40~45℃降至35~38℃　为了有效而迅速地使细菌增殖递减，可适当加强冷却强度。细菌因处于对数增殖期，所以对环境的变化特别敏感。可用板式或管式冷却器进行冷却，使胶体温度迅速从40~45℃降到35~38℃。添加冷却的或深度冷却的果蔬等原料，有助于加速槽内的冷却速度。

（2）温度从35~38℃降至19~20℃　该阶段冷却的目的是阻止乳酸菌生长。一般乳酸杆菌比链球菌对冷却敏感，但在酸度达100～112.5°T时，链球菌也会受抑制。

（3）温度从19～20℃降至10～12℃　该阶段乳酸发酵速度减慢。

（4）温度从10～12℃降低至5℃　贮藏温度下的冷却，该阶段可有效地抑制酸度的上升和酶的活性。发酵温度42℃冷却至

> **思考**：搅拌型酸乳发酵后冷却搅拌的适宜温度是多少？

15～20℃，可以暂时阻止酸度的进一步增加。而后混入香味剂或果料灌装，冷却至10℃以下。冷却温度会影响灌装充填期间酸度的变化，当生产批量大时，充填所需的时间长，应尽可能降低冷却温度。冷却方式酸乳的黏稠度高，但由于发酵罐中的凝乳先后被冷却，造成酸化现象严重，质地差别大。在生产搅拌型酸乳时，通常开始冷却时的凝乳酸度小于实际成品酸度，以减少后酸化对产品酸度的影响。

2. 搅拌方式

搅拌型酸乳的冷却可采用板式冷却器、管式冷却器、表面刮板式热交换器、冷却缸等冷却。若采用夹套冷却，搅拌速度不应超过48r/min，从而使凝乳组织结构的破坏减小到最低限度。为确保成品具有理想的黏稠度，对凝块的机械处理必须柔和。为了确保产品质量均匀一致，泵和冷却器的容量应恰好能在20～30min内排空发酵罐。搅拌是指通过机械力破坏凝胶体，使凝胶体的粒子直径达到0.01～0.4mm，同时使酸乳的硬度和黏度及组织状态发生变化。搅拌还可使果料等辅料与酸乳凝胶体混合均匀，搅拌属于物理处理过程，但也会引起一些化学变化。因为酸乳凝胶体属于假塑性凝胶体，剧烈的机械力或过长时间的搅拌会使酸乳硬度和黏度降低，乳清析出。若混入大量空气还会引起分离现象。

（1）搅拌方法　常用的螺旋桨搅拌器（图4-15）每分钟转速较高，适合搅拌较大量的液体。涡轮搅拌器（图4-16）是在运转中形成放射性液流的高速搅拌器，也是制造液体酸乳常用的搅拌器。在凝胶结构上，采用损伤最小的手动搅拌可得到较高的黏度，手动搅拌一般用于小规模生产。机械搅拌使用宽叶片搅拌器，搅拌过程中应注意既不可过于激烈，又不可搅拌过长时间。搅拌应注意凝胶体的温度、pH值及固体含量等。通常用两种速度进行搅拌，开始用低速，以后用较快的速度。

图4-15　螺旋桨搅拌器

图4-16　涡轮搅拌器

（2）搅拌质量控制

① 温度　搅拌的最适温度0～7℃，此时适于亲水性凝胶体的破坏，可得到搅拌均匀的凝固物，既可缩短搅拌时间还可减少搅拌次数。在20～25℃的中温区域进行搅拌时，酸乳凝胶体的黏度随着搅拌的进行逐渐减小，但机械应力消失后，凝胶粒子可以重新配位，从而使黏稠度再度增大，这个过程有助于提高酸乳的黏稠度。若在38～40℃进行搅拌，凝胶体易形成薄片状或砂质结构等缺陷。

根据以上分析，结合生产实际，若要使40℃的发酵乳降到0～7℃不太容易，所以开始搅拌时发酵乳的温度以20～25℃为宜。

② pH　酸乳的搅拌应在凝胶体的pH值达4.7以下时进行，若在pH4.7以上时搅拌，则因酸乳凝固不完全、黏性不足而影响其质量。

> 思考：如何能制作出口感细腻的搅拌型酸乳？

③ 干物质　较高的乳干物质含量对搅拌型酸乳防止乳清分离能起到较好的作用。

④ 管道流速和直径　凝胶体在经管道输送过程中应以低于0.5m/s的层流形式出现。若以高于0.5m/s的湍流形式出现，胶体的结构将受到严重破坏。破坏程度还取决于管道长度和直径。管道直径不应随着包装线的延长而改变，尤其应避免管道直径突然变小。

（3）搅拌操作控制不当常出现的质量问题

① 乳清析出　酸乳搅拌速度过快，过度搅拌或泵送造成空气混入产品，都将造成乳清分离。采取的措施是应选择合适的搅拌器搅拌并注意降低搅拌温度。同时可选用适当的稳定剂，以提高酸乳的黏度，防止乳清分离，其用量为0.1%～0.5%。

② 风味不良　在搅拌过程中因操作不当而混入大量空气，造成酵母菌和霉菌的污染。酸乳较低的pH虽然抑制几乎所有细菌生长，但适于酵母菌和霉菌的生长，造成酸乳的变质和产生不良风味。

三、加果料

1. 酸乳与果料的混合方式

（1）间歇混料法　在罐中将酸乳与杀菌的果料（或果酱）用螺旋搅拌器混匀，此法用于生产规模较小的企业。

（2）连续混料法　果蔬、果酱和各种类型的调香物质等可在酸乳自缓冲罐到包装机的输送过程中加入，这种方法可通过一台变速的计量泵将杀菌的果料连续加入酸乳中。果蔬混合装置（图4-17）固定在生产线上，计量泵与酸乳给料泵同步运转，保证酸乳与果蔬混合均匀，是搅拌型酸乳常用的果料混合方法。混合均匀的酸乳和果料，直接流入灌装机进行灌装。果料应尽可能均匀一致，并且可以加果胶作为增稠剂，果胶的添加量不能超过0.15%，相当于在成品中含0.05%～0.15%的果胶。

搅拌型酸乳加工（加果料、灌装）

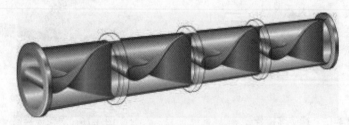

图4-17　安装在管道上的果料混合装置

2. 果酱生产工艺

原料进厂要按各自标准要求进行验收。严格按照配方要求进行定量称重，食品添加剂必须符合GB 2760的要求，称量误差≤1%，并分别盛放在各自的容器内。

将果料破碎榨汁，萃取浓缩，调配澄清后杀菌，对带固体颗粒的果料或整个浆果进行充分的巴氏杀菌时，可以使用刮板式热交换器或带刮板装置的罐。杀菌温度应能钝化所有有活性的微生物，而不影响水果的味道和结构。热处理后的果料在无菌条件下灌入灭菌的容器中是十分重要的，搅拌型酸乳经常由于果料没有足够的热处理引起再污染而导致产品腐败。

四、灌装

酸乳可根据需要确定包装量和包装形式及灌装机。混合均匀的酸乳和果料，直接流入灌装机进行灌装。包装酸乳的包装机类型很多，生产要求包装能力与巴氏杀菌容量要匹配，以使整个车间获得最佳的生产条件。酸乳灌装容器可根据市场需要选择包装材料种类、包装大小和形状。在灌装前需对容器进行蒸汽灭菌，并要保持灌装室接近无菌状态。酸乳对包装容器的要求是耐低温、阻隔性好、饮用方便、有饮用附件等。由于酸乳本身 pH 值为 3.5~5，不利于细菌生长，与鲜乳相比，同样包装更易保质。

搅拌型酸乳加工
（加果料、灌装）

搅拌型酸乳通常采用塑料杯装或屋顶形纸盒包装。酸乳塑料杯包装凭借刚性较好、外观高雅、表面光洁度好、油墨印刷附着力强、耐低温性能优异等特点，这些年来保持较快的发展势头。联杯包装有四联杯、六联杯、十二联杯等，联杯包装包括杯身和标签，杯身材料为 PS 片材吸塑成型，盖膜材料为铝塑复合膜，环标签有纸张膜内贴标签和收缩膜标签。在灌装过程中，PS 片材塑杯成型、贴标、灌装、压盖膜和打印日期一次完成。为了适应市场发展，它也采取了一些别具一格的包装形式，如子母型双杯、儿童型联杯、多风味联杯包装、联杯加分层灌装及儿童棒装包装。

塑料瓶包装一是 BOPP（双向拉伸聚丙烯薄膜）包装，BOPP 瓶具有优异的耐高温性，耐热温度超过 100℃，可经受超高温瞬时杀菌，也可以进行二次高温灭菌，瓶子不变形，而且质量轻、透明、耐低温性也好，适合北方低温气候环境下使用，不易破碎；二是 HDPE（高密度聚乙烯）瓶包装，相对成本较低，塑料瓶包装采用收缩标签或贴标来装潢。玻璃瓶和瓷瓶是传统发酵酸乳的典型包装形式，包装回收不便，难清洗，现在应用较少。

将罐装好的酸乳于冷库中 0~7℃冷藏 24h 进行后熟，进一步促使芳香物质的产生和改善黏稠度。要求与凝固型酸乳相同。

现代化智能酸乳生产工厂，在酸乳出厂前，需要在每个产品的外包装上附上条形标码，相当于一个"身份证"。通过这个"电子追溯系统"，使得生产线、生产批次、生产日期、厂家、产地等一目了然，清除消费顾虑，让消费者明白消费，喝得更放心！

> 【酸乳界宠儿——常温酸乳】
>
> 低温酸乳必须冷藏保存，同时保质期也比较短。为了提升酸乳储存及运输的便利性，常温酸乳工艺应运而生。常温酸乳的工艺流程和低温酸乳基本相近，只是在灌装前又增加了一道巴氏杀菌（二次巴杀）步骤。经热处理后，酸乳中的乳酸菌及其他杂菌大部分被杀死，无菌灌装后该类型酸乳可以在常温下存放达 6 个月。
>
> 常温酸乳将发酵后的酸乳经热处理，酸乳中破坏比较多的是不耐热的水溶性维生素，成分中的乳清蛋白和酪蛋白发生钝化，酶被破坏，氨基酸部分分解，对风味略有影响，但是，主要的营养成分影响较小。对比酸乳营养标签中的营养成分含量，也可看出市售的常温酸乳与低温酸乳相差不大。

常温酸乳与低温酸乳的营养价值相近，没有高低之分，它们满足的是不同的消费者需求。低温酸乳因含有益生菌，突出了调节肠道和乳糖耐受的功能性。常温酸乳的食品安全风险更小，出行携带也更方便。市售的酸乳产品，无论是上述哪种类型，只要符合我国发酵乳的食品安全标准，都是可以放心购买的产品。常温酸乳的出现，在一定程度上改变了消费者对酸乳的认知，也让行业诞生了百亿级的常温酸乳大单品。追溯数年前的普通酸乳，市场上不少产品主要通过明胶等胶质物质来提升产品的黏稠度，而如今，在行业高端化趋势以及新消费需求下，不仅在配料上直逼鲜乳，在制造工艺和添加成分上也是尽可能地缩小、减少，兼备健康和功能性。常温酸乳的出现让酸乳这一品类突破了冷链的限制，以保质期较长的特点满足了冷链不完善的城乡消费需求。同时根据中国消费者体质，提供了乳糖不耐受人群和肠胃功能偏弱人群更为多元和人性化的选择，有着较大的受众面。

总体来说，常温储存既是这类酸乳最大的特点，也是最基础的特点，如何更好地在常温特点之外形成自己的核心竞争力，是所有常温酸乳品牌共同面临的问题。常温酸乳发展多年，不是一个新品类，但却是一个需要持续创新的品类。纵观当下常温酸乳市场的创新，多集中在口味以及包装上，而要想在这两个方面做出变化，技术上并没有太大难度，此类产品的长期竞争，品牌的渠道拓展、产品策略以及产品影响力打造方面的实力，或占据着重要位置。

 检验提升

一、单选题

1. 在搅拌型酸乳生产过程中，添加果料的最佳时间是（　　）。
   A. 发酵前　　　　B. 发酵中　　　　C. 发酵后　　　　D. 均质后
2. 如果搅拌型酸乳出现乳清分离现象，可能是因为（　　）。
   A. 搅拌过度　　　B. 增稠剂添加过多　C. 发酵时间过短　D. 果料添加不当
3. 搅拌型酸乳在发酵完成后，通常需要进行（　　）操作破坏凝乳状态。
   A. 加热　　　　　B. 冷却　　　　　C. 搅拌　　　　　D. 添加酶制剂

二、简答题

1. 试述搅拌型酸乳出现乳清分离的原因及控制办法。
2. 试述搅拌型酸乳生产工艺流程。

项目3　乳酸菌饮料生产

 项目描述

乳酸菌饮料是指以乳或乳制品为原料，经乳酸菌发酵制得的乳液中加入水，以及白砂糖或甜味剂、酸味剂、果汁、茶、咖啡、植物提取液等的一种或几种调制而成的饮料,分为活性和非活性两种。活性乳酸菌饮料的蛋白质含量虽然只有酸乳的1/3左右,但所含的益生菌耐酸及生长活性较强,对肠胃保健有很好的作用。乳酸菌饮料的关键生产工序是调配,非活性乳酸菌饮料的关键工序是后杀菌,前期生产工艺与酸乳生产有很大相似之处。通过虚拟仿真平台模拟调配和后杀菌工序加强乳酸菌饮料生产工艺流程及质量控制实践训练,完成乳酸菌饮料生产及记录单填报等具体工作内容。

相关标准

① GB/T 21732—2008 含乳饮料。
② NY/T 799—2004 发酵型含乳饮料。

国标将"乳酸菌饮料产品"修改为"添加菌种的产品",要求添加菌种的产品需标明活菌(未杀菌)型或非活菌(杀菌)型。明确要求添加乳酸菌的活菌(未杀菌)型产品在标签上要标示"乳酸菌含量",添加乳酸菌的活菌(未杀菌)型饮料产品乳酸菌数应≥10^6CFU/g(mL),新增"冷冻"产品贮存和运输的条件要求。

工艺流程

乳酸菌饮料的加工工艺流程见图4-18。

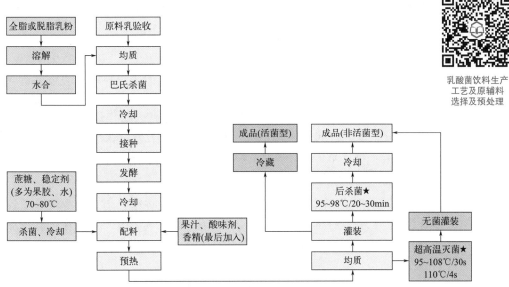

图4-18 乳酸菌饮料的加工工艺流程图(★为关键质量控制点)

关键技能

一、原辅料选择及处理

1.原料乳

可用鲜乳、浓缩乳、脱脂乳粉和无糖炼乳(以脱脂乳粉为好),不得含有阻碍发酵的物质。建议发酵前将调配料中的非脂乳固体含量调整到 8.5% 左右，可通过添加脱脂乳粉或蒸发原料乳或超滤，或添加酪蛋白粉、乳清粉等来实现。

2. 甜味剂

以白砂糖为主，添加 13% 蔗糖不仅使饮料酸中带甜，而且糖在酪蛋白表面形成被膜，可提高酪蛋白与其他分散介质的亲水性，并能提高乳酸菌饮料密度，增加黏稠度，有利于酪蛋白在悬浮液中的稳定性。

3. 酸味剂

若需加酸，以柠檬酸为主，也可添加苹果酸等，添加柠檬酸等有机酸类是引起饮料产生沉淀的因素之一。因此，须在低温条件下添加，使其与蛋白质胶粒均匀缓慢地接触。另外，搅拌速度要快。一般酸液以喷雾形式加入。

思考：你仔细观察过乳酸菌饮料的配料表吗？都有哪些？

4. 稳定剂

一般使用耐酸性的羧甲基纤维素钠、海藻酸丙二醇酯（PGA）、果胶等。添加稳定剂可起到防止蛋白质沉淀；调整黏度；防止乳清析出；改善组织状态；增强硬度；防止饮料分层或沉淀等作用。稳定剂的添加可以采用稳定剂与白砂糖预混后加入液体物料或者少量液体将稳定剂溶解后加入或一边搅拌一边加入粉末状稳定剂。

在长货架期乳酸菌饮料中最常用的稳定剂是果胶或果胶与其他稳定剂的混合物。要使果胶发挥应有的稳定作用，必须保证果胶能完全分散并溶解于溶液中。

5. 果蔬料

为了强化饮料的风味与营养，常常加入一些果蔬原料。如果果料本身的质量差或配制饮料时处理不当，会使饮料在保存过程中出现变色、褐色、沉淀、污染杂菌等质量问题。因此，在选择及加入这些果蔬物料时应注意杀菌处理。为起到灭酶作用，通常在沸水中放置 6~8min。经灭酶后打浆或取汁再与杀菌后的原料乳混合。另外，在生产中可适当加入一些抗氧化剂，如维生素 C、维生素 E、儿茶酚、EDTA 等，以增强果蔬色素的抗氧化能力。

6. 香精色素

乳酸菌饮料中常用香精包括牛乳香精、乳酸香精、酸乳香精、巧克力香精以及各种水果香精等；增香剂主要有乙基麦芽酚、香兰素等。添加量为 0.2%~0.3%，需在低温下加入。

二、后杀菌

乳酸菌饮料属于高酸食品，采用高温短时巴氏杀菌即可得到商业无菌，也可用更高的杀菌条件如 95~108℃、30s，或 110℃、4s。发酵调配后的杀菌目的是延长饮料的保存期。经合理杀菌、无菌灌装后的饮料，在常温下其保存期可达 3~6 个月。生产厂家可根据自己的实际情况，对以上杀菌条件做相应的调整，对塑料瓶包装的产品来说，一般灌装后采用 95~98℃、20~30min 的杀菌条件，然后进行冷却。活性乳酸菌饮料则不需要后杀菌，由于其没有后杀菌的过程，因此生产工艺过程卫生有十分严格的要求。原料乳的质量必须合格并保证杀菌条件，所有设备、管路必须保证杀菌合格，生产环境的空气细菌数应≤300CFU/m^3，酵母菌、霉菌≤50CFU/m^3；注意个人卫生并定期检查、检验；各种原辅料在混合前应尽可能做到商业无菌状态，所经过的管路杀菌必须合格；包装材料在进厂之前要按要求严格检验，确保包材质量合格。同时，活性乳酸菌饮料必须在冷链下销售、储存。

三、成品检验

乳酸菌饮料的检测主要包括微生物检测和化学成分检测。微生物学检测是评估乳酸菌饮料中活性乳酸菌数量、种类及其稳定性的一种方法。最常用的方法是通过培养分离和数量计数，确定饮料中活性乳酸菌的存在和数量，还可以利用分子生物学技术，如PCR等，对乳酸菌进行快速鉴定和定量。化学成分检测主要是确定乳酸菌饮料中其他重要成分的含量，如乳酸、乙酸、糖分、蛋白质、脂肪等。这些指标的检测可以帮助判断饮料的口感、稳定性和营养价值。

生产厂家的自检要求，一般来说，会根据自身的质量管理体系和风险评估结果，制定相应的自检方案。其次是监管部门的要求，国家对于食品饮料行业也有相应的监管标准，生产厂家需要根据相关法律法规要求制订检测计划，同时考虑乳酸菌饮料的生产环境、存储条件等因素，如果生产环境存在较大风险或者饮料容易受到外界污染，那么检测频率可能需要增加。

> **思考：** 你认为生产出合格的乳酸菌饮料需要哪些必要条件？

四、乳酸菌饮料的质量控制

1. 活菌数

活性乳酸菌饮料要求每毫升饮料中含活的乳酸菌100万个以上。欲保持较高活力的菌，发酵剂应选用耐酸性强的乳酸菌种（如嗜酸乳杆菌、干酪乳杆菌）。为了弥补发酵本身的酸度不足，需补充柠檬酸，但是柠檬酸的添加会导致活菌数下降，必须控制柠檬酸的使用量。苹果酸对乳酸菌的抑制作用小，与柠檬酸并用可以减少活菌数的下降，同时又可改善柠檬酸的涩味。

2. 沉淀

沉淀是乳酸菌饮料最常见的质量问题。乳蛋白中80%为酪蛋白，其等电点为4.6。乳酸菌饮料的pH值在3.8～4.2之间，此时，酪蛋白处于高度不稳定状态。此外，在加入果汁、酸味剂时，若酸浓度过大，加酸时混合液温度过高或加酸速度过快及搅拌不均匀等均会引起局部过分酸化而发生分层和沉淀。

（1）均质 均质可使酪蛋白粒子微细化，抑制粒子沉淀并可提高料液黏度，增强稳定效果。但经均质后的酪蛋白微粒，因失去了静电荷、水化膜的保护，使粒子间的引力增强，增加了碰撞机会，容易聚成大颗粒而沉淀。因此，均质必须与稳定剂配合使用，方能达到较好效果。

（2）添加稳定剂 稳定剂不仅能提高饮料的黏度，防止蛋白质粒子因重力作用下沉，更重要的是它本身是一种亲水性的高分子化合物，在酸性条件下与酪蛋白结合形成胶体保护，防止凝集沉淀。此外，由于牛乳中含有较多的钙，在pH值降到酪蛋白的等电点以下时以游离钙状态存在，Ca^{2+}与酪蛋白之间易发生凝集沉淀。故添加适当的磷酸盐可使其与Ca^{2+}形成螯合物，起到稳定作用。常使用的乳酸菌饮料稳定剂有羧甲基纤维素钠、藻酸丙二醇酯等，两者以一定比例混合使用效果更好。

（3）添加蔗糖 作用同前。

（4）添加有机酸 作用同前。

3. 脂肪上浮

在采用全脂乳或脱脂不充分的脱脂乳作原料时由于均质处理不当等会引起脂肪上浮，应改进均质条件，同时可选用酯化度高的稳定剂或乳化剂如卵磷脂、单硬脂酸甘油酯、脂肪酸蔗糖酯等。最好采用含脂率较低的脱脂乳或脱脂乳粉作为乳酸菌饮料的原料。

4. 果蔬料质量控制

强化乳酸菌饮料的风味与营养加入一些果蔬原料，应注意杀菌处理，为了防止果蔬变色，可加入一些抗氧化剂。

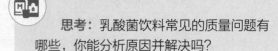

思考：乳酸菌饮料常见的质量问题有哪些，你能分析原因并解决吗？

5. 卫生管理

引起乳酸菌饮料变质的因素主要是酵母菌的污染。酵母菌繁殖会产生二氧化碳，并形成酯臭味和酵母味等不愉快气味。霉菌耐酸性很强，也容易在乳酸菌饮料中繁殖并产生不良影响。酵母菌、霉菌的耐热性弱，通常在60℃、5～10min加热条件下即被杀死，所以，制品中出现的污染，主要是二次污染所致。使用蔗糖、果汁的乳酸菌饮料其加工车间的卫生条件必须符合有关要求，以避免制品二次污染。

 检验提升

一、单选题

1. 乳酸菌饮料中乳酸菌的主要作用是（　　）。
A. 增加甜味　　　　B. 提供能量　　　　C. 调节肠道菌群　　　　D. 改善色泽
2. 乳酸菌饮料的蛋白质含量一般不低于（　　）。
A. 0.5%　　　　B. 0.7%　　　　C. 1.0%　　　　D. 1.2%
3. 乳酸菌饮料中，为了保证乳酸菌的活性，储存温度最好在（　　）。
A. −18℃以下　　　　B. 0～4℃　　　　C. 10～15℃　　　　D. 20～25℃

二、简答题

1. 简述乳酸菌饮料的概念。
2. 影响乳酸菌饮料质量的因素有哪些？

 拓展知识

一、无糖酸乳

酸乳概念更新，新品上市速度很快，在众多标签之中"无糖"成为不少品牌的关注点。目前市场上的无糖酸乳，大多是指不额外添加游离糖的酸乳，为了改善酸乳口感，有些品牌选择使用代糖。

思考：无糖酸乳的市场优势在哪里？

1. 无蔗糖酸乳和普通酸乳的区别

无蔗糖酸乳，与普通酸乳相比其不含蔗糖，热量更低，但不代表没有甜味，可能使用了代糖调味，避免味道过酸。普通酸乳食用后升糖指数较高，不适合减肥人群和糖尿病患者食用。无蔗糖酸乳加入代糖，味道和平时酸乳不同。

2. 零蔗糖酸乳优点

① 无蔗糖酸乳生产工艺不添加蔗糖，而使用木糖醇替代，能量低，适合减脂期食用。

② 零蔗糖酸乳中多添加了木糖醇,这种代糖食物可以减少牙齿的酸蚀,防止龋齿和减少牙斑的产生,巩固牙齿。

③ 酸乳具有大量促进胃肠蠕动的益生菌,能够缓解胃肠道便秘的情况,同时这些益生菌还能够有效抑制肠道内腐败的大肠杆菌等,可以调节肠道内的菌群,有养护肠道的好处。

④ 酸乳的酸味甜味能够促进胃液的分泌,提高食欲,促进和加强胃肠道的吸收和消化功能。

3. 无糖酸乳未来竞争方向

无糖酸乳迎合了健康、营养等需求,也与一众含糖酸乳形成了区别。不添加糖类等甜味剂,酸乳产品的口感势必会大打折扣,这也是不少真正的无糖酸乳口味偏酸、有酸涩口感的原因之一。但现实是,消费者既无法放弃对美味的追求,又对健康提出了更高的要求,既要兼顾美味无负担,又要健康整洁、无添加的配料表。因此,寻求健康和美味的平衡,如何做到真正无糖,同时又兼顾美味,解决无糖酸乳过酸的问题是需要突破的,在维持无糖与酸乳口感平衡的基础上,可以从工艺创新、功能附加、菌种的选择、奶源的品质等角度出发,凸显产品优势、打造品牌竞争力。

二、功能性酸乳

功能性酸乳是添加了某些营养成分或功能性成分的酸乳,可以有针对性地改善生理功能、有益身体健康。与传统酸乳相比,功能性酸乳明显具备更大的吸引力。一方面,功能性酸乳在保证基础酸乳优势的同时,又为酸乳增加了新的卖点,比如维持血糖水平、增强免疫力等。另一方面,功能性酸乳比较符合现在的消费需求,迎合了当下功能性食品发展的大趋势。另外值得一提的是,功能性酸乳让酸乳走向了高端化,也让酸乳的品质和价值得到了提升。

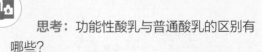

思考: 功能性酸乳与普通酸乳的区别有哪些?

岗位拓展

乳品评鉴师发酵乳感官评定结合中国乳制品工业行业规范《发酵乳感官评鉴细则》(RHB 104—2020)进行感官评鉴。

一、样品准备

1. 样品基本要求

① 所有供感官评鉴的样品应严格按照相同的处理方法和制备程序准备,样品之间不得存在差异。

② 在评鉴过程中应给每位评鉴人员相同体积、相同质量、相同形状(适用于凝固型)的样品进行评鉴,提供样品的量应根据样品本身的情况、结合感官评鉴指标来确定。

③ 供感官评鉴人员评鉴的样品温度适宜,并且分发给每位评鉴人员的样品温度一致。

④ 供评鉴的样品应采用随机的三位数编码,避免使用喜爱、忌讳或容易记忆的数字。

⑤ 评鉴中盛装样品的容器应采用统一规格、相同颜色的无味容器。

2. 样品制备

评鉴前将样品从冷藏环境中取出(常温产品置于室温环境即可),轻微搅拌均匀(凝固型发酵乳直接用无味的勺子取样）后取 30g 左右样品置于透明无味的品评杯中（含有颗粒的发酵乳需要控制每杯样品中颗粒的均匀度，样品量可适当放宽至 40g 左右）。

3. 样品温度要求

冷藏产品评鉴时样品温度控制在 10～15℃，常温产品评鉴时样品温度控制在 20～25℃。

二、评鉴要求

1. 操作步骤

在灯光下观察色泽、组织状态，进行发酵乳色泽、组织状态的评分。对于凝固型发酵乳在评价组织状态时，需用勺子反复摁压样品表面，评价样品的质地坚硬度及弹性，以及观察取样时的切面平整性。之后闻其气味，然后用温开水漱口，再品尝样品滋味。

2. 评分标准

发酵乳的感官特征评分按表 4-1 进行。

表 4-1 发酵乳评分标准

项目	特征		得分
	凝固型发酵乳	搅拌型发酵乳	
色泽[①] （20分）	色泽均匀一致，呈乳白或乳黄色，或谷物、果料、蔬菜等的适当颜色		12～20
	非添加原料来源的深黄色或灰色		4～11
	非添加原料来源的有色斑点或杂质，或其他异常颜色		0～3
滋味和气味[②] （40分）	纯正的奶味，具有自然的发酵风味和气味，或具有添加的谷物、果料、蔬菜等原料或特殊工艺（如焦糖化）来源的特征风味，酸甜比适中		31～40
	自然的发酵风味不够，或添加的谷物、果料、蔬菜等原料或特殊工艺（如焦糖化）来源的特征风味不够，略酸或略甜		21～30
	奶味不够，自然的发酵风味差，或添加的谷物、果料、蔬菜等原料或特殊工艺（如焦糖化）来源的特征风味差，有苦味，过酸或过甜		5～20
	特征风味错误或没有风味，不愉悦的气味		0～4
组织状态 （40分）	组织细腻、均匀，表面光滑平整、无裂纹、切面平整光滑、质感坚实、弹性好、无粉末感、无糊口感、无气泡、无乳清析出；含有谷物、果料、蔬菜等颗粒的，颗粒口感适中	组织细腻、均匀，良好的黏稠度，顺滑、无粉涩感、乳脂感强，无气泡、无乳清析出；含有谷物、果料、蔬菜等颗粒的，颗粒口感适中	31～40
	表面平整欠光滑、轻微肉眼可见的颗粒，无明显裂纹、切面平整稍欠光滑、有少量气泡出现或轻微的乳清析出；含有谷物、果料、蔬菜等颗粒的，颗粒口感略软和略硬	稍有粉感涩感、乳脂感弱，有少量气泡出现或轻微的乳清析出；含有谷物、果料、蔬菜等颗粒的，颗粒口感略软和略硬	21～30
	组织粗糙，明显肉眼可见的颗粒，有明显裂纹、表面偶见小凝乳块、切面不平整、质感偏软、弹性较差、有糊口感、有明显气泡或明显乳清析出；含有谷物、果料、蔬菜等颗粒的，颗粒口感偏软或偏硬	组织粗糙，肉眼可见轻微的颗粒，较明显的粉涩感、无乳脂感，有明显气泡出现或明显乳清析出；含有谷物、果料、蔬菜等颗粒的，颗粒口感偏软或偏硬	5～20
	组织粗糙，严重的肉眼可见的颗粒，有大量裂纹、凝乳块大小不一、无明显切面、质感稀软、无弹性、糊口感强、有大量气泡或严重的乳清析出；含有谷物、果料、蔬菜等颗粒的，颗粒口感太软或太硬	组织粗糙，严重的肉眼可见的颗粒、严重的粉涩感、有大量的气泡出现或严重的乳清析出；含有谷物、果料、蔬菜等颗粒的，颗粒口感太软或太硬	0～4

① 对于使用焦糖化工艺的发酵乳色泽应均匀一致，呈褐色。
② 滋味和气味不涉及甜味的，只对酸味进行评价。

【洞察产业前沿】

一、当发酵乳遇上信息智能化，拥抱数字化新浪潮

在乳制品冷链划分中，发酵乳的市场潜力非常大，已成为乳品领域增长最快的品类之一。然而，随着发酵乳市场的不断扩容以及消费者对食品安全意识和健康意识的不断提升，食品冷链特别是酸乳行业面临的挑战也日趋严峻。从生产到门店，生产入库、销售出库、门店终端配送等过程经常出现冷链断链，导致品质失效或降低。全程冷链无法透明化，过程温度监控不实时。酸乳品类繁多，口味多元化，快速发展的市场行情，管理无序导致产品服务下降。针对食品冷链企业面临的困境，借助云计算、大数据及人工智能等先进技术，打造出具有自主知识产权的"生产制造冷链供应链一体化解决方案"（图4-19），助力食品生产制造企业实现对产品在生产、贮藏运输、销售，到消费终端前各个环节的监控及预警，做到全生命周期温度可控、质量可保证，为冷链生产企业产品质量保驾护航。

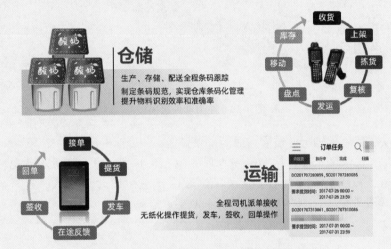

图4-19 生产制造冷链供应链一体化解决方案

通过前端订单管理，支持从订单、仓储、运输全程可视化跟踪，结合WMS实现成品总仓/分仓的出入库与库存精细化管理以及各类仓储费用自动计算，联动TMS实现车辆的统一管理、智能调度和线路推荐为调度员提供调度参考，实现中转分拨货物管理。同时，触发物流协同机制、司机APP移动端技术等改善调度中心与司机仓库交接环节效率及异常，应用计费功能，实现应收/应付账款的生成，并加快与承运商、物流商之间的对账周期。"生产制造冷链供应链一体化解决方案"从拣货、复核、装车保证货物能够从生产、仓储、配送到末端超市全程冷链绿色健康，打造高效闭环的物流信息圈，打通上下游，实现订单统一管理、库存管理、运输在途管理，打通企业信息流、物流、资金流，提升核心竞争力，助力生产制造冷链企业拥抱数字化新浪潮。

二、军工级模拟仿真技术应用于热力学杀菌模型验证

热处理在处理微生物危害（致病菌、腐败菌、芽孢杆菌等）方面是常见的良好实践工艺。而发酵乳生产中经常使用到的热处理工艺就是直接蒸汽注射（direct steam injection, DSI）及巴氏杀菌保温技术。热处理是否有效取决于时间-温度组合，但物料

在管线中的状态十分复杂,如何真实、有效验证热处理的有效性,一直困扰着整个行业。乳企创造性采用军工级模拟仿真技术应用于热力学杀菌模型(图4-20)验证,建立数学物理模型对所研究的流动问题进行数学描述,通过各微分方程相互耦合,使其具有很强的非线性特征,再利用数值方法进行求解。该技术对于保证食品安全,保证生产过程热力杀菌稳定具有突出贡献,拥有完全自主知识产权,行业领先。

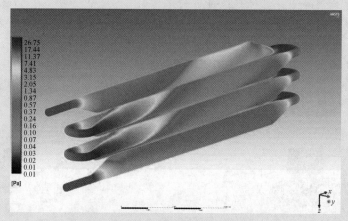

图4-20 热力学杀菌模型

三、以数字化引领行业发展,赋能消费体验

伴随数字化浪潮兴起,虚拟数字人因其拟人化特性,成为突破次元壁,与消费者有效沟通、实现情感链接的有效手段。通过数字人IP运营方式,布局数字化营销,为消费者带来了全新体验,成为引领数实融合的新范例。

模块五
干酪生产

 学习脑图

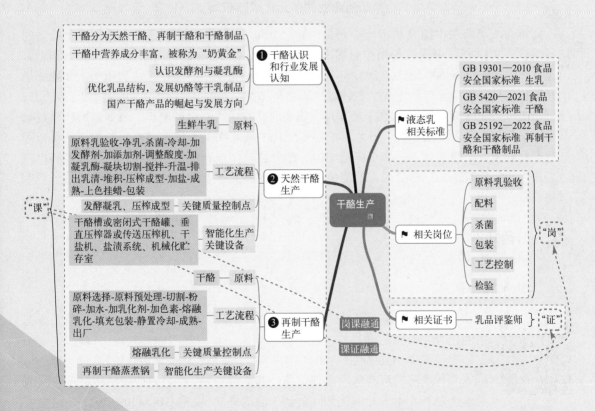

 知识目标

1. 了解天然干酪及再制干酪。
2. 熟知干酪的组成成分、性质及营养。
3. 熟悉干酪凝乳方法及原理。

技能目标

1. 会进行普通干酪和典型再制干酪的生产加工,生产出符合质量指标要求的产品。
2. 会在干酪生产过程中对生产设备进行合理操作,并对出现的质量问题进行分析并解决。
3. 能进行典型干酪产品的品质评鉴。

素质目标

1. 培养实事求是,爱岗敬业风尚。
2. 提升依标准生产的职业素养。

案例导入

某奶酪企业的多元化战略布局

几年前,奶酪在中国乳品市场中还是一颗"新星",如今,奶酪已成为乳品行业重要的增量来源。2018年,中国某奶酪企业瞄准奶酪零食化这一趋势,推出爆品——儿童奶酪棒,迅速打开中国奶酪市场格局。到2022年在奶酪棒品类的市场占有率已经达到40%,并陆续推出奶酪杯、马苏里拉等产品完成了多领域"奶酪全品类"布局,中国奶酪市场实现了从2018年到2022年120.5%的增长。2023年4月,该企业官宣了"有机奶酪棒、慕斯奶酪杯以及哈路蜜煎烤奶酪"三款奶酪新品,开启了奶酪多元化的战略布局。该企业不间断围绕品质升级进行产品创新,不断强化工厂和供应链布局。截至目前,该企业是全国自有产线最多和生产能力最大的奶酪制造、经营公司,奶酪将成为中国乳制品行业升级、提升国民乳制品消费水平的重要方向。

必备知识

一、干酪的定义

认识干酪

干酪又名奶酪、乳酪,是在牛乳、稀奶油、脱脂或部分脱脂乳、酪乳或其中的化合物凝结后通过排放乳清而得到的一种新鲜或成熟制品。《食品安全国家标准 干酪》(GB 5420—2021)中描述干酪是成熟或未成熟的软质、半硬质、硬质或特硬质、可有包衣的乳制品,其乳清蛋白/酪蛋白的比例不超过牛(或其他奶畜)乳中的相应比例(乳清干酪除外)。根据 GB 5420—2021 干酪主要有两种生产工艺。

① 乳和(或)乳制品中的蛋白质在凝乳酶或其他适当的凝乳剂的作用下凝固或部分凝固后(或直接使用凝乳后的凝乳块为原料),添加或不添加发酵菌种、食用盐、食品添加剂、食品营养强化剂,排出或不排出(以凝乳后的蛋白质凝块为原料时)乳清,经发酵或不发酵等工序制得的固态或半固态产品。

② 加工工艺中包含乳和(或)乳制品中蛋白质的凝固过程,并赋予成品与①所描述产品类似的物理、化学和感官特性。

在上述两种工艺中均可以添加有特定风味的其他食品原料（添加量不超过 8%），如白砂糖、大蒜、辣椒等；所得固态产品可加工为多种形态，而且可以添加其他食品原料（添加量不超过 8%）防止产品粘连。有特定风味的其他食品原料和防止产品粘连的其他食品原料总量不超过 8%。

干酪制成后不经发酵成熟所制成的产品称为新鲜干酪，包含在生产后不久即可食用的未成熟干酪的范畴内，通过干酪内部或表面的特征霉菌生长而促进其成熟的干酪称为霉菌成熟干酪。生产后不马上使（食）用，在特定的温度等条件下存放一定时间，以通过生化和物理变化产生产品特性称为成熟干酪。

二、干酪的分类

干酪制作的历史悠久，因其产地、生产方法、组成成分、形状外观不同，会产生不同品种的干酪。据统计，世界上干酪品种多达 2000 种以上，已命名的干酪种类多达 800 多种，其中著名的有 400 多种，分类很复杂，依据不同，分类也不同。

（1）国际通用分类 根据生产原料和工艺不同，通常把干酪分为天然干酪、再制干酪和干酪制品三大类，见表 5-1。

表 5-1 国际通用干酪分类

名称	特点
天然干酪	以乳、稀奶油、脱脂乳、酪乳或这些原料的混合物为原料，经凝固，并排除部分乳清而制成的新鲜或经发酵成熟的产品
再制干酪	以干酪（比例大于 50%）为主要原料，添加其他原料，添加或不添加食品添加剂和营养强化剂，经加热、搅拌、乳化（干燥）等工艺制成的产品
干酪制品	以干酪（比例 15%~50%）为主要原料，添加其他原料，添加或不添加食品添加剂和营养强化剂，经加热搅拌、乳化（干燥）等工艺制成的产品

再制干酪与天然干酪相比，具有以下特点：
① 可以将不同组织和不同成熟程度的干酪制成质量一致的产品；
② 因在加工过程中进行加热杀菌，食用安全、卫生，具有良好的保存特性；
③ 采用良好的材料密封包装，贮藏中重量损失少；
④ 混合多种干酪，组织和风味独特；
⑤ 大小、重量、包装能随意选择，可以添加各种风味物质和营养强化成分，更好地满足消费者的需求和喜好等特点。

（2）按水分在干酪非脂成分中的比例分类 见表 5-2。

表 5-2 依据水分比例不同分类

项目	质地	含量要求
MFFB/% （水分在干酪非脂成分中的比例）	软质	>67
	坚硬/半硬	54~69
	硬质	49~56
	特硬	<51

注：MFFB=干酪中水分质量/（干酪总质量-干酪中脂肪质量）×100%。

（3）按发酵成熟情况分类 见表5-3。

表5-3 部分主要干酪品种

种类		与成熟有关的微生物	主要产品
软质干酪	新鲜	—	农家干酪、稀奶油干酪、里科塔干酪
	成熟	细菌	比利时干酪、手工干酪
		霉菌	法国浓味干酪、布里干酪
半硬质干酪		细菌	砖状干酪、德拉佩斯特干酪
		霉菌	法国羊乳干酪、青纹干酪
硬质干酪	实心	细菌	荷兰干酪、荷兰圆形干酪
	有气孔	细菌（丙酸菌）	埃门塔尔干酪、瑞士干酪
特硬干酪	细菌	细菌	帕尔门逊干酪、罗马诺干酪

三、干酪的营养价值

干酪除含蛋白质、脂肪、糖类三大营养素外，还富含无机盐以及多种维生素。不同品种的干酪因其奶源的不同、加工工艺的不同，以及发酵和储存条件的不同等，各种营养成分的含量和比例也各不相同。

一般干酪中脂肪含量占总固形物的45%以上，每100g软质干酪可提供一个成年人日蛋白质需求量的35%~40%，而每100g硬质干酪可提供50%~60%。凝乳时原料乳中的大部分乳糖会转移到乳清中，但干酪凝块中仍残存部分乳糖，可促进发酵，产生乳酸，从而抑制杂菌繁殖，提高添加菌的活力，进而促进干酪成熟。干酪中含人体必需的钙、磷、镁、钠等矿物质，其中钙和磷含量最多。根据生产工艺要求，在干酪加工过程中会添加钙离子，增加产品钙含量并且可以促进凝乳酶的凝乳作用。每100g软质干酪可满足人体钙日需求量的30%~40%、磷日需求量的12%~20%；每100g硬质干酪可完全满足人体每日的钙需求量以及磷日需求量的40%~50%。大部分的钙与酪蛋白结合，吸收利用率很高，有助于儿童骨骼生长和健康发育。干酪中含有较多的脂溶性维生素，而水溶性维生素大部分随乳清排出。各种酶及微生物在干酪的成熟过程中共同作用，能够合成烟酸、叶酸、生物素等，但干酪中维生素C的含量很少，可以忽略不计。干酪经过微生物发酵，在凝乳酶及微生物中蛋白酶的分解作用下，蛋白质分解成容易消化的氨基酸、肽、䏡、胨等可溶性小分子物质，易被人体消化吸收，消化率可达96%~98%，比全脂牛乳消化率高91.9%。干酪中的脂肪为乳脂肪含量的5.5%~30.6%，含有一定量儿童生长发育所必需的亚油酸和亚麻酸，此外，乳脂中的磷脂酰胆碱和鞘磷脂与婴幼儿的智力发育有密切关系。

四、干酪发酵剂

干酪发酵剂是指在制作干酪的过程中，用来使干酪发酵与成熟的特定微生物培养物。干酪之所以种类繁多且各具风味，其主要原因就是使用了不同的菌种，才在发酵成熟过程中产生不同的风味。

1. 干酪发酵剂的分类

（1）细菌发酵剂 细菌发酵剂主要以乳酸菌为主，作用是产酸和相应的风味物质，常用菌种有乳酸链球菌、乳脂链球菌、干酪乳杆菌、丁二酮链球菌、嗜酸乳杆菌、保加利亚乳杆菌以及嗜柠檬酸明串珠菌等。为了使干酪形成特有的组织状态，有时还要使用丙酸菌。

（2）霉菌发酵剂 霉菌发酵剂主要有卡门培尔干酪青霉、娄底青霉等，这些霉菌具有较强的脂肪分解能力。另外某些酵母菌，如解脂假丝酵母等也作为发酵剂应用在一些品种干酪的生产中。

2. 干酪发酵剂的作用和组成

（1）干酪发酵剂的作用

① 为凝乳酶作用创造适宜条件：干酪发酵剂发酵乳糖产生乳酸，能够调节pH条件，为凝乳酶创造一个酸性环境，使乳中可溶性钙的浓度升高，提高凝乳酶的活力，使凝乳作用增强。

② 促进凝块形成和乳清的排出：乳酸可促进凝块的收缩，使凝块产生良好的弹性，利于乳清的渗出，赋予产品良好的组织状态。

③ 抑制杂菌污染和繁殖：有的菌种不仅可以在干酪加工和成熟过程中产生乳酸，还可以产生相应的抗生素，能够较好地抑制污染杂菌的繁殖，保证成品的品质。

④ 提高营养价值和风味：发酵剂中的某些微生物可以产生相应的分解酶，通过分解蛋白质、脂肪等物质提高制品的营养价值，还可以形成产品特有的风味。

⑤ 改进产品组织状态：丙酸菌的丙酸发酵能够还原乳酸菌所产生的乳酸，产生丙酸和二氧化碳气体，使某些硬质干酪产生特殊的孔眼特征。

（2）干酪发酵剂的组成

① 单一菌种发酵剂中只含一种菌种，如乳酸链球菌或干酪链球菌等。单一菌种发酵剂的优点是经过长期活化和使用，其活力和性状不会发生明显变化，但容易受到噬菌体的侵染，从而造成繁殖受阻和酸的生成延迟等不良反应。

② 混合菌种发酵剂是指由两种或两种以上菌种按一定比例组成的发酵剂，是干酪生产中较多采用的类型。混合菌种发酵剂具有一定的优势，能够形成乳酸菌的活性平衡，较好地满足产品发酵成熟的要求，能够避免发酵剂中的全部菌种同时被噬菌体污染，从而减少噬菌体的危害。但是其缺点在于每次活化培养后菌相会发生变化，很难保证原来菌种的组成比例，在长期保存培养中菌种活力也会发生变化。

五、凝乳酶及其代用酶

1. 凝乳酶

犊牛等反刍动物的第四胃（皱胃）能够分泌出一种具有凝乳功能的酶类，称为皱胃酶。这一酶类可以使小牛胃中的乳汁迅速凝结，从而减缓其流入小肠的速度。皱胃酶由犊牛的第四胃（皱胃）中提取，也被称为凝乳酶，是干酪制作必不可少的凝乳剂。

（1）凝乳酶的性质 凝乳酶的等电点 pI 为4.45～4.65，作用的最适pH为4.8左右，其在弱碱（pH为9）、强酸、热、超声波作用下会失活。乳凝固最适温度为40～41℃，凝乳时间为20～40min，升高温度、延长时间或凝乳酶使用过量都会导致凝块变硬。

（2）凝乳酶作用机制 乳酪蛋白中 $κ$-酪蛋白是使牛乳保持稳定的乳浊液状态的重要因子，$κ$-酪蛋白具有较强的亲水性使其对酪蛋白胶束具有稳定作用，因此可以防止乳发生凝固。凝乳酶的作用是裂解 $κ$-酪蛋白中苯丙酰和蛋氨酰构成的肽键，生成副 $κ$-酪蛋白和高亲水性的水分子糖肽，并且使 $κ$-酪蛋白自带负电荷，在 Ca^{2+} 存在下可使乳凝固，其反应机制为：

① $κ$-酪蛋白在凝乳酶的作用下生成副 $κ$-酪蛋白和亲水性糖巨肽。

② 亲水性糖巨肽溶于乳清中，而副 $κ$-酪蛋白在pH6.0～6.4及 Ca^{2+} 的存在下，生成 $κ$-酪

蛋白酸钙，随酪蛋白胶束一同沉淀形成凝块。

(3) 影响凝乳酶凝乳的因素

① pH　凝乳酶的活性会因 pH 的降低而增高，进而使酪蛋白胶束的稳定性降低，最终导致凝乳酶的作用时间缩短，产生的凝块较硬。

② 钙离子　只有原乳中存在自由钙离子时，被凝乳酶转化的副 κ- 酪蛋白才能凝结，酪蛋白所含的胶质磷酸钙是凝块形成所必需的成分。因此钙离子浓度将会影响凝乳时间、凝块硬度和乳清排出。增加乳中的钙离子可缩短凝乳酶的凝乳时间并使凝块变硬。因此在许多干酪的生产中会添加氯化钙。

③ 温度　凝乳酶的凝乳作用在 40～42℃ 温度下最快，在 15℃ 以下或 65℃ 以上则不发生作用。但在实际干酪生产中凝乳温度通常保持在 30～33℃，一是考虑到乳酸菌的最适温度，二是因为较高温度下凝块硬化速度过快，导致随后的切割比较困难。

④ 牛乳加热　牛乳先加热至 42℃ 以上再冷却到凝乳酶所需的正常温度后添加凝乳酶，会使凝乳时间延长，凝块变软，这种现象被称为滞后现象，是乳在 42℃ 以上加热处理时，酪蛋白胶粒中磷酸盐和钙被游离出来所致。

2. 皱胃酶代用凝乳酶

20 世纪，随着乳品加工业的发展以及干酪加工业在世界范围内的兴起，人们对皱胃酶的需求量逐渐增大，先前以宰杀犊牛而获得皱胃酶的方式因成本较高，不能满足工业生产的需要。因此，人们开发了多种代用凝乳酶来作为皱胃酶的替代品，如发酵生产的凝乳酶、从成年牛胃中获取的皱胃酶或采用多种微生物来源的凝乳酶等。按来源可分为动物性凝乳酶、植物性凝乳酶、微生物凝乳酶以及基因工程凝乳酶。2022 年 2 月 16 日，农业农村部发布的《"十四五"奶业竞争力提升行动方案》中提出"鼓励企业开展奶酪加工技术攻关，加快奶酪生产工艺和设备升级改造，提高国产奶酪的产出率，研发适合中国消费者口味的奶酪产品"。

2022 年 12 月 30 日，**新修订的《食品安全国家标准 再制干酪和干酪制品》正式实施**，新标准中细化了干酪产品的分类，增加了"干酪制品"这一分类，同时按新国标规定，"再制干酪"的干酪比例要求从旧版本国标中的大于 15% 调整为大于 50%，干酪比例在 15%～50% 之间称为"干酪制品"，这一变化对生产再制干酪的企业提出了更高的产品质量要求。**随着以奶酪为载体的各类新品不断涌现市场，历经尝试、试错与验证，从而激发创新之苗，必将走出中国特色奶酪发展的探索之路。**

反思研讨：新标准的施行为奶酪企业带来了哪些机遇和挑战？

项目1　天然干酪生产

项目描述

根据《食品安全国家标准 干酪》(GB 5420—2021)：干酪是指成熟或未成熟的软质、半硬质、硬质或特硬质、可有包衣的乳制品，其中乳清蛋白/酪蛋白的比例不超过生(或其他奶畜）乳中的相应比例（乳清干酪除外）。2021 年修订的新标准从原料到加工工艺作了科学严谨、规范化的修改，其中扩大了干酪的原料范围，准许添加小于 8% 的风味物质，使干酪品类更加丰富，满足了各类消费者的需求。本项目学习内容包括天然干酪的生产工艺、质量标准和质量控制等。学习过程中通过虚拟仿真平台或中式生产线等实训条件加强生产工艺流程及质量控制实践训练，完成天然生产及记录单填报等具体工作内容。

相关标准

① GB 5420—2021　食品安全国家标准　干酪。
② GB 25192—2022　食品安全国家标准　再制干酪和干酪制品。

工艺流程

天然干酪生产工艺流程见图 5-1。

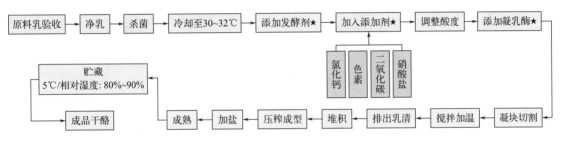

图 5-1　天然干酪生产基本工艺流程

（★为关键质量控制点）

关键技能

一、原料乳预处理

原料要求生乳应该符合 GB 19301—2010 要求，其他原料应符合相应的标准或有关规定。原料乳的预处理包括净乳、标准化等，不同干酪操作参数不同。原料乳中一些成型的芽孢杆菌，在巴氏杀菌时不能杀灭，对干酪的生产和成熟造成很大的危害。如丁酸梭状芽孢杆菌在干酪的成熟过程中产生大量气体，破坏干酪的组织状态，产生不良风味，离心机进行净乳处理，可以除去乳中的大量杂质和乳中 90% 的细菌，对相对密度较大的芽孢菌特别有效。

与其他乳制品不同的是用于生产干酪的原料乳除再制乳外通常不需要均质，因为均质导致结合水能力上升，对生产硬质和半硬质类型的干酪不利。

干酪原料标准化首先要准确地测定原料乳的乳脂率和酪蛋白的含量，调整原料乳中脂肪和非脂乳固体之间的比例，使其比例符合产品要求。生产干酪时不仅要对原料乳进行脂肪标准化，还要对脂肪（F）及酪蛋白（C）的比例（C/F）进行标准化，一般 C/F=0.7。

二、杀菌

为了确保杀菌效果，防止或抑制丁酸菌等产气芽孢菌，在生产中常添加适量的硝酸盐

（硝酸钠或硝酸钾）或过氧化氢。硝酸盐的添加量一般为 0.02～0.05g/kg 牛乳，过多的硝酸盐能抑制发酵剂的正常发酵，影响干酪的成熟和成品风味及其安全性。

三、添加发酵剂

添加发酵剂的目的是使原料乳充分产生乳酸，缩短凝乳时间。原料乳经杀菌后直接打入干酪槽中（图 5-2）。干酪槽一般为水平卧式长椭圆形不锈钢槽，带有保温夹层和搅拌装置。干酪槽中牛乳冷却到 30～32℃，按原料乳量的 1%～2% 制好发酵剂，边搅拌边加入，并在 30～32℃ 条件下充分搅拌 3～5min，然后经过 20～30min 短期发酵，牛乳酸度降低，此过程称为预酸化。

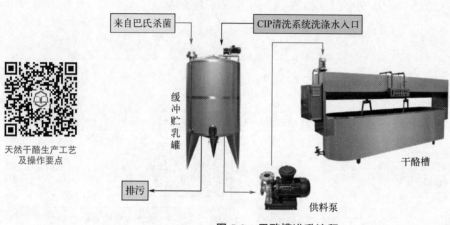

图 5-2　干酪槽进乳流程

发酵剂添加需要根据制品的质量和特征，选择合适的发酵剂种类和组成，不同类型的干酪需要使用发酵剂的剂量不同。为了促进凝乳，可适当加入硝酸盐，最大用量为每 100kg 乳中添加 30g 硝酸盐，过量硝酸盐会抑制发酵剂生长，影响干酪的成熟。硝酸盐用量过高会使干酪脱色，引起红色条纹和不良风味。若牛乳经离心除菌或微滤处理，硝酸盐用量可大大减少甚至不用。

四、添加凝乳酶

添加凝乳酶的目的是促使牛乳中的蛋白质凝结，为排出乳清提供条件。当发酵剂加入 30～60 min 后，取样测定酸度，乳酸度应控制在 0.02%～0.22% 范围，但很难控制，为保证干酪产品质量一致性，可用 1mol/L 盐酸将酸度调整到 0.21% 左右，具体还需要根据干酪品种而定。

为保证干酪加工过程中凝块硬度适中、颜色一致，保证成品质量一致，调酸后根据需要添加氯化钙和色素。每 100kg 原料乳中添加 5～20g 氯化钙，使用 10% 氯化钙溶液，调节盐类平衡促进凝块形成。干酪的颜色主要取决于乳中脂肪的颜色，一般需在原料乳中添加 3%～6% 的胡萝卜素等色素物质，目前使用较多的是胭脂树橙的碳酸钠提取液。使用时色素先用水稀释 6 倍充分混匀后加入。

添加凝乳酶在干酪生产过程中是非常重要的工艺环节。凝乳酶的添加量跟凝乳酶的效价有关，通常酶的活力是 1∶10000～1∶15000，即一份凝乳酶能在 35℃ 左右的温度下，40min 凝固 10000～15000 份的牛乳。使用前需要先用 1% 的生理盐水将凝乳酶配制成 2% 溶液，28～32℃ 保温活化 30min 后加入。为了便于凝乳酶分散，避免在原料乳中混入空气，小心搅拌牛乳 2~3min 后加盖。在随后 8~10min 内乳静止下来是很重要的，可以避免影响凝乳过程和酪蛋白损失。32℃静置 40min 左右，达到凝乳要求。大规模生产中常使用自动计量系统，将经水稀释凝乳酶通过分散喷嘴而喷洒在牛乳表面，应用的大型干酪槽或干酪罐一般为 10000~20000L。

五、凝块切割

当乳凝固后，凝块达到适当硬度时，用干酪刀在凝乳表面切深为 2cm、长 5cm 的切口，用食指斜向从切口的一端插入凝块中约 3cm。当手指向上挑起时，如果切面整齐平滑，指上无小片凝块残留，渗出的乳清透明时，即可开始切割。正确判断恰当的切割时机非常重要。切割的目的在于切割大凝块为小颗粒，从而缩短了乳清从凝块中流出的时间，并增加了凝块的表面积，改善凝块的收缩脱水特性。

六、凝块的搅拌及加温

升温和搅拌是干酪制作工艺重要的过程，关系到生产的成败和成品质量的高低。凝乳切块后用干酪耙或干酪搅拌器轻轻搅拌，也称前期搅拌。刚刚切割后的凝块颗粒对机械处理非常敏感，搅拌必须很缓和并且必须足够快，以确保颗粒能悬浮于乳清中。经过 15min 后，搅拌速度可稍微加快。

前期搅拌后进行热烫升温，在整个升温过程中应不停地搅拌，以促进凝块的收缩和乳清的渗出，防止凝块沉淀和凝块沉淀在干酪的底部形成黏团，影响干酪的组织而导致酪蛋白的损失。升温的速度不宜过快，否则干酪凝块收缩过快，表面形成硬膜，影响乳清的渗出，使成品水分含量过高；在升温过程中还应不断地测定乳清的酸度以便控制升温和搅拌的速度。热烫可以促进凝乳颗粒收缩脱水，排出游离乳清，增加凝块的紧实度；降低乳酸菌数量和活力，防止干酪的过度酸化；杀死操作过程中污染的腐败性和致病性微生物，有利于产品的稳定。

凝块的搅拌和升温结束可以依据下列条件判断，乳清酸度达 0.17%~0.18%；凝乳粒收缩为切割时的一半；凝乳粒内外硬度均一时。

七、排出乳清

排乳清是酪蛋白分子的重整过程，水分从酪蛋白网状结构空隙中被挤出，可以最终形成一个紧密的酪蛋白网状结构。温度、切割后的 pH 值下降（产酸速度）及压力都会影响乳清排出效果。切割凝乳后 pH 值下降越大，乳清排出越多；切割后漂烫的温度越高，凝块水分越低。

凝乳粒和乳清达到要求时即可通过干酪槽底部的金属网排出，若未达到适合酸度就排出乳清会影响干酪后期成熟。酸度过高产品酸味过重，干燥过度。若排出的乳清脂肪含量在 0.4% 以上，证明操作不理想，应回收乳清作为副产物进行综合加工利用。排出乳清时应将干酪粒堆积在干酪槽两侧，有益于乳清进一步排出。

八、堆积

堆积也称堆叠，如切达干酪排出乳清后需要堆叠处理。堆积的主要目的是排出多余的乳清，使干酪凝结成块。将凝块平摊于干酪槽底部，形成厚度均匀的片层。待乳清全部排出之后，静置 15min。将呈饼状的凝块切成 15cm×25cm 大小的板块，进行翻转堆积，即将两个独立的板块重叠堆放并翻转，以促进新的板块的形成。当挤出的乳清滴定酸度达到 0.75%~0.85% 时，切成条进入下一道工序。

干酪在堆积过程中需要保温，利用干酪槽的夹层保温功能，一般保持 38~40℃，每 10~15min 翻转叠加一次，当酸度达到 0.75%~0.85% 时停止翻转。操作时要注意避免空气进入干酪凝块当中，以便使凝乳粒融合在一起，形成均匀致密的块状。

九、压榨成型

经堆积后的干酪块切成方砖形状或小立方体形状，装入成型器进行压榨定型。干酪压榨的目的在于使松散凝乳颗粒成型为紧密的能包装的固定形状，同时排出游离的乳清。压榨前凝块温度要降低，低于液体脂肪的固化温度，夏季降至 23.9℃，冬季降至 26℃，否则脂肪将排出损失于乳清中。

干酪成型器根据干酪的品种不同，其形状和大小也不同。成型器周围设有小孔，由此渗出乳清。在内衬衬网的成型器内装满干酪凝块后，放入压榨机上进行压榨定型。压榨的压力与时间依干酪的品种各异。先进行预压榨，一般压力为 0.2~0.3MPa，时间为 20~30min。预压榨后取下进行调整，视其情况，可以再进行一次预压榨或直接正式压榨。将干酪翻转后装入成型器内以 0.4~0.5MPa 的压力在 15~20℃（有的品种要求在 30℃）条件下再压榨 12~24h。压榨结束后，需将干酪从成型器中取出，并切除多余的边角。切除边角时应使用锋利小刀以减少对干酪的破坏。如果脱模时干酪受到损坏，则需要重新压榨才能形成光滑、细密的干酪表面。压榨结束后，从成型器中取出的干酪称为生干酪。

十、加盐

加盐能够抑制腐败及病原微生物的生长，调节干酪中包括乳酸菌在内的有益微生物的生长和代谢，促进干酪成熟过程中的物理和化学变化，同时，加盐引起的副酪蛋白上的钠和钙交换，为干酪的组织带来良好影响，使其变得更加光滑，直接影响干酪产品的风味和质地。盐的加入量依干酪品类而有所不同。除少数例外，干酪中盐含量为 0.5%~2%。常用加盐的方法主要有干盐法、湿盐法和混合法。

1. 干盐法

在压榨定型前，将所需的食盐撒在干酪粒（块）中，或者将食盐涂布于生干酪表面。加干盐可通过手工或机械进行，将干盐从料斗或类似容器中定量，尽可能地手工均匀撒在已彻底排放了乳清的凝块上。为了充分分散，凝块需进行 5~10min 搅拌。

2. 湿盐法

将压榨后的生干酪浸于盐水池中浸盐，盐水的质量浓度，第 1~2 天为 17~18mg/10mL，以后保持 20~23mg/10mL。为了防止干酪内部产生气体，盐水温度控制在 8℃ 左右，浸盐时间 4~6 天。

3. 混合法

在压榨定型后先涂布食盐，过一段时间后再浸入食盐水中。

堆积结束后，将饼状干酪块处理成边长为 1.5~2.0cm 的碎块。然后采取干盐撒布法加盐。按凝块量的 2%~3%，加入食用精盐粉。分 2~3 次加入，并不断搅拌。将凝块装入定型器中，在 27~29℃ 进行压榨。用规定压力 0.35~0.40MPa 压榨 20~30min，开始预压榨时压力要小，并逐渐加大。整型后再压榨 10~12h，最后正式压榨 1~2 天。

十一、干酪成熟

干酪的成熟是指将新鲜干酪置于一定的温度和湿度条件下，经一定时间存放，通过乳酸菌等有益微生物和凝乳酶的共同作用，使新鲜干酪转变成具有独特风味、组织状态和外观的干酪过程。

1. 干酪成熟过程

（1）前期成熟 将待成熟的新鲜干酪放入温度、湿度适宜的成熟库中，每天用洁净的棉布擦拭其表面，防止霉菌的繁殖。为了使表面的水分蒸发均匀，擦拭后要翻转放置，持续15～20天。

（2）上色挂蜡 前期成熟后干酪清洗后，用食用色素染成红色，待完全干燥后，在160℃的石蜡中挂蜡。

（3）后期成熟和贮藏 放在成熟库继续成熟2～6个月。成熟后的生干酪放在温度10～15℃、相对湿度85%条件下发酵成熟。开始时，每天擦拭翻转一次，约经1周后，进行涂布挂蜡或塑料袋真空热缩包装。整个成熟期6个月以上。

2. 成熟的条件

干酪的成熟通常在成熟库（室）内进行。不同类型的干酪要求的温度和相对湿度不同。环境条件对成熟的速度、质量损失、硬皮形成和表面菌丛等全部自然特征至关重要。成熟时低温比高温效果好，一般为5～15℃。相对湿度，一般细菌成熟硬质和半硬质干酪为85%～90%，而软质干酪及霉菌成熟干酪为95%。当相对湿度一定时，硬质干酪在7℃条件下需8个月以上的成熟，在10℃时需要6个月以上，而在15℃时则需4个月左右。软质干酪或霉菌成熟干酪需20～30天。另外，干酪在成熟贮藏期间，需要经常对干酪块进行翻转。

3. 成熟过程中的变化

除了鲜干酪以外，其他的干酪在经凝块化处理后，全部要经过一系列的微生物、生物化学和物理方面的变化。这些变化涉及乳糖、蛋白质和脂肪，并由三者的变化形成成熟循环。这一循环随硬质、软质干酪的不同有很大区别。同时，每一类的干酪随品种不同也会有显著差别。

（1）水分的变化 成熟期间，干酪的水分有不同程度的蒸发而使质量减轻。

（2）乳糖的变化 生干酪中含有1%～2%的乳糖，其大部分在48h内被分解，在成熟后两周内消失。所形成的乳酸则变成丙酸或乙酸等挥发酸。实际上，乳酸发酵在干酪成熟进行之前已经开始。乳糖的绝大部分降解发生在干酪的压榨过程中和贮存的第一周或前两周。

（3）蛋白质的变化 蛋白质分解是干酪的成熟中最重要的变化过程，而且十分复杂，凝乳时不溶性副酪蛋白在凝乳酶和乳酸菌的蛋白水解酶作用下形成胨、多肽、氨基酸等可溶性的含氮物。成熟期间蛋白质的变化程度常以总蛋白质中所含水溶性蛋白质和氨基酸的量为指标。水溶性氮与总氮的百分率被称为干酪的成熟度。一般硬质干酪的成熟度约为30%，软质干酪则为60%。

（4）脂肪的分解 在成熟过程中，部分乳脂肪被解脂酶分解产生多种水溶性挥发脂肪酸及其他高级挥发性脂肪酸等，这与干酪风味的形成有密切的关系。

（5）气体的产生 在成熟过程中，由于微生物的作用，使干酪中产生各种气体。尤其重要的是有的干酪品种在丙酸菌作用下所生成的CO_2，使干酪形成带孔眼的特殊组织结构。

（6）风味物质的形成 成熟中所形成的各种氨基酸及多种水溶性挥发脂肪酸是干酪风味物质的主体。

十二、干酪质量控制

在天然干酪生产工艺各道工序中，能够引起干酪质量缺陷的原因主要有原料乳的质量、异常微生物繁殖及制造过程中操作不当。具体见表5-4。

天然干酪生产质量控制

表 5-4 干酪生产过程质量缺陷及控制措施

类型	质量问题	产生原因	控制措施
物理缺陷及其防止方法	质地干燥	乳块在较高温度下"热烫"引起干酪中水分排出过多、凝乳切割过小、加温搅拌时温度过高、酸度过高、处理时间较长及原料含脂率低等	改进加工工艺,采用石蜡或塑料包装及在温度较高条件下成熟等方法加以防止
	组织疏松	当酸度不足时,乳清残留于其中,压榨时间短或成熟前期温度过高均能引起此类缺陷	加压或低温成熟方法
	脂肪渗出（多脂性）	操作温度过高,凝块处理不当或堆积过高	调节生产工艺
	斑点	在切割和热烫工艺中操作过于剧烈或过于缓慢引起	正确的操作方法
	发汗	干酪内部游离液体量多且压力不平衡所致,大多出现在酸度过高的干酪中	除改进工艺外,控制酸度
化学性缺陷及其防止方法	金属性变黑	由铁、铅等金属与干酪成分反应生成黑色硫化物	操作时除考虑设备、模具本身因素外,还要注意外部污染
	桃红或赤变	当使用色素(如安那妥)时,色素与干酪中的硝酸盐结合生成有色化合物导致	操作时应选用合适的色素及添加量
微生物缺陷及其防止方法	酸度过高	此类缺陷是由发酵剂中微生物繁殖过快引起	降低发酵温度并加入适量食盐抑制发酵、增加凝乳酶的量、高温处理、迅速排出乳清
	干酪液化	干酪中存在有液化蛋白质的微生物	避免液化微生物的调整,调节 pH 值
	发酵产气	微生物发酵产气产生大量的气孔,成熟前期产气是大肠杆菌污染,后期产气是由梭状芽孢杆菌、丙酸菌及酵母菌繁殖产生	原料乳离心除菌或使用产生乳酸链球菌肽的乳酸菌作为发酵剂,或添加硝酸盐,调整干酪水分和盐分
	生成苦味	高温杀菌、凝乳酶添加量大、成熟温度过高均可导致产生苦味	加强对各工艺指标的控制和管理,保证产品的成分、外观和组织状态,防止产生不良的组织和风味
	恶臭	干酪中如存在厌氧芽孢杆菌,会分解蛋白质生成硫化氢、硫醇、亚胺等物质产生恶臭	生产过程中要防止这类菌的污染
	酸败	由微生物分解乳糖和脂肪等产酸引起,污染菌主要来自原料乳、牛粪及土壤等	确保清洁的生产环境,防止外界因素造成污染

检验提升

一、单选题

1. 天然干酪制作时,加入凝乳酶的主要目的是（　　）。
   A. 增加风味　　　　　　B. 凝固牛奶中的蛋白质
   C. 调节酸度　　　　　　D. 杀死有害菌

2. 天然干酪生产过程中,切割凝块是为了（　　）。
   A. 让乳清更好地排出　　B. 使干酪颜色均匀
   C. 增加干酪的硬度　　　D. 减少发酵时间

3. 在天然干酪制作中,用于调节酸度的常见物质是（　　）。
   A. 柠檬酸　　　　　B. 乳酸　　　　　C. 盐酸　　　　　D. 酒石酸

二、简答题

1. 为什么在干酪生产中需要控制牛乳的酸度？
2. 干酪成熟过程中，微生物如何影响干酪的风味和质地？
3. 描述天然干酪包装的目的和重要性。

项目2　再制干酪生产

项目描述

根据《食品安全国家标准 再制干酪和干酪制品》（GB 25192—2022），再制干酪是指以干酪（比例大于50%）为主要原料，添加其他原料，添加或不添加食品添加剂和营养强化剂，经加热、搅拌、乳化（干燥）等工艺制成的产品。为了与国际标准的分类接轨，保障行业稳定过渡，GB 25192—2022 在修订中细分了产品，引入了"干酪制品"这一分类，即干酪比例在15%～50%之间的产品归类为"干酪制品"。同时在标准中增加标签标识要求，产品标签应明确标识干酪使用比例，增加"再制干酪"和"干酪制品"的表述并标识运输和贮存温度，以指导产品运输过程、方便消费者选购及保存，保证食品安全。再制干酪类产品是对干酪进行再加工并混合其他原料，不仅富含营养物质，而且在一定程度上可以改善干酪的风味和口感，因其风味独特及其良好的加工特性，受到广大消费者和食品制造者的欢迎和重视。学习再制干酪的生产工艺、质量标准和质量控制等。再制干酪是以天然干酪为原料进行生产加工的一种乳制品，主要生产工序有原料干酪的选择与预处理、粉碎、熔融、乳化、填充、包装、贮藏等。

相关标准

① RHB 505—2004　再制干酪感官质量评鉴细则。
② GB 25192—2022　食品安全国家标准 再制干酪和干酪制品。

工艺流程

再制干酪生产工艺流程见图5-3。

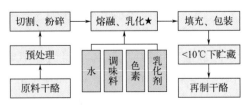

图5-3　再制干酪生产基本工艺流程（★为关键质量控制点）

模块五　干酪生产

关键技能

一、原料干酪的选择

原料干酪的种类、组成、品质、成熟期对再制干酪成品的类型、外观、风味、组织状态以及保存时期起决定作用，是再制干酪加工制造中最为重要的环节之一。一般以细菌成熟的硬质干酪作为生产原料，选择多种成熟度的干酪混合使用，保证产品平均成熟度在4~5个月，含水量35%~38%，可溶性氮0.6%左右。其中中间成熟度干酪占50%；成熟7~8个月风味浓的干酪应占20%~30%，以此满足制品的风味需求；成熟2~3个月干酪占20%~30%，使产品保持良好的组织状态。在再制干酪的实际生产中多选择成熟期不同的切达干酪，以短成熟干酪：长成熟干酪质量比为1∶3的比例进行添加。某些熟的干酪易析出氨基酸或乳酸盐结晶，因此成熟期过长的干酪不宜作原料，除此之外有霉菌污染、气体膨胀、异味等缺陷的干酪也不能作为再制干酪生产原料使用。

二、原料干酪的预处理

去掉干酪的包装材料后，如果发现表面存在龟裂、发霉、不洁以及干燥变硬的情况，同样需要除去。表面去皮的厚度根据原料干酪的状态决定，如果去皮过厚，成本损耗较大；去皮过薄，容易造成熔融乳化后残留未融化的表皮，从而影响产品的组织状态。

三、熔融、乳化

熔融和乳化是再制干酪生产中的关键环节，决定了产品最终的组织状态。在熔融釜中加入原料干酪，为了形成均一的乳状液，达到稳定的乳化状态，要在其中加入纯净水，使成品的含水量维持在40%~55%。根据产品配料要求，也可视情况加入以下辅料：加入脱脂乳粉、乳清蛋白粉，调整酪蛋白组成，以达到目标制品的组织状态；加入调味料，赋予产品独特的风味；添加色素，改变产品的色泽，满足消费者对产品感官要求。在加入原辅料过程中，应边加入边进行搅拌，加入完毕向熔融釜夹层中通入蒸汽进行加热，当温度达到50℃左右，向其中加入1%~3%的乳化剂，同时加快搅拌速度。最后将温度升高至60~70℃，保温20~30min，使原料完全融化，乳化更加完全。

乳化剂是再制干酪加工中必不可少的一种辅料，它的主要作用是促使基料干酪融化并均匀地混合在一起，乳化剂使用恰当与否直接关系到再制干酪成品的结构特征和组织状态。常用的乳化剂有磷酸钠、柠檬酸钠、偏磷酸钠和酒石酸钠等，这些乳化剂可以单用，也可以混用。一般情况下，乳化剂最后加入，可以避免发生结块，同时乳化剂具有离子交换作用，在加热的条件下，乳化盐充分溶解，原料干酪中疏水性的酪蛋白钙与乳化盐中钠离子进行离子交换，形成亲水性的酪蛋白钠，分散在水相中，提高与水的亲和性及持水性，吸水后的干酪块膨胀使产品柔软、品质得以改善。再制干酪成品的pH为5.6~5.8，要求不得低于5.3。乳化剂具有缓冲pH值的作用，可以抑制pH的变化，但对于需要微调酸度的情况也可使用pH值调节剂，提高pH值时多采用碳酸氢钠或碳酸钙，降低pH值时多采用柠檬酸或乳酸。乳化终了时，应对产品水分、pH、风味等进行检测，然后抽真空进行脱气。抽真空的目的是除去加工过程中产生的一些挥发性气体或气味物质，同时去除产品中的泡沫，避免空气进入熔融釜。

四、填充、包装

乳化后的再制干酪应趁热进行填充包装,趁热包装能够有效防止灭菌后的二次污染。包装过程中物料温度应保持在70℃以上,必要时使用温度计进行监测,如果温度下降,流动性降低,不仅会引起包装缺陷,而且质量的控制也比较困难。包装材料多使用玻璃纸或涂塑性蜡玻璃纸、铝箔、偏氯乙烯薄膜等。包装量、形状和包装材料的选择,应考虑到食用、携带、运输方便以及卫生安全等多种因素。

针对某些再制干酪产品需要切片,切片操作应在包装前完成,此时温度控制很重要。目前在再制干酪智能化生产中通过改良设备切片技术,使得切片机可适用于更大的温度范围,室温下加工也能确保完美的切片效果,节省了能源成本。切片机还配备了伺服驱动系统,不需要任何压缩空气,避免了能源浪费,有效实现可持续发展目标。

五、贮藏

再制干酪产品包装后应快速低温冷却,对于片状及块状干酪产品包装后放入冷冻库应迅速降至10℃以下,而涂抹干酪产品包装后应在冷冻库内30min降至8~12℃,最终将冷却后的再制干酪放入冷藏库中定型和贮藏。成品库要保持适当的温度,以5~10℃为宜,温度过低易产生较大的水结晶。同时,温度要求保持恒定,温度发生变化会使包材内层发生沉积,从而引起产品的缺陷。

六、质量控制

再制干酪的感官要求除应符合《食品安全国家标准 再制干酪和干酪制品》(GB 25192—2022)中的规定,还应符合《中国乳制品工业行业规范 再制干酪感官质量评鉴细则》(RHB 505—2004)的要求,该细则在GB 25192—2022的基础上增加了对再制干酪外形、包装的感官评定,并对切片型再制干酪和涂抹型再制干酪的色泽、滋味、气味、组织状态、外形、包装进行百分制评定。再制干酪常见质量问题及控制措施如表5-5。

表5-5 再制干酪生产过程质量缺陷及控制措施

质量问题	产生原因	控制措施
再制干酪内有各种结晶颗粒	① 乳化剂使用过量或乳化剂、食盐颗粒未充分溶解分散导致存在结晶颗粒; ② 不溶性酪氨酸形成的结晶; ③ 使用了乳清浓缩产品且干酪水分含量又很低时,乳糖析出形成的晶体	① 乳化剂应较分散地加入,适当延长融化时间,或将乳化盐配成溶液加入; ② 乳化剂添加量适宜,避免过量; ③ 防止原料干酪中含酪氨酸结晶体; ④ 减少乳清添加物的加入量,增加添水量
再制干酪含有不溶颗粒	① 混合料中含有较硬的干酪皮或者原料干酪质地过硬; ② 原料干酪、乳化剂或其他添加剂携带的杂质; ③ 霉菌型干酪上的霉菌所形成的菌丝体	① 干酪皮等难溶的物料,应先用蒸汽或热水进行处理后再加热; ② 乳化剂应先配成溶液并冷却,保持几小时软化或高速粉碎乳化剂后再使用; ③ 所有原料及设备要仔细检查是否有异物,必要时可通过滤筛进行处理; ④ 霉菌成熟干酪融化后,进行细筛处理(除掉其中异物或硬菌体),加入其余干酪混料再继续融化

续表

质量问题	产生原因	控制措施
再制干酪呈杂色斑纹	① 不同批次颜色的干酪残留，混入下批干酪原料中就会产生颜色条纹； ② 组织结构较浓厚的再制干酪，未充分地混合和连续地搅拌； ③ 用柠檬酸溶液作为乳化剂时，由于柠檬酸钙的微小结晶引起了干酪质地的断裂，发生物理化学作用导致了杂色和无色	① 用一次灌装单元完成灌装； ② 加入下批干酪前，完全排空排净漏斗； ③ 如多个融化锅用同一台灌装机，一定要确保每锅都有相同的加工工艺参数； ④ 搅拌器高速运转一小段时间，彻底混匀； ⑤ 用柠檬酸溶液做乳化剂时，要多加 C 型乳化剂，以利于消除杂色现象
再制干酪有霉菌生长	① 外包装没有充分密封的，不卫生，有污染，使得霉菌孢子污染了干酪； ② 再制干酪有浆液析出； ③ 包装干酪用的膜，贮存在潮湿的、不通风的环境中	① 热封膜要严格密封； ② 干酪用塑料膜包装后其蜡纸边缘必须密封，并在绝对无霉菌的贮存间内贮存； ③ 消除浆液析出物； ④ 包材贮存在卫生干燥且通风环境中
再制干酪有怪味	① 使用了成熟过度或有腐败味的原料干酪以及不洁净奶油造成再制干酪呈苦味、腐败味、哈喇味或肥皂味； ② 发酸凝乳块和低的 pH 使得再制干酪呈略苦或很苦的味道； ③ 使用乳化剂不纯，原料干酪有盐味，添加防腐剂以及蒸汽有不良气味，都可能导致化学味道； ④ 用了霉菌污染的干酪做原料，产品有霉味； ⑤ 由于再制干酪含有乳糖和用夹层加热时受热过度出现蒸煮味	① 选用成熟的、味道较好、无质量缺陷的干酪原料； ② 多加些 pH 较高的成熟干酪，或用酸味较少的某种乳化剂； ③ 含有乳糖的再制干酪，融化加热温度不能大于 90℃，必须单一使用夹层加热时，其温度不得超过 70℃

 检验提升

一、单选题

1. 以下生产干酪的原辅料说法不正确的是（　　）。

A. 原料乳感官检验合格后，必要时进行抗生素试验

B. 所用的凝乳酶以皱胃酶为主

C. 为了使干酪颜色均匀一致，一般不添加色素

D. 生产干酪的水必须是软水且无菌

2. 干酪生产时排放的液体为（　　）。

A. 酪蛋白　　　　B. 乳清　　　　C. 脱脂乳　　　　D. 炼乳

3. 在干酪的生产中为了促进凝块的形成需添加（　　）。

A. 石灰乳　　　　B. 氯化钙　　　　C. 硝酸盐　　　　D. 凝乳酶

二、简答题

1. 干酪生产中添加发酵剂的目的有哪些？

2. 干酪生产中加盐的目的有哪些？

【洞察产业前沿】

近红外光谱技术作为一种新型检测技术用于谷物、水果、蔬菜等农产品成分快速定量检测。近年来，开始应用于奶酪行业。智能无线手持近红外光谱仪产品设计符合人体工程学原理，结构紧凑，坚固抗震。无论生产现场还是户外应用，均是绝佳的近红外解决方案，其软件功能强大，用户界面直观，可在平板电脑或笔记本电脑上方便使用。操作人员仅需极少的培训即可在现场完成奶酪数十项关键指标的快速检测及分析。这项智能技术的应用彻底颠覆传统奶酪行业的工艺控制理念，有着极为广阔的应用前景。

一、数字化技术赋能，助力产业发展

在行业整体向好的背景下，奶酪企业也在积极探索数字化技术的应用。在生产领域，正在探索智能化生产模式，通过物联网、互联网、数据库等信息技术实现生产自动化和数据化管理，提高生产效率和质量；在销售营销方面，逐步采用数字化手段，利用互联网平台、社交媒体等工具，精准定位受众并提供个性化服务。数字化营销在帮助品牌获得更有价值的曝光外，还沉淀更多有价值的"数据资产"，精准形成用户画像，为行业后续的发展找准市场方向。

二、数智化赋能新质生产力

奶酪企业从儿童零食入手，将奶酪再加工，创造了适合中国儿童口味的奶酪制品。事实证明，纯奶酪既然不能靠制造概念挤上中国人的餐桌，但依靠洞察中国人的味觉需求，及时对市场的反馈进行回应，主动创新研发新产品，可以创造新的消费习惯，是中国特色的奶酪推广之路。

模块六
其他乳制品生产

随着我国居民饮食结构的变化，蛋糕、面包等烘焙食品越发成为消费者饮食的重要组成部分，奶油市场规模逐年扩大，主要包括甜性奶油（不发酵奶油）、酸性奶油（发酵奶油）和无水奶油，而浓缩乳作为含乳食品的中间配料，主要用于烘焙、饮品等领域，包括甜炼乳、奶酪、脱脂乳浓缩物、脱脂乳/乳清浓缩物、酪乳浓缩物、乳清浓缩物等。

项目1　奶油生产

学习脑图

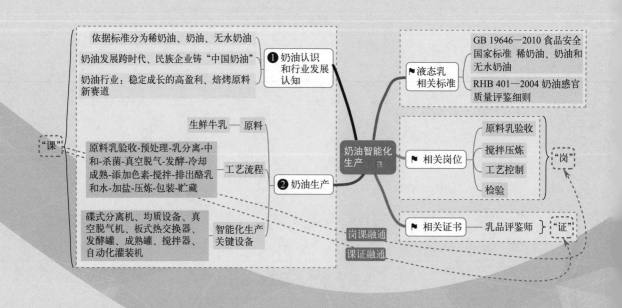

知识目标

1. 熟知奶油种类及特点。
2. 明晰奶油生产工艺流程和关键控制点。
3. 掌握乳脂分离机、奶油搅拌机的构造及原理。

技能目标

1. 会分辨稀奶油、奶油、无水奶油。
2. 会设定稀奶油的发酵参数。
3. 会判断奶油物理成熟度,设定奶油洗涤、加盐、压炼等工序的技术参数。
4. 会对奶油的品质进行感官评价。

素质目标

1. 养成安全卫生意识和自觉遵守良好生产规范的职业素养。
2. 强化知识运用和解决问题能力。

案例导入

牛乳奶油喜获国际顶级美味奖章

2023年度"全球食品界奥斯卡奖"——国际顶级美味大奖评选结果,国内某食品股份有限公司旗下牛乳奶油在全球100多个国家、数千种参选产品中成功突围,荣获国际顶级美味奖二星奖章!该款奶油产品由26%的纯牛乳+14%以上的稀奶油组成,是目前已知乳含量极高的一款奶油,其以高比例乳含量、稳定性能、细腻丝滑口感以及醇正自然乳香进入国际优质美食行列。该公司在探索中完成产品创新,拥有UHT稀奶油生产线、冷冻奶油智能生产线、奶液全自动化生产线,UHT稀奶油生产线处于国际领先,全线使用高端智能设备、全自动化系统,年产量可达26000吨;采用国际先进的蒸汽浸入式超高温杀菌系统,144℃/6s杀菌技术,最大程度地保持产品的风味和口感。该公司坚持"耕耘世界美食,丰盛美好生活"的企业使命,在产品力领先的战略引领下,持续进行产品创新与品类激活,为合作伙伴提供更多更优质产品。

反思研讨:食品牛乳奶油产品创新中给予哪些启示?

项目描述

奶油是将乳经离心分离后得到的稀奶油,经过成熟、搅拌、压炼等工艺制成的乳制品。根据生产方法、选用原料、生产地区不同,奶油可分为甜性奶油、酸性奶油、重制奶油等。学习甜性奶油和酸性奶油生产工艺及质量控制,熟悉奶油生产的典型生产工序,如稀奶油分离、杀菌、发酵、物理成熟、搅拌、排出酪乳、压炼等，以及产品在出厂前按照标准（GB 19646—2010、RHB 401—2004）检验各项指标，进行质量鉴定。

相关标准

① GB 19646—2010　食品安全国家标准 稀奶油、奶油和无水奶油。
② RHB 401—2004　奶油感官质量评鉴细则。

必备知识

早在公元前3000多年前，古人就已经掌握了原始的奶油制作方法。把牛乳静放一段时间，就会产生一层漂浮的奶皮，捞出装入皮口袋，挂起来反复拍打、搓揉，奶皮逐渐变成了奶油。现代工业化生产中，乳脂分离是由分离机完成，分离后得到稀奶油经成熟、搅拌、压炼，制成奶油产品，营养丰富，可直接食用或作为其他食品等的原料。

市面上销售的奶油主要分为植物奶油和动物奶油两大种类。植物奶油又称人造奶油、植脂奶油，常被作为淡奶油的替代品，是植物油氢化后，加入人工香料、防腐剂、色素及其他添加剂制成的产品。动物奶油也称淡奶油或稀奶油，是从全脂牛乳中分离得到的，有着天然的浓郁乳香。

> **【淡奶油、稀奶油如何分得清】**
>
> 淡奶油和稀奶油都是市面上常见的奶油名称，很多人认为淡奶油和稀奶油是同一种产品，只是不同地区习惯叫法不同，其实不然。淡奶油是指用生牛乳脂肪部分为主料，搭配脱脂乳和一些食品添加剂制作而成，脂肪含量较高，一般在35%～45%，含有少量蛋白质；而稀奶油是以纯生牛乳脂肪部分为原料制成，本身为纯脂肪，几乎没有蛋白质。淡奶油属于搅打型装饰奶油，适合一切面包蛋糕上的奶油装饰，奶味突出，而市面上常售的稀奶油属于非搅打型奶油，并不适合任何面包蛋糕上的装饰造型，只适合面包或蛋糕内部调味或咖啡奶茶等饮品的表面装饰。可以说，淡奶油是稀奶油的加工产品，而稀奶油则是淡奶油原料之一。在选购奶油时，不要纠结名字，关注配料中的脂肪含量和蛋白质含量才是关键。

一、奶油的营养价值

奶油与牛乳成分大致相同，但各组成成分的含量都有了明显变化，奶油的脂肪含量比牛乳增加了20～25倍，其余成分如非脂乳固体（蛋白质、乳糖）及水分都大大降低。奶油的维生素A和维生素D含量很高，在人体内的消化吸收率较高，可达95%以上，促进机体骨骼的生长发育，在一定程度上预防佝偻病，并且口感香醇，适量食用可以促进食欲，改善食欲不振的情况。

认识稀奶油、奶油、无水奶油

二、奶油分类

《食品安全国家标准 稀奶油、奶油和无水奶油》(GB 19646—2010)中有关奶油产品定义如下：

① 稀奶油：以乳为原料，分离出的含脂肪的部分，添加或不添加其他原料、食品添加剂和营养强化剂，经加工制成的脂肪含量10.0%~80.0%的产品。

② 奶油（黄油）：以乳和（或）稀奶油（经发酵或不发酵）为原料，添加或不添加其他原料、食品添加剂和营养强化剂，经加工制成的脂肪含量不小于80.0%产品。

③ 无水奶油（无水黄油）：以乳和（或）奶油或稀奶油（经发酵或不发酵）为原料，添加或不添加食品添加剂和营养强化剂，经加工制成的脂肪含量不小于99.8%的产品。

2021年6月2日，食品安全国家标准评审委员会秘书处发布《食品安全国家标准 稀奶油、奶油和无水奶油（征求意见稿）》在术语定义部分新增"调制稀奶油"，并对其理化指标进行补充等。此次对稀奶油、奶油和无水奶油的标准征求意见稿，是在调研其他国家/地区标准的基础上形成，正式发布实施后，将有利于我国该行业内产品的规范性和可操作性。

（1）奶油根据制造方法不同分类 见表6-1。

表6-1 奶油的主要种类

种类	特征
甜性奶油	以鲜稀奶油制成，有加盐和不加盐两种，具有明显的乳香味，含乳脂肪80%~85%
酸性奶油	以杀菌的稀奶油，用纯乳酸菌发酵剂发酵后加工制成，有加盐和不加盐两种，具有微酸和较浓的乳香味，含乳脂肪80%~85%
重制奶油	用稀奶油和甜性、酸性奶油，经过熔融，除去蛋白质和水。具有特有的脂香味，含乳脂肪98%以上
脱水奶油	杀菌的稀奶油制成奶油粒后经熔化，用分离机脱水和脱除蛋白，再经过真空压缩而制成，含乳脂肪高达99.9%

（2）稀奶油根据脂肪含量和食用方法不同分类 见表6-2。

表6-2 稀奶油的主要种类

种类	特征
半脱脂稀奶油	脂肪含量为12%~18%，用于咖啡、浇淋水果、甜点和谷物类早餐
一次分离稀奶油	脂肪含量为18%~35%，用于咖啡，或作为水果、甜点，加在汤及风味配方食品中的浇淋稀奶油
发泡稀奶油	脂肪含量为35%~48%，用作包括甜点、蛋糕和面点等馅芯的填充物
二次分离稀奶油	脂肪含量>48%，用作甜点的浇淋、匙取稀奶油，加入蛋糕、面点中以增强起泡性等

工艺流程

奶油生产工艺流程见图6-1和图6-2。

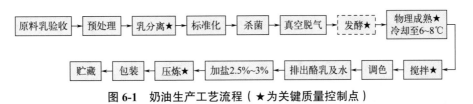

图6-1 奶油生产工艺流程（★为关键质量控制点）

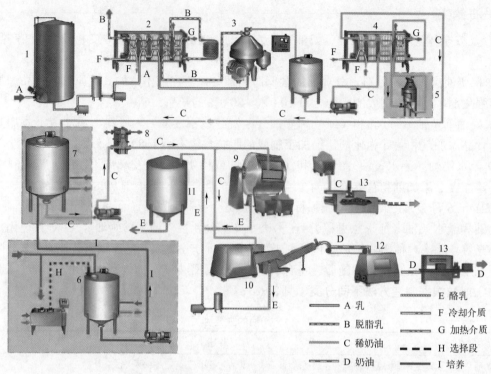

图 6-2 发酵奶油批量和连续化生产流程示意图

1—贮乳罐；2—板式热交换器（预热）；3—奶油分离机；4—板式热交换器（巴氏杀菌）；
5—真空脱气机；6—发酵剂制备；7—稀奶油成熟和发酵；8—板式热交换器（温度处理）；
9—奶油搅拌机；10—连续压炼机；11—酪乳暂存罐；12—带传送的奶油仓；13—包装机

 关键技能

一、稀奶油分离

1. 分离方法

牛乳含脂率为3%～5%，利用物质相对密度不同，脂肪从牛乳中分离出来的方法有静置法和离心分离法。

（1）静置法 将牛乳置于容器中静置24～36h，因乳脂肪密度比较低，逐渐浮到乳的表面，利用这种方法分离奶油时间长，脂肪含量在15%～20%，损失比较多，目前仅在牧区使用。

（2）离心法 经验收合格后，牛乳预热到30～40℃，送入封闭式牛乳分离机，控制稀奶油和脱脂乳的流速比为1：（6～12），含脂率控制到30%～40%生产奶油，可以将稀奶油与脱脂乳迅速较彻底分开，现代化生产普遍采用此方法。

2. 影响分离效率的因素

（1）分离机转速 一般来说，转速越高分离效果越好，操作时，应保持规定转速以上，不能使分离机超负荷运转，降低机器寿命，造成损坏，操作者必须正确掌握分离机的转速。

（2）乳温度 原料乳预热35～40℃，乳密度下降，脂肪球和脱脂乳在加热时膨胀系数不同,脂肪的密度较脱脂乳降低更多,有利于乳脂肪分离。

(3)乳杂质度 分离机的能力与分离钵半径成正比,如果乳中杂质含量较高,易造成分离钵被污物堵塞,半径逐渐缩小,分离能力随之降低。分离机每次使用前一定要清洗消毒,分离原料乳前一定要严格控制乳中的杂质和乳中的酸度,提高分离效果。

(4)乳流量 根据每台分离机测定的实际能力,应按照最大生产能力(标明能力)减少10%～15%控制进乳的流量。乳含脂率与稀奶油的浓度及存留于脱脂乳中的脂肪成正比,适当减少进入分离机的乳量,延长分离时间,有利于提升分离效果。

3. 碟片式分离机构造及原理

碟片式离心分离机(图6-3),转鼓内有数十个至上百个形状和尺寸相同、锥角为600～1200的锥形碟片,碟片之间的间隙用碟片背面的狭条来控制,一般碟片的间隙为0.5～2mm。每只碟片在离开轴线一定距离的圆周上开有几个对称分布的圆孔,许多这样的碟片叠置起来时,对应的圆孔就形成垂直的通道。当具有一定压力和流速的两种不同密度液体的混合液进入离心分离机,由于离心分离机的碟片组高速旋转,混合液通过碟片上圆孔形成的垂直通道进入碟片间的隙道后,也被带着高速旋转,具有了离心力。此时两种液体因密度不同而获得的离心沉降速度也不同,在碟片的隙道间出现了不同的情况,密度大的液体获得的离心沉降速度大于后续液体,有向外运动的趋势,就从垂直圆孔通道在碟片间的隙道内向外运动,并连续向鼓壁沉降;密度小的液体获得的离心沉降速度小于后续液体,在后续液体的推动下被迫反方向向轴心方向流动,移动至转鼓中心的进液管周围,连续被排出。这样,两种不同密度液体就在碟片间的隙道流动的过程中被分开。

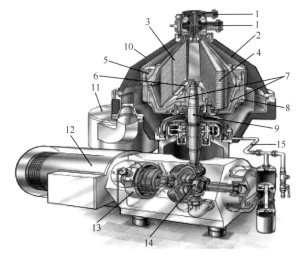

图6-3 碟片式分离机

1—出口泵;2—钵罩;3—分配孔;4—碟片机;5—锁紧环;6—分配器;7—滑动钵底部;
8—钵体;9—空心钵轴;10—机盖;11—沉淀器;12—电机;13—制动;14—齿轮;15—操作水系统

4. 碟片式乳脂分离操作流程

(1)操作前准备

① 检查设备是否完好无损,各部件连接是否紧固。
② 清理设备内部,确保无杂质残留。
③ 检查电机、轴承等关键部件的润滑情况,确保润滑良好。

④准备待处理的牛乳,确保原料质量符合要求。

(2)生产步骤和技术要点
①安装碟片:根据设备说明书的要求,正确安装碟片组,确保碟片之间的间隙合适。
②启动设备:接通电源,启动电机,使设备开始运转。
③调整参数:根据待处理牛乳的成分和分离要求,调整设备的转速、进料量等参数。
④进料与分离:通过进料管将牛乳均匀送入设备内部,观察分离效果,适时调整参数。
⑤出料与收集:分离后的脂肪和乳清分别通过出料管排出,收集并妥善处理。

(3)注意事项
①保持设备稳定运转,避免突然启动或停机。
②定期检查设备运行状态,确保各部件正常工作。
③根据实际生产情况,灵活调整参数以达到最佳分离效果。

(4)安全规定
①严格遵守操作规程,严禁违规操作。
②设备运转时,禁止触碰旋转部件,以防夹伤。
③保持设备周围整洁,防止杂物进入设备内部。
④发现异常情况时,应立即停机检查,排除故障后再继续生产。

5. 设备维护保养及故障排除

(1)维护保养要求
①定期检查设备各部件的紧固情况,及时紧固松动部件。
②定期清理设备内部,确保无杂质残留。
③定期更换润滑油,确保轴承等关键部件的润滑良好。
④对易损件进行定期检查和更换,如碟片、密封件等。

(2)常见故障排查指南
①设备无法启动:检查电源是否正常,电机是否损坏。
②设备噪声过大:检查轴承是否磨损,及时更换轴承。
③分离效果下降:检查碟片是否磨损或变形,及时更换碟片。

二、中和

中和的目的是防止稀奶油在杀菌时由于酸度高,遇热时蛋白质形成凝块,影响奶油质量。稀奶油经过中和,延长保存期,改善风味,减少酪乳中脂肪含量,使奶油保持一致。生产甜性奶油时,稀奶油pH值在6.4~6.8,酸度0.5%(55°T)以下时,可中和至0.15%(16°T);或稀奶油酸度在0.5%以上时,中和限度为0.15%~0.25%。中和剂常选用石灰、碳酸钠、碳酸氢钠、氢氧化钠等。用石灰中和时一般调成20%的乳剂,徐徐加入。碳酸钠因易溶于水,不易使酪蛋白凝固,可以很快发挥作用,但会产生二氧化碳,如果容器过小,导致稀奶油溢出,一般先配成10%的溶液,再徐徐加入。

三、杀菌

稀奶油杀菌的目的是杀死病原菌和腐败菌,防止脂肪酸败,除去各种挥发物质,改善奶油的香味、增加风味,提高奶油的保藏期。

脂肪的导热性很低,能阻碍温度对微生物的作用;同时能使脂肪酶完全被破坏掉,必须进行高温巴氏杀菌。一般采用85~90℃热处理条件。杀菌方法分为间歇式和连续式两种，小型企业多采用间歇式，此法简单，稀奶油桶放到热水槽内，再用蒸汽加热，温度达到85～90℃保持10s。加热过程中要进行搅拌。大型工厂则多采用连续式杀菌方法，通过板式热交换器进行超高温瞬时灭菌或采用高压蒸汽直接接触稀奶油，瞬间加热至88～116℃，进入减压室冷却。

杀菌后，稀奶油迅速冷却有利于物理成熟，保证无菌和防止芳香物质的挥发，可以获得比较芳香的奶油。制作甜性奶油需要冷却到10℃以下。采用板式杀菌器进行杀菌，连续进行冷却。生产酸性奶油时，冷却到发酵温度。用表面冷却器进行冷却时，对稀奶油的脱臭有很大效果，可以改善风味。大型工厂多采用成熟槽进行冷却。

四、发酵（酸性奶油）

甜性奶油不经过发酵，冷却后物理成熟。酸性奶油必须经过发酵，再进行物理成熟或者发酵和物理成熟在成熟罐内同时完成。使用乳酸菌发酵，可抑制奶油腐败，产生独特的芳香风味物质，改变风味。

1. 发酵剂

发酵剂菌种可分为产酸菌种，包括乳酸链球菌、乳脂链球菌，可将乳糖转化为乳酸；产香菌种，主要有嗜柠檬酸链球菌、副嗜柠檬酸链球菌、丁二酮乳链球菌，可将柠檬酸转化为丁二酮和乙酸，赋予酸性奶油特有的香气。采用混合乳酸菌发酵剂生产酸性奶油，要求发酵剂产香能力强，产酸能力相对较弱。经发酵的奶油不仅具有良好而独特的风味，而且易吸收，营养价值较高。有些还能抑制肠胃内异常发酵和其他肠道病原菌的生长。

2. 发酵条件控制

经过杀菌冷却的稀奶油输送到发酵成熟罐中，温度达18～20℃后，添加相当于稀奶油1%～5%的工作发酵剂，一般随碘值的增加而增加，每间隔1h搅拌5min。控制稀奶油酸度最后达到表6-3规定程度时，停止发酵，转入物理成熟。

表6-3 稀奶油发酵的最终酸度控制表

稀奶油中脂肪含量/%	最终酸度/°T	
	加盐奶油	不加盐奶油
24	30.0	38.0
26	29.0	37.0
28	28.0	36.0
30	28.0	25.0
32	27.0	34.0
34	26.0	33.0
36	25.0	32.0
38	25.0	31.0
40	24.0	30.1

五、物理成熟

稀奶油冷却至脂肪凝固点，部分脂肪变为固体结晶状态，这一过程称为稀奶油物理成熟。生产新鲜奶油时，冷却后立即成熟；生产酸性奶油时，则在发酵前或后，或与发酵同时进行。通常需要12～15h成熟。

稀奶油搅拌成奶油，要求脂肪球有一定的硬度及弹性，可以通过降温来实

物理成熟

现。因脂肪的导热性差，还被脂肪球膜包裹，冷却非常缓慢，经杀菌、冷却后，需在低温下保持一段时间，使乳脂肪中大部分甘油酯由乳浊液状态转变为结晶固体状态，以减少搅拌和压炼过程中乳脂肪损失。

1. 原理

奶油中的脂肪一部分以脂肪球形式存在，称为分散相；一部分以黏合的游离的脂肪形式存在，称为连续相；乳脂肪的存在状态取决于温度。脂肪连续相的大小和脂肪酸的组成对奶油产品的黏稠性起决定性作用。当包围在脂肪球周围的脂肪连续相足够多时，意味着奶油的涂抹性及可塑性增加，但脂肪连续相的熔点要低，以保证其在低温下液体状态不变。液体结晶变成固体时会放热，所以体系需要冷却，并且要有晶核存在的条件下才能结晶。稀奶油物理成熟时，为了形成少量液体脂肪包围大部分固体脂肪的状态，温度应低于乳脂肪的凝固温度，温度越低，成熟所需的时间越短，在稀奶油中加入晶核或在低温下进行机械振动都是促使其形成的重要因素。

2. 方法

根据稀奶油的脂肪组成来确定成熟方法。一般根据不同的碘值采用不同的温度处理。对于甜性奶油的冷却成熟温度控制，在选择温度处理方法时，只要选择的处理温度能够使奶油具有良好的黏稠度和硬度以及低的脂肪损失即可。对于低碘值的甜性奶油，需先冷却至6～8℃，在此温度下保持约2h，再加热至18～21℃，保持0.5～3h，然后再降温至搅拌温度10～12℃。对于高碘值的稀奶油，应快速冷却至6～8℃，保持此温度过夜直至第二天早晨的搅拌操作前。脂肪结晶时产生的热量会增加稀奶油的温度，若稀奶油的温度上升超过10℃，则在搅拌前需将稀奶油降温至6～10℃。

3. 成熟度的控制

成熟度取决于物理成熟的温度和时间，随着成熟温度的降低和保持时间的延长，大量脂肪变成结晶状态。成熟温度应与脂肪变成固体状态的最大可能程度相适应。夏季3℃时脂肪最大可能的硬化程度为60%～70%，而6℃时为45%～55%。

六、搅拌

稀奶油置于搅拌器中，利用机械的冲击力，使脂肪球膜破坏而形成脂肪团粒，这一过程称为"搅拌"，是提取奶油的关键工序，搅拌时分离出来的液体称为"酪乳"。为了使酪乳中脂肪含量不超过0.3%，制成奶油颗粒具有弹性、纯洁完整、颗粒大小2～4mm等，必须严格控制稀奶油的温度。冬季以11～14℃，夏季以8～10℃为宜。

1. 搅拌方法

将冷却成熟好的稀奶油的温度调整到所要求的范围内，装入搅拌机，如图6-4所示，开始搅拌时，搅拌机转3～5圈，停止旋转排出空气，再按规定的转速进行搅拌直到奶油粒形成为止，一般完成搅拌所需的时间为30～60min。

2. 搅拌程度的判断及回收率

在窥视镜上观察，由稀奶油状变为较为透明、有奶油粒生成。在搅拌到终点时，搅拌机里的声音有变化。用手摇搅拌机，当奶油粒快出现时，可感到搅拌

图6-4　间歇式生产中的奶油搅拌机

1—控制板；2—紧急停止；3—角开挡板

较费劲。停机观察时，形成的奶油粒直径以 0.5～1cm 为宜，搅拌终点放出的酪乳含脂率一般为 0.5% 左右。

回收率是测定稀奶油中有多少脂肪已转化成奶油的标志。它以酪乳中剩余的脂肪占稀奶油中总脂肪的百分数来表示。如果该值低于 7% 时，则被认为搅拌回收率是合格的。

3. 影响搅拌的因素

为了使搅拌顺利进行，使脂肪损失减少，制成具有弹性、清洁、完整、大小整齐的奶油粒，必须注意控制以下条件。

稀奶油的脂肪含量，决定脂肪球间的距离，稀奶油中含脂率越高则脂肪球间距离越近，形成奶油粒也越快。一般稀奶油达到搅拌的适宜含脂率为 30%～40%。物理成熟度良好的稀奶油，在搅拌时产生很多的泡沫，有利于奶油粒的形成，使流失到酪乳中的脂肪减少。调整适宜的温度进行搅拌才能形成奶油粒。搅拌机中稀奶油的添加量，一般小型手摇搅拌机要装入其容积的 30%～36%，大型电动搅拌机可装入 50%。使用非连续操作的滚筒式搅拌机，一般采用 40r/min 左右的转速。而使用连续操作奶油制造机除外。酸性奶油比甜性奶油更容易搅拌。制造酸性奶油时，要求稀奶油的酸度以 35.5°T 以下，一般 30°T 最适宜。

4. 奶油颗粒的形成过程

脂肪球分散在脱脂乳中，既含有结晶的脂肪，又含有液态的脂肪。脂肪结晶在接近脂肪球膜处形成了一层外壳。当稀奶油被剧烈搅拌时，形成了蛋白质泡沫层。由于表面活性作用，使脂肪球的膜被吸到气-水界面，被集中到泡沫中。继续搅拌时，蛋白质脱水，泡沫变小、紧凑，对脂肪球压力增大，引起一定比例的液体脂肪从脂肪球中被压出，促使脂肪球膜破裂。在液体脂肪中，也会含有脂肪结晶，是以一薄层分散在泡沫的表面和脂肪球上。当泡沫变得相当稠密时，更多的液体脂肪被压出，这种泡沫因不稳定而破裂。脂肪球凝结进入奶油的晶粒中，开始时这些是肉眼看不见的，但当搅拌继续时，它们变得越来越大，脂肪球聚合成奶油粒，使剩余在液体即酪乳中的脂肪含量减少，这样稀奶油被分成奶油粒和酪乳两部分，在传统的搅拌中，当奶油粒达到一定大小时候，搅拌机停止并排走酪乳。在连续式奶油制造机中，酪乳的排出也是连续的。

5. 奶油搅拌机操作

（1）带轧辊的摔油机 带轧辊的摔油机由搅乳桶、轧辊和传动结构三部分组成，其中搅乳桶为承受稀奶油的容器，形状有圆柱形、锥形、方形和长方形。在搅乳桶中有轧辊与挡板，挡板的形状、安装位置和尺寸与搅拌器速度有关。

在搅拌前先用 50℃ 的温水洗涤 2～3 次，然后用 83℃ 以上的热水旋转 15～20min，热水排出后加盖密封。稀奶油用过滤器除去不溶性固形物后传送于搅拌器中，容量为搅拌器容量的 1/3～1/2，加盖密闭后旋转。一般旋转 5min 需要打开排气孔排气，反复 2～3 次。判断奶油粒的形成情况，可以从搅拌器的窥视镜观察，当形成像大豆粒大小的奶油粒时，搅拌结束，经开关排出酪乳，并用纱布或过滤器过滤，以便挡住被酪乳带走的小颗粒，减少乳脂肪的损失。搅拌机应每周用含氯 0.01%～0.02% 的溶液消毒两次，并用 1% 碱溶液彻底洗涤一次。

（2）无轧辊的摔油机 此种形式的摔油机无轧辊，具有特定的形状，比如蝶形、角形和菱形等，桶中有挡板。

操作前将搅拌器清洗消毒，加入物理成熟后含脂率 35% 左右的稀奶油约 180L，注意不要超过转轴中心。按照气候变化，稀奶油的温度调整在 9～14℃；奶油搅拌时，搅拌桶的转速为 38r/min，开始每转了 3～5 圈后，放一次汽，放 2～3 次后进入正常搅拌，搅拌时间为

30~60min，随稀奶油的温度及搅拌程度决定，奶油粒3mm时，即可停止搅拌，排放酪乳。可以用筛网过滤，以便挡住被酪乳带走的小颗粒，减少乳脂肪的损失。奶油取出后，用热碱水对搅拌桶进行清洗，最后用清水淋洗干净。

七、排出酪乳和洗涤奶油粒

奶油粒形成后，漂浮在酪乳表面，需要将奶油和酪乳尽量完全分离。洗涤目的是除去奶油粒表面的酪乳和调整奶油的硬度，如用有异常气味的稀奶油制造奶油时，能使部分气味消失，并调整水分。洗涤的方法是将酪乳排出后，奶油粒用杀菌冷却后的清水在搅拌机中进行。

洗涤用水要符合饮用水标准。含铁量高的水容易促进奶油脂肪氧化，使用时需注意。如用活性氯处理洗涤水时，有效氯的含量不应高于200mg/kg。加水量为稀奶油量的50%左右，水温在3~10℃的范围，可根据奶油的软硬程度而定。如果奶油太软需要增加硬度时，第一次的水温应较奶油粒的温度低1~2℃，第二次、第三次各降低2~3℃。水温降低过急时，会使奶油色泽不均匀。一般夏季水温宜低，冬季水温稍高。注水后慢慢转动3~5圈进行洗涤，停止转动后将水放出。必要时可进行几次，直到有清水排出为止。水洗次数为2~3次。稀奶油风味不良或发酵过度时可洗3次，通常2次即可。每次的水量以与酪乳等量为原则。

八、加盐

酸性奶油一般不加盐，甜性奶油食盐的浓度需在10%以上，可以抑制大部分微生物（尤其是细菌类）繁殖，提升保藏性，增加风味。

用于奶油生产的食盐必须符合国家特级或一级标准。食盐的用量一般不超过奶油总量的2%。加盐有两种方法。

奶油粒的洗涤、加盐

1. 固体盐加入法

将盐在120~130℃干燥箱中焙烤3~5min，然后过30目筛。待排出洗涤水后，将准备好的食盐均匀撒在奶油表面，静置5~10min后，旋转奶油搅拌机3~5圈，再静置10~20min后，则可进入下一个工序压炼。固体结晶盐方法的缺点是食盐分布不均。在间歇生产的情况下，食盐撒在奶油的表面。

2. 食盐溶液法

将1kg食盐加入煮沸过的热水2.7L中溶解，经过滤后冷却至比奶油高1~2℃时，放入洗涤后的奶油中，用量为食盐水1L容量。旋转3~4圈，排出食盐溶液。然后再加其余2L容量的食盐水，旋转搅拌机8~9圈，排出食盐水再进行压炼。此法能使食盐均匀分布于奶油中，缺点为用水量高。

在连续式奶油制造机中加入盐水。盐粒的大小不宜超过50μm，若盐粒较大则在奶油中溶解不彻底，会使产品产生粗糙感。盐的溶解性与温度关系不大，大约26%时达到饱和，因此加入盐水会提高奶油的含水量。为了减少含水量，在加入盐水前要保证奶油粒中的含水率为13.2%。

九、压炼

将奶油粒压成奶油层的过程称压炼。压炼的目的是使奶油粒变成组织致密的奶油层，水滴分布均匀，食盐全部溶解，并均匀分布于奶油中，同时调节水分含量，即在水分过多时排除多余的水分，水分不足时，加入适量的水分使其均匀吸收，得到具有良好黏稠度、外观及保存性质的产品。小规模加工奶油时,可在压炼台上用手工压炼。大规模在工厂奶油制造器中进行压炼。

1. 压炼过程

压炼一般分为三个阶段。压炼初期,被压榨的颗粒形成奶油层,表面水分被压榨出来。此时,奶油中水分显著降低。当水分含量达到最低限度时,水分又开始向奶油中渗透。奶油中水分容量最低为临界时期,第一阶段结束。压炼第二阶段,奶油水分逐渐增加。在此阶段水分的压出与进入是同时发生。第二阶段开始时,这两个过程的进行速度大致相等。但是,末期从奶油中排出水的过程几乎停止,而向奶油中渗入水分的过程则加强,这样就引起奶油中的水分增加。压炼第三阶段,奶油的水分显著增高,而且水分的分散加剧。根据奶油压炼时水分所发生的变化,使水分含量达到标准化。每个工厂应通过实验来确定,在正常压炼条件下调节奶油中水分的曲线图。因此,在压炼中,每通过压榨轧辊3或4次,必须测定一次含水量。

2. 奶油压炼的方法

常用方法有搅拌机内压炼和搅拌机外专用压炼机压炼两种,现在大多采用机内压炼方法,也可以采用真空压炼法,该法生产的奶油中,空气含量较低,因此制成奶油比普通奶油稍硬一些。真空压炼中,空气体积量约占0.3%,而在常压下压炼的奶油,占4%~7%。

奶油中含水量的计算:根据压炼条件,开始时碾压5~10次,以便将颗粒汇集成奶油层,并将表面水分压出,然后稍微打开旋塞和桶孔盖,再旋转2或3转,随后使桶口向下排出游离水,并从奶油层的不同地方取出平均样品,以测定含水量。在这种情况下,奶油中含水量如果低于许可标准,可以按下面公式计算不足的水分。

$$X=M(A-B)/100\%$$

式中,X 为不足的水量,kg;M 为理论上奶油的重量,kg;A 为奶油中允许的标准水分,%;B 为奶油中含有的水分,%。

将不足的水量加到奶油制造器内,关闭旋塞后继续压炼,不让水流出,直到全部水分被吸收为止。压炼结束之前,再检查一次奶油的水分。如果已达到了标准再压榨几次,使其分散均匀。

3. 压炼质量要求

在正常压炼的情况下,奶油中直径小于15μm的水滴的含量要占全部水分的50%。直径达1mm的水滴占30%,直径大于1mm的大水滴占5%。正常压炼时,水分都不应超过16%。在制成的奶油中,水分应成为微细的小滴均匀分散。当用铲子挤压奶油块时,不允许有水珠从奶油块内流出。

十、奶油的连续式生产工艺

传统的奶油生产法采用间歇生产法,随着奶油生产技术的发展,在工艺上趋于连续化生产,这种连续化生产的工艺采用的设备就是连续式奶油制造机(图6-5)。这种设备以传统的搅拌法为基础,将物理成熟后的稀奶油连续进入制造机,在其中连续完成搅拌、洗涤、排液、加盐、压炼等工艺,降低了劳动强度,提高了生产效率。连续式奶油制造机的构造如图6-6。

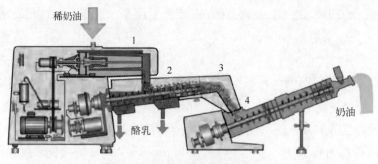

图 6-5　连续式奶油制造机（一）

1—搅拌筒；2—分离口（第一压炼段）；3—榨干段；4—第二压炼段

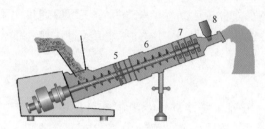

图 6-6　连续式奶油制造机（二）

5—喷射室；6—真空压炼区；7—后处理段；8—传感器

工作过程先将稀奶油加到双重冷却的有搅打设施的搅拌筒中，搅打设施由一台变速马达带动。在搅拌筒中，脂肪球快速转化为奶油粒，转化后的奶油团粒和酪乳通过分离口，分离奶油与酪乳。奶油团粒在此用循环冷却水进行洗涤。在分离口，螺杆把奶油进行压炼，同时也把奶油输送到下一道工序中。在离开压炼工序时，奶油通过一锥形槽道和一个带孔的盘，即榨干段以除去剩余的酪乳，然后奶油颗粒继续到第二压炼段。每个压炼段都有自己不同的电机，使它们能按不同的速度操作以得到最理想的结果，正常情况下第一阶段螺杆的转动速度是第二段的两倍。紧接着最后压炼阶段可以通过高压喷射器将盐加入喷射室。接下来进入真空压炼区，此段和一个真空泵连接，在此可将奶油中的空气含量减少到和传统制造奶油的空气含量相同。最后阶段由4个小区组成，每个区通过一个多孔的盘相分隔，不同大小的孔盘和不同形状的压炼叶轮使奶油得到最佳处理。第一小区也有一喷射器用于最后调整水分含量，一旦经过调整，奶油的水分含量变化限定在0.1%的范围内保证稀奶油的特性保持不变。感应水分含量、密度、盐含量和温度的传感器8，配备在机器的出口处，可以用来对上述参数进行自动控制。最终成品奶油从该机器的末端喷头呈带状连续排出，进入奶油仓，再被输送到包装机。

十一、检验合格出厂

产品质量应符合《食品安全国家标准 稀奶油、奶油和无水奶油》（GB 19646—2010）中的规定，包括原料要求、感官要求、理化指标、微生物限量、污染物限量、真菌毒素限量、其他包装要求等。产品在出厂前按照GB 19646—2010进行检验，各项指标要符合质量要求，检验合格后方可出厂。

十二、奶油的质量缺陷、产生原因及控制措施

优质的奶油呈均匀一致的乳白色、乳黄色或相应辅料应有的色泽，具有奶油应有的滋味

和气味，无异味，组织状态，均匀一致。然而由于配方、加工、包装、贮藏等方面原因，常常造成奶油品质不佳。奶油的质量缺陷及其产生原因和控制措施见表6-4。

表6-4 常见奶油质量缺陷及控制措施

类型	质量问题	产生原因	控制措施
异味	肥皂味	稀奶油中和过度，或中和操作过快，引起局部皂化	改进操作工艺或用碱量适当
	干酪味	由于生产卫生条件差、霉菌污染或稀奶油被细菌污染而导致蛋白质分解造成	加强稀奶油杀菌，各设备和生产环境消毒工作
	脂肪氧化味	油脂贮藏温度高，长时间暴露在光线中或含有金属离子时易氧化	低温避光贮藏，避免使用金属容器盛放
	鱼腥味	奶油贮藏时很容易出现的异味，脂肪发生氧化，卵磷脂水解，生成三甲胺，这时应立即提前结束贮存	生产中加强杀菌和卫生措施
	苦味	使用末乳或奶油被酵母菌污染	避免使用末乳，加强生产中卫生管理
	金属味	由于奶油接触铜、铁设备而产生的金属味	防止奶油接触生锈的铁器或铜制阀门，严格车间和设备洗涤
	酸败味	杀菌强度不够，原料乳的酸度过高，洗涤次数不足，贮藏温度过高	提高杀菌温度，使用高质量的原料乳，增加洗涤次数，采用低温贮藏
	平淡无味	原料乳不新鲜，洗涤或脱臭过	选用高质量的原料乳，改良洗涤或脱臭工艺
组织状态	软膏状或黏胶状	过度压炼，洗涤水温过高，稀奶油酸度过低，成熟不足，搅拌温度过高	生产工艺中控制好压炼时间，洗涤水温不能超过10℃，选择适当的稀奶油冷却温度，严格控制好搅拌温度
	奶油组织松散	压炼不足、搅拌温度低等，造成液态油过少，出现松散状奶油，包装时未压满包装容器	改良压炼方法，控制压炼时间，控制奶油冷却温度和时间，包装时尽量装满容器
	砂状奶油	此缺陷出现在加盐奶油中，是盐粒粗大没溶解。有时出现粉状，中和时蛋白凝固混合在奶油中所导致	加入小颗粒的盐，中和操作要得当
	水分过多	稀奶油在物理成熟阶段冷却不足，过度搅拌，洗涤水温过高，洗涤和压炼时间过长，在搅拌机中注入稀奶油的量过少	采用合适的冷却处理时间，降低搅拌强度和时间，调整洗涤工艺，改良压炼方法，调整奶油的加入量
色泽	色暗而无光泽	压炼过度或稀奶油不新鲜	避免过度压炼，添加原料稀奶油应符合质量标准
	条纹状	此缺陷容易出现在干法加盐的奶油中，盐加得不均，压炼不足，洗涤水温过高	调整压炼方法、添加辅料方法，严格按照要求控制搅拌和洗涤的条件
	表面褪色	奶油暴露在阳光下，发生氧化造成的	应避光贮存
	色泽发白	出现在冬季生产的奶油时，由于奶油中胡萝卜素含量太少，使奶油色淡，甚至白色	通过添加胡萝卜素加以调整

检验提升

一、单选题

1. 奶油成品中食盐含量（　　）为标准。
A. 10%　　　　　　B. 20%　　　　　　C. 30%　　　　　　D. 40%

2. 由于奶油在压炼过程中会导致食盐流失，所以添加时，通常按（　　）的数量加入。
A. 1.0%～2.0%　　　B. 2.5%～3.0%　　　C. 3.5%～4.0%　　　D. 4.5%～5.0%

3. 奶油的质量标准不包括（　　）。
A. 呈均匀一致的微乳黄色
B. 水分含量≥16%
C. 食盐分布均匀一致，无食盐结晶
D. 脂肪含量为≥80%

4. 关于奶油的加工工艺，说法不正确的是（　　）。
A. 奶油粒的洗涤可提高奶油的保存性
B. 奶油的压炼可使水分均匀分布
C. 稀奶油的中和可防止脂肪流失
D. 甜性奶油的加工过程需添加发酵剂

二、简答题

1. 简述奶油生产间歇化与连续化生产的区别。
2. 如何控制奶油质量缺陷？

【洞察产业前沿】

一、生产智能排程柔性化

乳品生产排程柔性化，从销售需求端到供需匹配及生产计划下达，最终指导生产排产，结合大数据算法，实现了数据的闭环。首先，销售端通过销售预测智能应用，结合历史数据（线下经销商、门店、线上电商平台等数据）、促销政策、商品特征信息、节假日、外部数据，利用智能算法，客观计算出未来12个月销售预估数据，减少目标导向对需求计划设定的影响，反馈当前市场的真实销售情况及变动趋势；基于销售预测结果结合目标导向，制定符合当前企业运营现状的需求计划，跟进销售预测及需求计划与实际销售情况的偏差，形成销售计划准确率追踪机制。

其次，形成的需求计划输入到供应端，通过供应计划智能应用明确需求计划输入标准，以统一需求计划为指导，利用中台数据综合考虑需求、供应及安全库存，进而匹配对应的可用库存与缺口情况，协助计划人员通过调整完成供应计划测算，实现供需平衡；利用中台数据综合考虑产成品供需匹配情况，减除现存手工计划表，系统将自动跟踪每个版本供应计划的执行情况；对基地产能不足或使用率低的情况做出判断，在正式排产前完成粗产能分析，基于各基地工厂日历设置的限制因素考虑，落实到工厂成品排产计划，提前完成粗产能预估分析；依据既定的产成品供应计划拆解至关键原辅料的需求，对原辅料供应风险作出预判，结合BOM表和产成品供应计划拆解关键原辅料的需求，对用户提出供应限制预警，结合原辅料实际库存情况调整供应计划，形成供需计划闭环。

最后，生成的供应计划，同步到ERP系统中计划独立需求，结合工厂计划人员、产线产能、安全库存、补货线的情况进行生产排产，最后进行MPS生产订单的下达。通过集中排程、可视化调度、工业大数据等及时准确掌握原料、设备、人员等生产信息，应用多种智能算法提高生产排程效率，实现柔性化生产，满足了多品种、小批量的订单需求。

二、生产作业数字化

生产作业数字化是智能化工厂的重要组成部分，关键设备采用国际先进的制粉设备，全程自动化、可视化控制。包装设备采用国际或国内先进的自动化生产线，实现生产作业全程数字化。关键工序自动控制实现率90%以上；自动化控制系统包括流程控制系统（PCS）、可编程逻辑控制器（PLC）、数据采集系统（SCADA）；通过MES系统与自控系统深度结合，全面采集生产设备数据及生产过程管理数据，并结合生产大数据进行分析整理，形成生产车间看板，实现生产过程全面数字化。关键生产工序数控化率达到98%。

项目2　浓缩乳生产

学习脑图

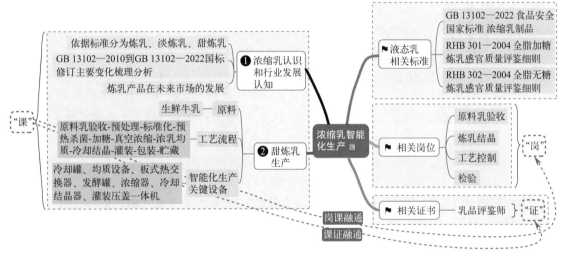

知识目标

1. 明晰浓缩乳的种类、特点。
2. 理解甜炼乳的生产工艺流程。
3. 掌握甜炼乳的操作要点。

技能目标

1. 会根据甜炼乳的质量问题，制定出相应的解决措施。
2. 会甜炼乳冷却结晶参数的设定。
3. 会对甜炼乳的品质进行客观评价。
4. 会查阅甜炼乳的生产标准。
5. 会进行甜炼乳的模拟化生产。

模块六　其他乳制品生产

素质目标

1. 培养良好的职业素质及团队协作精神，沟通的能力。
2. 培养"依标生产、严守质量"的职业素养。

 案例导入

国货品牌炼乳，陪伴几代人的经典美味

在中国，炼乳曾是特供商品，20 世纪 70 年代以前，寻常百姓仍是"可望而不可即"，在乳制品缺乏的年代，炼乳成为日常饮用的高端乳品。如今，炼乳的功能由营养品转变为调味品，进入千家万户。

某品牌炼乳系列已经拥有几十年的历史，凭借纯正口感和稳定出品一直以来广受消费者和专业人士的青睐。2019 年某牌全脂加糖炼乳以优异的口感和专业的技术荣获了有"食品界诺贝尔"之称的世界品鉴大会金奖；2021 年某品牌炼乳获选浙江名特优产品；2022 年在国际焙烤盛会中斩获"产品创新奖"荣誉等一系列奖项。

该品牌不仅在核心产品升级迭代不断发力，在创新品类方面也在积极布局，在产学研结合模式下，提升研究水平和技术成果转化能力，已获 83 项专利。以研发为基础，生产功能性炼乳、淡奶油、马苏里拉奶酪、厚椰乳、奶油奶酪、芝士等，还积极布局趋势产品，鳕鱼奶酪、奶酪夹心海苔等一系列休闲食品丰富品类拓宽市场，打造新品牌，深耕浓缩乳制品细分领域。

该品牌炼乳优化蛋白配比，安全可追溯，精选优质奶源，营养丰富。此次峰会中荣获"长三角名优食品称号"，进一步印证了企业品质和创新研发实力。与竞品相比，采用定制化服务，借助生产技术优势，为客户提供更贴近实际应用场景的产品，更具灵活性。

该公司秉承为世界贡献营养和美味的崇高使命，奉行仁爱为本、激情奋斗、基业长青、企业公民的精神，坚守诚信、责任、创新、共享的价值观，坚持可持续绿色发展理念，向着成为中国浓缩乳制品专业领导者的愿景目标而勤勉经营。

 反思研讨：为什么该品牌炼乳深受消费者喜爱呢？

 项目描述

甜炼乳是在牛乳中加入约 16% 的蔗糖后，经杀菌，浓缩到原体积 40% 左右的含糖乳制品。其中蔗糖含量为 40%～45%，水分含量不超过 28%。由于加糖后增加了乳制品的渗透压，能抑制大部分微生物生长繁殖，因而成品具有良好的保存性，主要用作饮料及食品加工原料。本部分主要学习甜炼乳的加工工艺及技术要点，甜炼乳常见质量缺陷和防止措施。

相关标准

① GB 13102—2022　食品安全国家标准 浓缩乳制品。

② RHB 302—2004　全脂无糖炼乳感官质量评鉴细则。

 必备知识

2022年7月28日，食品安全国家标准审评委员会发布《食品安全国家标准 浓缩乳制品》（GB 13102—2022）等36项食品安全国家标准和3项修改单。其中，GB 13102—2022将范围由"适用于淡炼乳、加糖炼乳和调制炼乳"，改为"适用于炼乳和食品工业用浓缩乳"，增加了食品工业用浓缩乳的品类，定义为仅以生牛（羊）乳为原料，脱脂或不脱脂，经浓缩等工序只去除部分水分制成，用于食品工业原料的产品，包括浓缩牛乳、浓缩羊乳。相较之前版本，GB 13102—2022增加了"食品工业用浓缩乳应在冷藏或冷冻状态下贮存和运输，应在包装或说明书上明确标示'热处理工艺'或'非热处理工艺'"的要求，便于企业了解食品工业用浓缩乳的贮存和运输条件以及如何正确进行标注。针对市场上日益增多的低脂、脱脂炼乳产品以及乳品行业新原料形式（食品工业浓缩乳）的出现，GB 13102—2022有利于企业更好地了解各类浓缩乳制品的定义，同时，对感官、理化、微生物指标进行修订，更加便于企业实际生产操作，利于行业的发展。

一、术语和定义

食品工业用浓缩乳：仅以生牛（羊）乳为原料，脱脂或不脱脂，经浓缩等工序只去除部分水分制成，用于食品工业原料的产品。

炼乳：以生牛（羊）乳为原料经浓缩去除部分水分制成的产品，和（或）以乳制品为原料经加工制成的相同成分和特性的产品。

二、分类

（1）根据炼乳是否加糖和食品添加剂分类　见表6-5。

表6-5　炼乳的主要种类

种类	特征
淡炼乳	以生牛（羊）乳和（或）其制品为原料，脱脂或不脱脂，添加或不添加食品添加剂和营养强化剂，经加工制成的商业无菌状态的液体产品
加糖炼乳（甜炼乳）	以生牛（羊）乳和（或）其制品为原料，脱脂或不脱脂，添加食糖，添加或不添加食品添加剂和营养强化剂，经加工制成的黏稠状产品
调制炼乳	以生牛（羊）乳和（或）其制品为主要原料，脱脂或不脱脂，添加或不添加食糖、食品添加剂和营养强化剂，添加其他原料，经加工制成的液体或黏稠状产品，包括调制淡炼乳和调制加糖炼乳（调制甜炼乳）

（2）根据炼乳的脂肪含量分类　全脂炼乳、半脱脂炼乳和脱脂炼乳。

（3）根据食品工业用浓缩乳原料不同分类　浓缩牛乳、浓缩羊乳。

三、浓缩乳制品行业的发展现状和趋势

浓缩乳特点是可贮存较长时间。其中炼乳是将鲜乳经真空浓缩或其他方法除去大部分的水分，浓缩至原体积25%~40%的乳制品。提起炼乳并不陌生，是许多甜品的制作原料之一，也常被用作搭配面包、糕点等，也可以用作沙拉酱、代替咖啡伴侣等用途。据了解，20世纪初炼乳就已开始进入中国，但当时的人们是把炼乳当作高级营养品来食用，市场销售很

旺。目前国内生产的炼乳有淡炼乳、加糖炼乳、调制炼乳。这几种产品的区别就在于是否加糖以及辅料。

根据现行行业标准，浓缩乳制品产品包括甜炼乳、奶酪、脱脂乳浓缩物、脱脂乳/乳清浓缩物、酪乳浓缩物、乳清浓缩物等，主要应用于烘焙、奶茶、咖啡、食品工业等行业领域。随着居民消费不断升级，咖啡、餐饮等行业规模持续扩大，市场对炼乳、冰博克等浓缩乳制品需求飞速增长。2023年全球浓缩乳制品市场规模为759.81亿元人民币，预计将以12.40%的年复合增长率增长，到2029年将达到1727.28亿元人民币。我国浓缩乳制品行业在全球范围内具有显著的增长潜力，各类浓缩乳制品均呈现出良好的市场前景。

近几年，一些新兴的浓缩乳品发展迅速，提纯乳是比较典型的代表。一般来说，传统浓缩乳通常采用热处理除水方法来制成浓缩乳，这样的流程会使牛乳中的营养成分受到一定程度的破坏。而提纯乳主要采用巴氏杀菌和无机膜过滤相结合的方式生产，对牛乳中不同成分的物理性质进行提纯，保留牛乳中有价值的部分，使得营养成分加倍。新兴浓缩乳品使用现代技术较大程度解决了浓缩乳品营养保留和口感的问题。提纯乳除了在咖啡领域大热外，也加入了奶茶领域，不少茶饮品牌推出了冰博克奶茶。此外，提纯乳进入了西式烘焙、中国传统甜点及鸡尾酒等行业中。

不难看出，不论是传统浓缩乳制品炼乳，还是新兴浓缩乳品提纯乳，在咖啡领域、茶饮领域都有着相对成熟且贴近C端场景空间的应用，或许也是浓缩乳接下来可以重点开发的方向。

我国是乳制品生产大国，也是乳制品消费大国，具有最多的人口消费市场。因此，乳制品业能否独立自主不断创新，关系到我国国民的食物安全与健康，也关系到乳制品业发展的方向。随着我国经济的高速增长和人民生活水平的提高，膳食状况已进入了"饱食时代"，正在向营养阶段过渡。在这个关键的发展时期，及时正确地引导我国乳制品结构的改革和调整，促进乳制品行业的生产与消费的协调发展，对人民生活及国家经济发展具有深远意义。

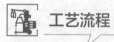
工艺流程

甜炼乳生产工艺流程见图6-7。

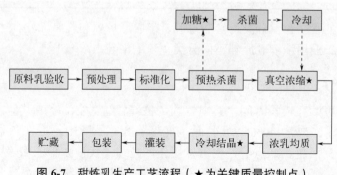

图6-7 甜炼乳生产工艺流程（★为关键质量控制点）

关键技能

一、预热杀菌

预热杀菌的目的是杀灭原料乳中的病原菌,以保证产品质量安全性;预热保证沸点进料,利于浓缩提高蒸发速度;控制适宜的预热温度,防止产品出现变稠和脂肪上浮等现象。若采用预先加糖方式,预热可使蔗糖完全溶解,抑制酶的活性,提高产品的贮藏性。

1. 预热杀菌工艺条件

预热杀菌的温度、时间等条件随着原料乳质量、季节及预热设备等不同而异。

间歇式杀菌条件为76℃、10~15min,一般用于小批量生产和散装炼乳;连续式杀菌条件为78~80℃、8~10s;超高温瞬时杀菌条件为118~122℃、3~4s,此法杀菌和钝化酶的效率高,甜炼乳组织状态较好。

2. 预热温度和产品变稠的关系

预热能使部分蛋白质变性、钙盐沉淀,赋予产品适当的黏度。黏度对产品质量影响很大,过低会引起脂肪球上浮,过高引起炼乳变稠。通常,60~74℃黏度降低,预热温度在80~100℃,如果时间较长也会引起产品变稠,效果最好的是采用超高温预热,不但能赋予产品适当黏度,还可以提高产品热稳定性。一般需根据所用原料乳的质量状况,经过多次试验,产品保藏性稳定时,才能确定预热杀菌条件,但仍需要根据季节不同随时调整,以保持产品的质量。

二、加糖

在制备甜炼乳时糖含量高达45%,为总乳固体含量的1.5倍。高浓度糖溶液,不仅赋予产品甜味,还能抑制炼乳中细菌生长繁殖,增加炼乳保藏性,但要适量,过高容易产生糖沉淀等质量缺陷。常用白砂糖,其质量极其重要,必须符合我国国家标准《白砂糖》(GB/T 317—2018)中规定的优级或一级标准,否则转化糖多,易引起杂交产酸而影响炼乳质量。

加糖方法应根据甜炼乳的变稠、脂肪游离情况及所采用的预热条件、浓缩设备等做综合考虑,可以通过试验后确定,具体方法如下。

1. 直接加入原料乳中

将糖直接加入原料乳中,经预热杀菌后进入真空浓缩锅中进行浓缩,通常采用超高温瞬时预热,以及双效或多效降膜式连续浓缩时可用此法。

2. 制成糖浆后加入原料乳中

原料乳和65%~75%的浓糖浆分别经95℃、5min杀菌,冷却至57℃后混合浓缩,适用于连续浓缩工艺。此方法需要预先制备糖浆,糖浆浓度一般控制在65%~70%。用折射仪或糖度计测定糖浆浓度,溶解糖的水质必须符合GB 5749—2022的要求。

3. 后进糖法

杀菌后的蔗糖溶液,在牛乳浓缩将近结束时吸入浓缩罐。此法使用较普遍,对防止变稠效果较好,但浓乳初始黏度过低时易引起脂肪游离。

4. 先进糖法

真空浓缩时先进糖液,再进牛乳。此法可有效提高炼乳的初始黏度,防止脂肪上浮。

5. 中间进糖法

将原料乳总量的 1/3～1/2 进入浓缩罐浓缩，再进入糖液，然后进入余下的牛乳进行浓缩。此法也可以调节成品的初始黏度并兼顾延缓变稠和减少脂肪上浮。

三、浓缩

浓缩的目的是除去多余水分，有利于保存；减少质量和体积，便于运输。牛乳中含有 88% 以上的水分，甜炼乳要求含水量在 26% 左右。浓缩方法有常压浓缩、减压浓缩、冷冻浓缩、离心浓缩、真空浓缩、反渗透及超滤等。一般采取真空浓缩，其具有节省能源、提高蒸发效能的作用，蒸发在较低温度条件下进行，保持了牛乳原有的性质，避免了外界污染。

浓缩

浓缩过程中时间和温度直接影响产品的质量，浓缩时间一般不超过 2.5h。一般采用真空浓缩锅浓缩炼乳时，温度控制在 58℃ 以下，浓缩接近终点时温度控制在 48～50℃ 之间为最佳。浓缩终点的测定有以下两种方法。

1. 密度测定法

一般使用刻度范围为 30～40°Bé 波美密度计，测定时需要按下式进行校正计算。

15.6℃时甜炼乳的波美度与相对密度存在如下关系：

$$B=145-145/D$$

式中，145 为常数；D 为温度为 15.6℃ 时的相对密度；B 为温度为 15.6℃ 时的波美度。

通常，浓缩乳样温度为 48℃ 左右，若测得浓度为 31.71～32.56°Bé 时，即可认为已达到浓缩终点。

2. 黏度测定法

用回转黏度计或环式黏度计测定。乳样在测定前需冷却到 20℃，一般规定为 0.10Pa·s。通常乳品厂制造炼乳时，为了防止产生气泡、脂肪游离等缺陷，一般将黏度提高一些，到测定时如果结果大于 0.10Pa·s，则可加入消毒水调节。在 20℃ 条件下，加水量可根据每加水 0.1% 黏度降低 0.004～0.005Pa·s 来计算。

四、浓乳均质

炼乳长时间放置后会发生脂肪上浮，严重时一经震荡还会形成奶油粒，影响产品的质量。除严格控制预热工序外，可通过均质破碎脂肪球，防止脂肪上浮，使吸附于脂肪球表面的酪蛋白量增加，改进黏度，缓和变稠现象；易于消化吸收，改善产品感官质量。

在实际操作中，浓缩后进行均质，温度一般为 50～65℃。第一次均质的物料不一定充分，可将原料返回，再进行一次均质，即二段均质，提高产品相关质量。一段均质压力 10～14MPa，温度 50～60℃，二段均质压力为 3.0～3.5MPa，温度 50℃ 左右。

五、冷却结晶

冷却结晶是甜炼乳生产中最重要工序，其目的是预防炼乳在贮藏期间变稠，控制好乳糖结晶，让乳糖组织状态细腻。通常将浓缩乳控制在亚稳定区，保持结晶的最适温度，及时投入晶种，迅速搅拌并随之冷却，从而形成大量细微的结晶，使炼乳组织柔润细腻。在冷却过程中，随着温度的降低，多余的乳糖结晶析出，并悬浮在炼乳中，从而使炼乳组织柔润细腻。实验表明，在亚稳定区内，大约高于过饱和溶解度曲线 10℃ 的位置有一条强制结晶曲线，通过这条曲线就可找到强制结晶的最适温度，及时投入乳糖结晶，迅速搅拌并随之冷却，就能形成大量细微的晶体。生产高质量炼乳的重要条件之一是结晶温度，温度过高不利于迅速结晶，温度过低则黏度增大，也不利于迅速结晶。生产中最适温度视乳糖浓度而异。

1. 晶种的制备

取精制乳糖粉（多为 α-乳糖）在120℃烘箱中烘干2~3h，然后经超微乳糖粉碎机粉碎，再烘干1h，并重新进行2~3次粉碎，通过120目筛就可以达到颗粒小于5μm细度，然后装瓶、密封、贮存，如需要长期贮藏，置于真空罐内，充入氮气。

一般情况，晶种添加量为甜炼乳成品量的0.02%~0.03%。在冷却过程中，当温度达到强制结晶的最适温度时，将预先制备好的乳糖晶种，用120目筛10min内均匀筛入，并在强烈搅拌中进行。如采用真空冷却结晶法，则在79.99~85.33kPa条件下，缓慢将晶种以雾状均匀喷入其中。

2. 冷却结晶方法

（1）间歇式冷却结晶 采用蛇管冷却结晶器，分三个阶段：第一阶段冷却初期，浓缩乳出料后乳温在50℃以上，应迅速冷却至35℃左右；随后，继续冷却到接近26℃时，此为第二阶段，即强制结晶期，此时可投入0.04%左右的乳糖晶种，边搅拌边均匀添加。强制结晶期应保持0.5h左右，以充分形成晶核。然后进入第三个阶段冷却期，即把炼乳迅速冷却至15℃左右，从而完成冷却结晶操作。

（2）连续瞬间冷却结晶 连续瞬间冷却结晶机具有水平式的夹套圆筒，夹套有冷媒流通。将炼乳泵入内层套筒中，套筒中有带搅拌桨的转轴，转速为300~699r/min。在强烈的搅拌作用下，短时间内可将炼乳冷却到20℃以下，不添加晶种，即可获得5μm以下的细微结晶，使炼乳不易变稠，并可防止褐变和污染。

3. 结晶质量的判定

强制结晶期乳糖晶体处于成长初期，主要观测晶体的密度及是否均匀，以此来初步判断结晶的质量。方法是冷却至26℃时取样，用100倍显微镜检测。如视野内晶粒稀疏、大小不匀，表明晶体会粗大，应再保温搅拌一段时间；如晶粒细密如芝麻，表明结晶正常。

结晶后进行测定乳糖晶体。用白金耳取一点搅拌均匀且冷却的样品，放在载玻片上，以盖玻片轻压，使其成均匀的一层结晶，用450倍显微镜检查晶体长度，如视野中乳糖晶体大小不一，只选出5颗最大的，并以5颗中最小的1颗为计算依据，并记下其微米数。如此重复5个视野，以5个视野计算的平均值作为报告的数据。乳糖晶体大小和数量与甜炼乳的组织状态和口感关系密切（表6-6）。

表6-6 乳糖结晶数量和大小与甜炼乳组织状态的关系

每毫升甜炼乳内的乳糖结晶数	乳糖晶体的长度/μm	组织状态	口感
400 000	9.3	优良	细腻
300 000	10.3	良好	尚细腻
200 000	11.7	微沉淀	微细腻
100 000	14.8	微沉淀	糊状
50 000	18.6	沉淀	粉状
25 000	23.4	沉淀多	稍呈砂状
12 500	29.4	沉淀多	砂状

由表 6-6 可知，当该组成品甜炼乳中乳糖结晶数为 30 万 /mL 以上，乳糖晶体长度为 10.3μm 以下时所得产品的口感和组织状态都非常好。

随着酶制剂工业的发展，乳糖酶已经开始在乳品工业中应用。用乳糖酶处理乳可以使乳糖全部或部分水解，从而可以省略乳糖晶种添加及结晶过程。从根本上避免出现乳糖结晶沉淀析出的缺陷，制得的甜炼乳即使在冷却条件下贮存也不会出现结晶沉淀。

六、甜炼乳生产和贮藏过程的质量缺陷及控制措施

甜炼乳在装罐后不再灭菌是依靠足够浓度的蔗糖所产生的渗透压来抑制乳中残留微生物的繁殖，因此在甜炼乳加工过程中控制不当，可能出现某种缺陷，见表 6-7。

表 6-7 甜炼乳生产过程质量缺陷及控制措施

类型	质量问题	产生原因	控制措施
变稠	细菌性变稠	由于链球菌、芽孢菌、葡萄球菌及乳酸杆菌等作用引起的，即便菌体已死亡，但细菌的凝乳酶不消失，出现甜炼乳变稠现象	① 加强各工序卫生管理，设备彻底清洗、消毒。 ② 保持一定的蔗糖浓度，以 62.5%～64.0% 为最适宜。 ③ 10℃以下贮藏
变稠	理化性变稠	酪蛋白或乳清蛋白含量越高，变稠现象越严重；脂肪含量少，加糖炼乳能增大变稠倾向；预热温度对变稠有显著影响；浓缩程度高，干物质相应增加，黏度也就升高；贮藏温度对产生变稠有很大影响	① 调整酪蛋白或乳清蛋白、脂肪含量。 ② 80℃的预热比较适宜。 ③ 浓缩温度应尽量保持在 50℃以下。 ④ 优质制品在 10℃以下保存 4 个月不致产生变稠现象
胀罐	微生物性胀罐	设备、容器、管道的清洗、消毒不及时、不彻底。 消毒后被二次污染或暴露在不洁净的空气中，造成污染	① 减少弯头、接头，便于拆洗和消毒。 ② 强化各生产工序自动清洗工作，灌装时要尽量装满，减少顶隙和气泡。 ③ 对环境消毒可采取紫外线与乳酸熏蒸相结合的方法
胀罐	物理性胀罐	低温装罐，高温贮藏而引起胀罐，品质不变但影响外观	装罐和贮藏时控制适当的温度
凝块	"纽扣"凝块	由葡萄曲霉及其他霉菌引起的，在适宜的条件下，霉菌生长，2～3 周以后霉菌死亡，其分泌的胞外酶促使甜炼乳局部凝固，同时变色，产生异味，2～3 个月后形成"纽扣"	① 所有管道设备有效杀菌。 ② 空罐及罐盖经 120℃、2h 杀菌。 ③ 避免甜炼乳暴露在空气中太久，贮存缸密闭，装奶间顶棚与墙壁定期用防霉涂料粉刷。 ④ 20℃以下储藏，防止甜炼乳产生气泡，装罐要满，不留空隙
凝块	粘有灰绿色的小凝粒	甜炼乳装罐后仅 2～3d，个别罐盖的膨胀线（圈）上往往由化学原因引起，一般分布在罐盖膨胀线的露铁点或擦伤处。泡沫多的甜炼乳会加剧绿斑的产生，使绿斑大而多。擦伤的罐口也会产生绿斑	① 选用符合甜炼乳罐头生产用的马口铁。 ② 制罐过程避免铁皮锡层擦伤，防止甜炼乳产生泡沫
甜炼乳组织粗糙	乳糖晶体粗大、组织粗糙	乳糖晶种未磨细；晶种量不足；加入晶种时温度过高；结晶器用后未清洗，直接进行下次冷却结晶；冷却水温过高，冷却速度过慢；结晶缸搅拌器转速过慢或浓乳黏度过高，冷却搅拌时间过短，结束后未能冷却到指定温度	① 应及时将乳糖晶种磨细，并加足晶种量。 ② 添入晶种时温度适当。 ③ 清洗结晶缸后，再进行冷却结晶。 ④ 冷却水温要适当，控制好冷却速度。注意贮存温度。 ⑤ 控制结晶缸搅拌器转速，搅拌要均匀

续表

类型	质量问题	产生原因	控制措施
棕色化	褐变	乳中蛋白质与蔗糖中的还原糖发生羰氨反应逐渐生成褐色物质，失去特有的光泽，严重时会生成褐色的凝块，导致甜炼乳的营养价值降低，产生有毒物质或代谢抑制物质	① 生产甜炼乳时，使用优质蔗糖和原料乳。 ② 避免在加工中长时间高温加热。 ③ 贮藏温度应在10℃以下
糖沉淀	罐底出现粉状或砂状沉淀	由于乳糖大晶体下沉所致，甜炼乳的黏度越低，则沉淀速度越快，沉淀量也越多	保持晶体在10μm以下而且均匀并控制适当的初黏度。加强标准化检验，提高检验的准确度，控制蔗糖比在64.0%以内
脂肪分离	炼乳黏度非常低时，有时会发生脂肪分离现象	静置时脂肪的一部分会逐渐上浮，形成明显的淡黄色膏状脂肪层。由于搬运装卸等过程的振荡摇动，一部分脂肪层又会重新混合，开罐后呈现斑点状或斑纹状的外观，严重影响甜炼乳的质量	① 控制好黏度，采用合适的预热条件。 ② 浓缩时间不应过长，以采用双效降膜式真空浓缩装置为佳。 ③ 采用均质处理，并经过加热将乳中的酯酶完全破坏
酸败臭及其他异味	乳脂肪水解产生的刺激味	预热温度低于70℃乳中酯酶残留以及原料乳未经加热处理进行均质等导致酸败味；鱼臭、青草臭味等异味多为饲料或奶畜饲养管理不良等原因所造成；使用陈旧的镀锡设备，镀锡层剥离脱落，而具有异臭	① 加强乳品厂车间的卫生管理。 ② 改善奶牛的饲养管理条件，使用符合国标要求的原料乳。 ③ 控制好预热杀菌温度。 ④ 使用不锈钢设备，并注意平时清洗消毒
小白点	柠檬酸钙沉淀	柠檬酸钙在甜炼乳中处于过饱和状态，造成柠檬酸钙结晶析出	甜炼乳冷却结晶过程中，添加15~20mg/kg的柠檬酸钙粉剂，可减轻或防止柠檬酸钙沉淀的生成

检验提升

一、单选题

1. 甜炼乳工艺中，我国国家炼乳质量标准规定乳中脂肪F与非脂乳固体SNF的比值为（　　）。
A. 8∶16　　　　B. 8∶18　　　　C. 8∶20　　　　D. 8∶22

2. 合格的炼乳不应出现（　　）的现象。
A. 呈白色　　　B. 呈淡黄色　　C. 脂肪上浮　　D. 黏稠

3. （　　）不是炼乳常见的腐败变质的现象。
A. 凝固成块　　B. 膨胀乳　　　C. 霉乳　　　　D. 水泻

二、简答题

可以用炼乳冲水来代替母乳或婴幼儿配方乳粉吗？

拓展知识

传统乳制品及特点

传统乳制品历史悠久，做法考究，风味独特，是少数民族地区的必需食物之一，其营养丰富，如含大量的人体必需蛋白质、乳糖、脂肪酸、无机元素、维生素等。随着人们对传统乳制品各方面认识的提高，传统乳制品越来越受人们的欢迎，其市场规模逐渐扩大，总体消费水平也逐渐提高，市场需求量越来越大。传统特色乳制品行业的健康发展对满足城镇居民的消费需求、传承传统饮食文化、扩大就业、增加农牧民收入以及增强地区影响力、助推旅游业发展意义重大。

在我国一些少数民族居住的地区，一些风味独特的传统乳制品随着现代食品工业的发展而深受各地人民的喜爱（表6-8）。

表6-8 常见传统乳制品类型及特点

主要产品	产品特点
奶皮子	内蒙古自治区正蓝旗的特产，被中国国家地理标志产品所保护。外形厚约1cm、半径10cm左右的饼状物，颜色为微黄色，表面有密集的麻点；质地柔软，有一定的弹性和韧性；口感浓郁，具有独特奶香味；其组成成分，脂肪约为83%，蛋白质含量约为9%，乳糖含量约为3%，水分含量约为4%
奶豆腐	起源可以追溯到成吉思汗时期或者更早，蒙古族牧民家中常见的奶制品。用牛乳、羊乳、马乳等经凝固、发酵而成的食物，形状类似豆腐而得名。颜色通常为乳白色或略带浅黄色；质地柔软细腻、口感丰富，味道微酸或微甜，乳香浓郁。其中蛋白质和钙的含量非常丰富，钙含量高达578mg/100g，相当于同质量牛乳的4倍，胆固醇含量较低，同时含有对身体有益的微量元素
奶渣	藏族的特色食品，经牧民代代相承形成了其独特的制作工艺，也积淀了藏族以奶食待客和馈赠亲友的饮食文化传统。白色或略带浅黄色，质地较硬，但口感酥脆，有特殊的酸甜味；其中脂肪和蛋白质的含量相对较高，全脂型奶渣蛋白质含量约15%，脂肪约18%；此外还富含碳水化合物、矿物质、酵素和多种维生素等营养成分
奶疙瘩	新疆维吾尔自治区独具特色的传统发酵乳制品，自然发酵，也称"库鲁特"。其制作技术体现了游牧民族对食物资源的巧妙利用和保存。其成分组成，水分约8.9%，蛋白质约55.1%，脂肪约15%。奶疙瘩具有自身丰富的营养价值和文化底蕴，是哈萨克族节日宴会的主要食物
乳扇	大理州洱源县特色乳制品，是白族等滇西北各民族中的一种本土特色奶酪，其制作技艺已经入选大理州第五批州级非物质文化遗产代表性项目。外形和颜色独特，是一种含水较少的薄片，呈乳白、乳黄之色，大致如菱角状竹扇之形，两头有抓脚；口感软糯、拉丝，入口微酸，之后清甜；含有丰富的蛋白质等营养成分

续表

主要产品	产品特点
 乳饼	云南省石林县传统特产,外形酷似豆腐块,用牛乳或山羊乳制作而成。由于其味道鲜美,营养丰富,是云南省名特食品之一。颜色乳白中带黄、质地纯净、滋润光滑、气味清香,是一种高脂肪、高蛋白的营养食品
酥油	四川、青海、西藏、新疆和云南等地的传统乳制品,以牦牛乳为原料制作,色泽鲜黄,口感香甜,深受人们喜爱。形态上类似于黄油,一种不含乳糖及其他乳质的半流体黄油。经过特定的制造过程,酥油中的乳糖及其他乳质会凝结并被除去,使得酥油变得纯净且质轻,营养价值丰富

参考文献

[1] 任志龙. 乳品加工技术 [M]. 北京：化学工业出版社，2023.

[2] 祝丹丹. 乳品加工技术 [M]. 北京：中国农业大学出版社，2013.

[3] 胡会萍，张志强. 乳制品加工技术 [M]. 北京：中国轻工业出版社，2019.

[4] 顾瑞霞. 乳与乳制品工艺学 [M]. 中国计量出版社，2006.

[5] 张兰威. 乳与乳制品工艺学 [M]. 北京：中国农业出版社，2006.

[6] 蔡健，常锋. 乳品加工技术 [M]. 北京：化学工业出版社，2008.

[7] 刘希凤. 乳品加工技术 [M]. 北京：中国农业出版社，农村读物出版社，2020.

[8] 利乐. 乳品加工手册. [M]. 瑞典，2020.

[9] 黄玉玲. 乳品加工技术，2 版 [M]. 武汉：武汉理工大学出版社，2019.

[10] 陈历俊. 乳品科学与技术 [M]. 北京：中国轻工业出版社，2007.

[11] 武建新. 乳品技术设备 [M]. 北京：中国轻工业出版社，2000.

[12] 陈历俊，乔为仓. 酸乳加工与质量控制 [M]. 北京：中国轻工业出版社，2010.

[13] 武建新. 乳品生产技术 [M]. 北京：科学出版社，2014.

[14] 姜瞻梅，侯俊财. 乳品高新技术 [M]. 北京：科学出版社，2022.

[15] 李楠. 乳品加工技术 [M]. 重庆：重庆大学出版社，2014.

[16] 李晓东. 乳品加工实验 [M]. 北京：中国林业出版社，2013.

[17] 申晓琳，王恺. 乳品加工技术 [M]. 北京：中国轻工业出版社，2015.

[18] 杨贞耐. 乳品加工新技术 [M]. 北京：中国农业出版社，2013.

[19] 陈历俊. 液态乳加工质量控制 [M]. 北京：中国轻工业出版社，2008.

[20] 罗红霞. 乳制品加工技术，2 版 [M]. 北京：中国轻工业出版社，2015.

[21] 李晓红. 乳制品加工与检测技术 [M]. 北京：化学工业出版社，2012.

[22] 王桂祯. 乳品加工技术 [M]. 北京：中国质检出版社，2012.

[23] [澳] 大卫迪塔. 达努塔（Nivedita）. 乳品加工新兴技术 [M]. 北京：中国轻工业出版社，2023.

乳品智能加工技术
项目工序卡

化学工业出版社

模块	模块一 原料乳验收与贮存			
项目	项目1 原料乳验收			
工序	工艺要点	流程解析	关键设备	书内链接
工序1 取样	取样员负责采集综合样品，样品由编号员送化验室检验	1. 按照采样原则采样； 2. 准备检验条件	乳槽车	关键技能一
工序2 感官指标检验	1. 色泽：呈乳白色或微黄色； 2. 滋味、气味：具有乳固有的香味，无异味； 3. 组织状态：呈均匀一致液体，无凝块、无沉淀、无正常视力可见异物	参照 GB 19301—2010《食品安全国家标准 生乳》； 方法：取适量试样置于50mL 烧杯中，在自然光下观察色泽和组织状态。闻其气味，用温开水漱口，品尝滋味	杂质度过滤板	必备知识二 关键技能二
工序3 理化指标检验	1. 冰点：-0.500～-0.560℃； 2. 相对密度（20℃/4℃）1.027； 3. 蛋白质≥2.8g/100g； 4. 脂肪≥3.1g/100g； 5. 杂质度≤4.0mg/kg； 6. 非脂乳固体≥8.1g/100g； 7. 酸度—酒精试验 ① 牛乳：12～18°T ② 羊乳：6～13°T	1. 按 GB 5413.38 测定（冰点）； 2. 按 GB 5009.2 检验（密度计）； 3. 按 GB 5009.5 检验（凯氏定氮）； 4. 按 GB 5009.6 检验（盖勃法）； 5. 按 GB 5413.30 检验； 6. 按 GB 5413.39 检验； 7. 按 GB 5009.239 检验	乳成分测定仪	必备知识三 关键技能二
工序4 微生物指标检验	乳中菌落总数应≤2×10^6[CFU/（g/mL）]	参照 GB 4789.2—2022《食品安全国家标准 食品微生物学检验 菌落总数测定》	体细胞、细菌快速检测一体机	必备知识四 关键技能二

续表

模块	模块一 原料乳验收与贮存			
项目	项目1 原料乳验收			
工序	工艺要点	流程解析	关键设备	书内链接
工序5 掺杂掺假检验	非自有牧场原料需进行乳中亚硝酸盐检验	参照 GB 5009.33—2016《食品安全国家标准 食品中亚硝酸盐与硝酸盐的测定》	原子吸收分光光度计	必备知识三 关键技能二
工序6 三聚氰胺检验	1. 高效液相色谱法的定量限为 2 mg/kg； 2. 液相色谱-质谱/质谱法的定量限为 0.01mg/kg； 3. 气相色谱-质谱法的定量限为 0.05 mg/kg	参照 GB/T 22388—2008《原料乳与乳制品中三聚氰胺检测方法》	高效液相色谱仪	必备知识三 关键技能二
工序7 抗生素检验	不得检出	参照 GB/T 4789.27—2008 测定（抗生素残留）	抗生素试剂条	必备知识三 关键技能二
工序8 报告填写	根据检验结果，填写报告、合格接收	标记清楚检验依据指标及相关标准、检验测定结果、单项指标检验结论、检验人及检验时间等内容	CNAS	关键技能一

【CNAS 认证】

较大规模的乳品企业实验室一般都获得了 CNAS 认证，这可以大大提高企业的整体质量和信誉度，通过认证的企业可以体现企业在产品、服务、管理等方面的整体实力和能力，获得 CANS 认可意味着乳品企业的实验室具备了按照相关标准进行产品检测和校准的能力。确保产品符合相关标准和规定的要求，从而提高产品的质量和可靠性。让消费者和利益相关方对企业更加信任和信赖，从而增强该企业市场竞争力。

另外，通过 CNAS 认证，企业加强了产品的质量和安全性的控制。认证过程中要求企业符合相关的质量标准和法规，通过实行标准化流程和操作，企业可主动发现和排除各种潜在的产品设计和生产过程中的质量问题和缺陷，从而提高产品的安全性和质量。

模块	模块一 原料乳验收与贮存			
项目	项目2 原料乳贮存			
生产工序	工艺要点	流程解析	关键设备	书内链接
工序1 接收前准备	1. 剩乳检测； 2. 乳罐、乳管线工作状况正常	1. 检查奶仓是否有剩乳； 2. 检查乳罐、乳管线工作状况是否正常； 3. 检查剩乳酸度、酒精试验状况	乳槽车	关键技能一
工序2 脱气	1. 空气分离器； 2. 真空脱气罐，牛乳温度由68℃降至60℃	第一次脱气牛乳从乳桶或冷却罐收集到奶罐车里时，须经过空气分离器；第二次脱气是乳品厂收乳过程中的脱气，在到达乳品厂乳罐车中的牛乳被泵入乳品厂收乳罐时经过空气分离器；第三次脱气是生产之前将牛乳预热至68℃后，泵入真空脱气罐脱气	真空脱气罐	关键技能二
工序3 计量	1. 监督称重、采集样品送检； 2. 清洗及卫生处理	准备计量器具，校正计量器具	智能流量计	关键技能三

续表

模块	模块一 原料乳验收与贮存			
项目	项目2 原料乳贮存			
生产工序	工艺要点	流程解析	关键设备	书内链接
工序4 过滤与 净化	1. 在牧场送往工厂前采用滤布过滤; 2. 原料乳进入贮罐之前用双联过滤器处理; 进出口压力差不宜超过68.67kPa,40℃中温或60℃高温净化	1. 用纱布或双联过滤器过滤杂质; 2. 自动排渣净乳机或三用碟片式分离机	双联过滤器	关键技能四
工序5 冷却	1. 刚挤出的乳马上降至10℃以下,可抑制微生物的繁殖; 2. 降至2~3℃时,微生物几乎不繁殖	大型牧场配备带有冷却和过滤装置的挤奶系统	板式冷却器	关键技能五
工序6 贮存	4℃,储存24h,乳温上升不得超过2℃	使用前彻底清洗杀菌冷却后注入牛乳,每罐须放满加盖密封,如果装半罐会加快乳温上升,贮存期要开动搅拌机	卧式贮乳槽	关键技能六

模 块	模块二 液态乳智能化生产			
项 目	项目1 巴氏杀菌乳生产			
生产工序	工艺要点	流程解析	关键设备	书内链接
工序1 原料乳 验收	1. 感官检验：检查牛乳的风味、颜色、气味、尘埃污染度等； 2. 测定乳温、密度； 3. 酒精试验：检查乳是否酒精阳性乳； 4. 脂肪含量测定：≥3.1g/100g； 5. 酸度判定：16～20°T 原料乳经过滤后，离心净化分离冷却至4℃，贮存于贮乳罐	现代自动化乳成分测定仪来进行原料乳化学成分的测定，对原料乳细菌总数、体细胞数、胶体稳定性（酒精试验）、酸度、冰点、杂质度等项目进行全面的测定	乳成分测定仪	关键技能一
工序2 原料乳预处理	脱气后预热60℃分离	牛乳经过平衡槽需要脱气经脱气处理后被泵入板式热交换器，预热后进入分离机，分离为脱脂乳和稀奶油	分离机	关键技能二
工序3 标准化	根据原料乳验收数据计算并标准化，使牛乳理化指标符合生产产品要求	从分离机流出来的稀奶油的含脂率通过控制系统保持恒定	泵	关键技能二
工序4 均质	部分均质，经板式热交换器预热温度升至66℃，均质压力调至20MPa	经分离机后，稀奶油一路接着均质并以适当的流量保证最后所需求的含脂率；另一路多余的稀奶油被送到稀奶油加工车间	均质机	关键技能三

续表

模块	模块二 液态乳智能化生产			
项目	项目1 巴氏杀菌乳生产			
生产工序	工艺要点	流程解析	关键设备	书内链接
工序5 巴氏杀菌	出料能力为25T/H，杀菌温度为85℃，保温15s，热回收效率≥90%，采用热水加热系统，蒸汽与热水间接加热，冷却介质为2℃的冰水	经标准化牛乳被泵入板式换热器的加热段进行巴氏杀菌，所需保温时间由单独的保温管保证，巴氏杀菌温度被连续记录	巴氏杀菌机	关键技能四
工序6 冷却	尽快冷却至4℃，冷却速度越快越好	牛乳流到板式热交换器冷却段，先与流入的未经处理的乳进行收回换热，再用冰水进行冷却	板式热交换器	模块一项目2 关键技能五
工序7 灌装封口	所有设备进行彻底清洗，灌装设备消毒要彻底，严防灌装过程的二次污染	冷却后牛乳泵入灌装机，完毕后进行CIP清洗	灌装机	关键技能五～七
工序8 成品检验	依据GB 19645—2010《食品安全国家标准 巴氏杀菌乳》检验脂肪、蛋白质、非脂乳固体、酸度、杂质度、感官、菌落总数、大肠菌群、致病菌、标签、净含量等，不合格不能出厂	合格的产品直接装箱出库，有问题的产品进行一次复检，仍不合格的产品直接销毁。执行短保食品出厂检验相关要求	液相色谱仪	关键技能八
工序9 冷链销售	温度一般为4～6℃，贮藏期为1周	避光、防尘和避免高温；避免强烈震动，保持冷链连续性	冷链运输车	关键技能九

注：可辅助虚拟仿真完成生产项目。

模块	模块二 液态乳智能化生产			
项目	项目 2 UHT 灭菌乳的生产			
生产工序	工艺要点	流程解析	关键设备	书内链接
工序 1 原料乳验收	1. 原料乳的酒精浓度应小于 74%； 2. 芽孢总数应控制在 100 个 /mL，耐热芽孢 10 个 /mL； 3. 理化指标：脂肪 ≥ 3.10%；蛋白质 ≥ 2.95%；密度（20℃/4℃）≥ 1.028；酸度（以乳酸表示）≤ 0.144%	快速检验技术广泛应用，采用红外光谱牛乳分析仪（intra red milk analyser, IRMA），可以同时测定脂肪、蛋白质、乳糖和非脂乳固体，标准误差都在 ±0.039% 内	乳成分测定仪	关键技能一
工序 2 过滤与净化	过滤离心除牛乳中机械杂质	自动排渣式净乳机每次开启排渣时间约 15s，自动关闭。根据乳中杂质的多少，可调节排渣口开启的频率。一般约为每 60min 开启排渣一次	净乳机	模块一项目 2 关键技能四
工序 3 冷却	净化后迅速冷却到 5℃左右	开启供乳泵，当冷板内有乳后，打开冰水阀门（防止漏冰水）。经过板式热交换器将收来的新鲜牛乳降温到 5℃以下	板式热交换器	模块一项目 2 关键技能五
工序 4 贮存	贮乳经 24h 温度升高不超过 2℃，适当地搅拌，防止脂肪上浮，满罐使用。贮乳量不少于 1d 的处理量	牛乳在奶仓中暂存，奶仓每半小时搅拌 5min，牛乳应在 12h 内尽早用于生产。如存储时间超过 12h，生产每 2h 取样送化验室检测一次，检测项目为酒精试验及酸度	室外奶仓	模块一项目 2 关键技能六

续表

模块	模块二 液态乳智能化生产			
项目	项目2 UHT灭菌乳的生产			
生产工序	工艺要点	流程解析	关键设备	书内链接
工序5 标准化	根据原料乳验收数据计算并标准化，使牛乳理化指标符合生产产品要求	从分离机流出来的稀奶油的含脂率通过泵及流量计控制系统保持恒定	泵	项目1 关键技能二
工序6 预热均质	乳60~70℃二级均质，第一级15~20MPa，第二级3~5MPa	板式热交换器将预热温度升至65~70℃，均质压力调至16~18MPa	均质机	项目1 关键技能三
工序7 预杀菌	减料温度≤8℃，杀菌温度控制在80~90℃，时间10~15s	生产之前设备必须进行预灭菌，以避免经灭菌处理后的产品被再污染，热水灭菌设备的最短时间为30min，从达到适宜温度的某一瞬间到设备中所有部件都达到温度要求，设备冷却至生产要求的条件	巴氏杀菌机	项目1 关键技能四
工序8 闪蒸	进入脱气罐，在-0.03~-0.06MPa下脱气，以75℃开脱气罐，调整温度能使牛乳的干物质质量分数在0.2%~0.5%内任意提高	从杀菌器流出的高温牛乳进入闪蒸器，控制闪蒸温度，牛乳在闪蒸器内瞬间蒸发，温度降低由出料泵打回杀菌器，闪蒸出的水蒸气进入冷凝器，被冷却水吸收，由冷却水泵打入板式热交换器冷却，冷却后的水进入水罐进行再循环	闪蒸罐	关键技能二

续表

模块	模块二 液态乳智能化生产			
项目	项目2 UHT灭菌乳的生产			
生产工序	工艺要点	流程解析	关键设备	书内链接
工序9 UHT灭菌	设备加热杀菌30min在生产前创建无菌环境，产品137～142℃保持4s灭菌	由阀门控制向产品线和平衡罐中注入热水流加热，达到预设温度，杀菌定时启动，完成后冷却至生产温度。填充产品供应管，排空平衡罐，控制阀压0.1MPa，产品线只包含产品时，定时器工作连续生产	灭菌机	关键技能三
工序10 AIC和CIP清洗	设备长时间运转，除掉生产系统中的沉积，启动30min的无菌中间清洗，按照苛性碱剂量-苛性碱循环-BTD排空-冲洗-酸剂量-BTD排空-冲洗完成。在生产结束后立即进行CIP清洗	根据需要发布指令进行AIC清洗，其间同步管内的温度保持杀菌温度，产品被消毒水置换，被热水冲洗而流动。如果CIP从生产阶段安排，在CIP开始前，产品首先被消毒水置换，按照预设流程清洗，完成后设备进入初始位置	CIP清洗机组	项目1 关键技能四、关键技能七
工序11 冷却	用循环冷却水将牛乳冷却至10℃以下	灭菌后乳的温度迅速从140℃降至10℃以下，以防二次污染和避开微生物的最佳繁殖温度	列管式热交换器	模块一项目2 关键技能五

续表

模块	模块二 液态乳智能化生产			
项目	项目 2 UHT 灭菌乳的生产			
生产工序	工艺要点	流程解析	关键设备	书内链接
工序 12 无菌罐贮存	将 UHT 灭菌的牛乳打入无菌罐作为缓存，缓存温度≤28℃	大型乳品制造厂在灌装之前都会经无菌罐进行过渡，缓冲无菌灌装机意外停机以及两种产品同时包装的需要	有附属设备无菌罐	关键技能六
工序 13 无菌包装	1. 蒸汽灭菌：主供应蒸汽温度 125～165℃；蒸汽障蔽温度 102～145℃；蒸汽喷射温度 115～145℃。 2. 无菌空气供应：无菌风压力 28～32mbar；废气压力：灭菌时为 0；生产时 0.5～1.8mbar（1bar=0.1MPa）	无菌罐为灌装机提供稳定的背压，保证灭菌效果	无菌灌装机	关键技能五
工序 14 装箱入库	贴管、装箱、喷码	由贴管机、纸板包装机、收缩膜机和码垛堆积系统完成，自动输送	智能码垛装箱	
工序 15 合格出厂	按规定取样，放于保温室（30～35℃）存放 10 天，无菌枕保温 4 天，测 pH 值和感官检验	合格的产品直接装箱出库，有问题的产品进行一次复检，仍不合格的产品直接销毁		关键技能七

模块	模块二 液态乳智能化生产			
项目	项目3 调制乳生产			
生产工序	工艺要点	流程解析	关键设备	书内链接
工序1 原料乳验收	1. 生乳原料应符合标准 GB 19301—2010《食品安全国家标准 生乳》; 2. 乳粉原料应符合标准 GB 19644—2010《食品安全国家标准 乳粉》	现代自动化乳成分测定仪来进行原料乳化学成分的测定,对原料乳细菌总数、体细胞数、胶体稳定性(酒精试验)、酸度、冰点、杂质度等项目进行全面的测定	乳成分测定仪	模块一项目1 关键技能一～三 模块三项目1 关键技能九
工序2 乳粉还原	将乳粉溶于40～50℃温水中,待溶解后,置于水粉混合器搅拌混匀,于30℃水合2h以上	水合后复原乳依次进行脱气、均质(5～20MPa,65℃)、杀菌等操作,冷却贮藏后待进入下一生产工序	高速水粉混合器	关键技能二
工序3 配料	优质鲜乳,不加稳定剂。其他乳粉需要添加稳定剂	1. 所有原辅材料入罐,低速搅拌15～25 min; 2. 稳定剂与其质量5～10倍的砂糖干法混合均匀,正常搅拌加到80～90℃热水中溶解	高负压配料系统	关键技能三
工序4 均质	调和罐调和,过滤器除去杂物,均质,压力10～15MPa	经分离机后,稀奶油一路接着均质;以适当的流量保证乳最后所需求的含脂率;另一路多余的稀奶油被送到稀奶油加工车间	均质机	项目1 关键技能三

续表

模块	模块二 液态乳智能化生产			
项目	项目3 调制乳生产			
生产工序	工艺要点	流程解析	关键设备	书内链接
工序5 杀菌	1. 常温调制乳灭菌参数与UHT乳一样,137℃、4s; 2. 低温调制乳参数同巴氏杀菌乳相同,75℃、15s	1. 通过蒸汽喷头经过热蒸汽吹进牛乳中,使牛乳温度瞬间降至137℃,并在保持管中持续4s; 2. 低温调制乳被泵入板式热交换器的加热段进行巴氏杀菌,所需保温时间由单独的保温管保证,巴氏杀菌温度被连续记录	灭菌机 巴氏杀菌机	项目1关键技能四 项目2关键技能三~四
工序6 灌装	1. 常温调制乳无菌灌装; 2. 低温调制乳封盖灌装	1. 无菌灌装要求做到三无菌,即包装材料无菌、灌装设备无菌、灌装环境无菌; 2. 低温调制乳灌装系统所有设备要进行彻底清洗,灌装设备消毒要彻底,严防灌装过程的二次污染	灌装机	项目1关键技能五、项目2关键技能五
工序7 检验	依据GB 25191—2010《食品安全国家标准 调制乳》进行检验	检验项目主要有感官指标、理化指标、污染物限量、真菌毒素限量、微生物限量、食品添加剂等	液相色谱	模块一项目1关键技能二~三
工序8 运输销售	1. 低温调制乳运输温度一般为4~6℃,贮藏期为1周; 2. 常温调制乳在室温下运输,注意贮藏环境的通风干燥即可	低温调制乳注意避光、防尘和避免高温;避免强烈震动,保持冷链连续性	冷链运输车	项目1关键技能九、项目2关键技能七

注:可辅助虚拟仿真完成生产项目。

模块	模块三 乳粉智能化生产			
项目	项目1 全脂乳粉(湿法)生产			
生产工序	工艺要点	流程解析	关键设备	书内链接
工序1 原料乳验收	1. 感官检验：检查牛乳的色泽、组织状态、滋气味、尘埃污染度等； 2. 理化检验：检查原料乳的冰点、蛋白质、酸度、相对密度等； 3. 微生物指标测定； 4. 其他指标测定：污染物限量、重金属限量、农兽药残留限量	由品控人员从乳槽车上采样进行如下检测：感官指标、生乳温度、相对密度、冰点、杂质度、酸度试验、酒精试验、亚甲蓝试验、脂肪、非脂乳固体、抗生素试验、掺假检验等，检测合格方可接收	乳成分测定仪	模块一项目1关键技能一～三、关键技能一
工序2 原料乳预处理	净乳后的牛乳冷却至4℃后，贮存于贮乳罐	经检测合格的原料乳计量后，用奶泵经过滤器、板式热交换器迅速冷却至0～4℃后收入乳罐暂时贮存(不超过7℃，不超过24h)，再经双联过滤器或净乳机对原料乳进行净化	净乳机	模块一项目2关键技能四～六
工序3 标准化	根据原料乳验收数据计算并标准化，使牛乳理化指标符合生产产品要求	从分离机流出来的稀奶油的含脂率通过控制系统保持恒定	计量泵	模块二项目1关键技能二、关键技能二
工序4 均质	生产全脂乳粉一般不需要经过均质操作，但是若原料乳进行了标准化，添加了稀奶油或脱脂乳，则应进行均质。温度保持50～60℃为宜，压力调至14～21MPa	经分离机后，稀奶油一路接着均质，并以适当的流量保证乳最后所需求的含脂率。另一路多余的稀奶油被送到稀奶油加工车间	均质机	模块二项目1关键技能三、关键技能三
工序5 杀菌	85～87℃，15～20s 或94℃，10～15s 或120～140℃，2～4s	经标准化的牛乳被泵入板式热交换器的加热段进行巴氏杀菌，通常采用高温短时杀菌或超高温瞬时杀菌，对乳的营养成分破坏程度小，乳粉的溶解度及保藏性良好	巴氏杀菌机 灭菌机	模块二项目2关键技能三～四、关键技能四

续表

模块	模块三 乳粉智能化生产			
项目	项目1 全脂乳粉(湿法)生产			
生产工序	工艺要点	流程解析	关键设备	书内链接
工序6 真空浓缩	全脂乳粉浓缩后的乳温一般为47~50℃,浓度为11.5~13°Bé,相应乳固体含量达到38%~42%,相对密度为1.110~1.125	牛乳经杀菌后立即泵入三效真空蒸发器进行真空浓缩,以除去乳中大部分水分(65%),然后再进入干燥塔中进行喷雾干燥	三效蒸发浓缩器	关键技能五
工序7 喷雾干燥	乳粉颗粒经过干制水分至2.5%~5%	二段式喷雾干燥,喷雾干燥塔中空气进风温度高,粉末停留时间短,在流化床干燥中空气进风温度相对较低,粉末可停留时间较长,热空气消耗少,优化乳粉质量	喷雾干燥塔	关键技能六
工序8 冷却筛粉	干燥后的乳粉一般60℃左右,立即进行冷却、筛粉、晾粉操作	乳粉干燥后沉积在喷雾干燥室底部,及时出粉冷却,以防止脂肪游离和蛋白质的过度变性。然后过筛(20~30目)和磁力装置,取出杂质,送入乳粉仓贮存,待包装	流化床	关键技能七
工序9 密封包装	袋、铁罐充氮密封包装或大包装,包装室应对空气采取调湿降温措施,室温一般控制在18~20℃,空气相对湿度低于75%	使用半自动或全自动真空充氮封罐机,在称量封罐之后抽真空,排出乳粉及罐内空气后,立即充以纯度为99%以上的氮气再进行密封	包装机	关键技能八
工序10 检验	乳粉质量标准应符合GB 19644—2010《食品安全国家标准 乳粉》所规定要求	原料要求、感官要求、理化指标、污染物限量、真菌毒素限量、微生物限量、其他包装要求等		关键技能九
工序11 合格出厂	待实验室完成感官、微生物、理化检测后,会下发产品质量报告区分合格与不合格产品,合格品凭合格报告单便可出厂	全脂乳粉于自动化智能立体库中短暂贮藏,存放过程中,尽量避免与空气长时间接触,避免阳光直射。合格的产品直接装箱出库,有问题的产品进行一次复检,仍不合格的产品直接销毁	自动化立体化仓	关键技能九

注:可辅助虚拟仿真完成生产项目。

模块	模块三 乳粉智能化生产			
项目	项目2 婴幼儿配方乳粉（干湿混合）生产			
生产工序	工艺要点	流程解析	关键设备	书内链接
工序1 原料乳验收预处理	1. 生乳原料应符合标准GB 19301—2010《食品安全国家标准 生乳》；净乳后的牛乳冷却至4℃后，贮存于贮乳罐； 2. 基粉需按照要求运输和贮存，批批全项目检验，并在配料表中标识"基粉"字样	现代自动化乳成分测定仪来进行原料乳化学成分的测定，对原料乳细菌总数、体细胞数、胶体稳定性（酒精试验）、酸度、冰点、杂质度等项目进行全面的测定	乳成分测定仪	模块一项目1关键技能一～三、模块一项目2关键技能四～六
工序2 配料	以母乳成分为依据，进行蛋白质、脂肪、糖类、无机盐、维生素等主要成分的调整	在配料过程中运用全自动数据采集、储存和分析系统，为乳粉混料的精确管控提供数据支撑和信息保障	高速混料机	关键技能一
工序3 均质	婴幼儿配方乳粉中添加油脂等不易溶成分时，需经过均质操作，温度保持50～60℃为宜，压力调至14～21MPa	经均质后，较大的脂肪球被破碎成细小的脂肪球，能均匀分散，形成稳定的乳浊液，乳粉的冲调复原性好	均质机	模块二项目1关键技能三
工序4 杀菌	85～87℃，15～20s 或94℃，10～15s 或120～140℃，2～4s	经标准化的牛乳被泵入板式热交换器的加热段进行巴氏杀菌，常采用高温短时杀菌或超高温瞬时杀菌，对乳的营养成分破坏程度小，乳粉的溶解度及保藏性良好	巴氏杀菌机	模块二项目1关键技能三～四、项目1关键技能四
工序5 真空浓缩	全脂乳粉浓缩后的乳温一般为47～50℃，浓度为11.5～13°Bé，相对密度为1.110～1.125	多效浓缩，各效蒸发器与冷凝器和抽真空相连，真空度越高，蒸发温度就越低	三效蒸发浓缩器	项目1关键技能五

续表

模块	模块三 乳粉智能化生产			
项目	项目2 婴幼儿配方乳粉（干湿混合）生产			
生产工序	工艺要点	流程解析	关键设备	书内链接
工序6 喷雾干燥	二段式喷雾干燥法，含水量较高（6%~7%），乳粉颗粒再经过流化床干制水分至2.5%~5%	二段式喷雾干燥提高喷雾干燥塔中空气进风温度，使粉末停留的时间短，在流化床干燥中空气进风温度相对较低，粉末停留时间较长，热空气消耗也很少，可优化乳粉质量	喷雾干燥塔	关键技能二
工序7 冷却筛粉	干燥后的乳粉一般为60℃左右，应尽快进行冷却、筛粉、晾粉操作	目前规模化乳粉厂多采用流化床进行冷却、筛粉等操作	流化床	项目1 关键技能七
工序8 干混	热敏性的营养成分应与干燥并冷却后的乳粉混合，有助于保持其营养素不被破坏	目前多采用立体旋转方式的干混设备以保证搅拌均匀	高速混料机	关键技能三
工序9 灌装	真空包装和充氮包装，乳粉质量保持3~5年	充氮包装是使用半自动或全自动真空充氮封罐机，在称量封罐之后抽真空，排出乳粉及罐内的空气，然后立即充以纯度为99%以上的氮气再进行密封	包装机	项目1关键技能八、关键技能四
工序10 检验	乳粉质量标准应符合GB 19644—2010《食品安全国家标准 乳粉》	包括感官要求、理化指标、污染物限量、真菌毒素限量、微生物限量、其他包装要求等		项目1关键技能九、关键技能五
工序11 合格出厂	待实验室完成感官、微生物、理化检测后，会下发产品质量报告区分合格与不合格产品，合格品凭合格报告单便可出厂	经检验合格的婴配粉在出厂前需在仓库中进行贮存	自动化立体化仓	关键技能六

注：可辅助虚拟仿真完成生产项目。

模块	模块三 乳粉乳智能化生产			
项目	项目3 脱脂乳粉生产			
生产工序	工艺要点	流程解析	关键设备	书内链接
工序1 原料乳验收与预处理	1. 生乳原料应符合标准 GB 19301—2010《食品安全国家标准 生乳》；净乳后的牛乳冷却至4℃后，贮存于贮乳罐； 2. 乳粉原料应符合标准 GB 19644—2010《食品安全国家标准 乳粉》	现代自动化乳成分测定仪来进行原料乳化学成分的测定，对原料乳细菌总数、体细胞数、胶体稳定性（酒精试验）、酸度、冰点、杂质度等项目进行全面的测定	乳成分测定仪	模块一项目1关键技能一～三、模块一项目2关键技能四～六
工序2 预热分离	35～38℃预热进行分离，牛乳经分离机的作用后可获得稀奶油和脱脂乳两部分	牛乳经过平衡槽需要脱气，经脱气处理后被泵入板式热交换器，预热后进入分离机，分离为脱脂乳和稀奶油	分离机	关键技能一
工序3 杀菌	80℃/15s	保证乳清蛋白变性程度不超过5%，减弱或避免蒸煮味	巴氏杀菌机	关键技能二
工序4 真空浓缩	65.5℃，浓缩乳的浓度应控制在15～17°Bé，乳固体含量应达到36%以上	浓缩温度高于65.5℃，乳清蛋白变性程度会超过5%，受热时间很短，乳清蛋白变性影响不大	三效蒸发浓缩器	项目1 关键技能五

续表

模块	模块三 乳粉乳智能化生产			
项目	项目3 脱脂乳粉生产			
生产工序	工艺要点	流程解析	关键设备	书内链接
工序5 喷雾干燥	二段式喷雾干燥法,使含水量较高(6%~7%)的乳粉颗粒再经过流化床干制水分至2.5%~5%	普通脱脂乳粉因其乳糖呈非结晶型的玻璃状态,即α-乳糖和β-乳糖的混合物,有很强的吸湿性,极易结块。多采取速溶乳粉的干燥方法生产速溶脱脂乳粉	喷雾干燥塔	项目1 关键技能六
工序6 冷却筛粉	干燥后的乳粉一般为60℃左右,应尽快进行冷却、筛粉、晾粉操作	目前规模化乳粉厂多采用流化床进行冷却、筛粉等操作	流化床	项目1 关键技能七
工序7 包装	脱脂乳粉大多用于工业化生产,因此包装最常用的为大包装	聚乙烯塑料薄膜袋包装,外面再用三层牛皮纸袋套装封口	包装机	项目1 关键技能八
工序8 检验	乳粉质量标准应符合GB 19644—2010《食品安全国家标准 乳粉》所规定标准	包括原料要求、感官要求、理化指标、污染物限量、真菌毒素限量、微生物限量、其他包装要求等		项目1 关键技能九
工序9 合格出厂	完成感官、微生物、理化检测后,会下发产品质量报告区分合格与不合格的产品,合格品凭合格报告单便可出厂	经检验合格的脱脂乳粉出厂前需在仓库中进行贮存	自动化立体化仓	项目1 关键技能九

模块	模块四 发酵乳智能化生产			
项目	项目1 凝固型酸乳生产			
生产工序	工艺要点	流程解析	关键设备	书内链接
工序1 原料乳检验 及预处理	酸度18°T以下，细菌总数不高于50万CFU/mL，总乳固体不低于11.5%，非脂乳固体不低于8.5%	原料乳不得使用病畜乳和抗生素、杀菌剂、防腐剂残留的牛乳		模块一项目1关键技能一～三、项目2关键技能四
工序2 标准化	发酵乳脂肪含量≥3.1%，风味发酵乳脂肪≥2.5%，非脂乳固体8.1%，发酵乳蛋白含量2.9%，风味发酵乳蛋白≥2.3%	直接加混原料或乳脂分离后，通过计量泵调节原料中乳脂率达到产品要求	计量泵	模块二项目1关键技能二
工序3 配料	40℃左右加入乳粉搅拌溶解，50℃左右加蔗糖溶化，加糖量为6.5%～8%；65℃时，循环泵过滤与净化	现代智能化的生产，应用智能化辅料添加系统，实现糖、牛乳等物料在线均匀混合，避免人工加料的交叉污染和比例误差	酸乳配料罐	模块三项目3关键技能三
工序4 均质	温度55～65℃，压力20～25MPa	原料充分混匀，提高酸乳的稳定性和稠度，使酸乳质地细腻，口感良好	均质机	模块二项目1关键技能三
工序5 杀菌、冷却	90～95℃，5～10min杀菌，冷却43～45℃	乳蛋白变性度在90%～99%，酸乳的品质最佳；冷却到乳酸菌最适繁殖温度	板式热交换器	关键技能二
工序6 接种	接种量为2%～4%；或按1∶1000加入干粉发酵剂	乳酸菌体从凝乳块中分散，接种前将发酵剂进行充分搅拌，完全破坏凝乳，接种后充分搅匀	搅拌罐	关键技能三

续表

模块	模块四 发酵乳智能化生产			
项目	项目1 凝固型酸乳生产			
生产工序	工艺要点	流程解析	关键设备	书内链接
工序7 灌装	接种后的牛乳经充分搅拌后立即连续地灌装到零售容器中	速度要快,分装后容器的顶部预留空间要小,减少空气接触,有利于乳酸菌的生长	杯型酸乳灌装机	关键技能四
工序8 发酵	温度40~45℃,时间为2.5~4h,发酵时间随菌种类型及接种剂量、发酵剂活性和培养温度等而异,滴定酸度80°T以上,pH值低于4.6	灌装后,容器被推入发酵室,乳酸菌经过物理、化学、生物化学等一系列反应过程凝固状态终止发酵	发酵室	关键技能五
工序9 冷却、冷藏后熟	小包装(0.05~0.2kg/体积)总冷却时间60~70min;大包装(0.5kg/体积)总冷却时间80~90min;后熟2~7℃,12~24h	发酵好后,立即移入0~4℃冷库中冷却,要求在1~1.5h内将温度降到20℃以内;成熟阶段风味成分双乙酰含量会上升,赋予酸乳清凉爽口的风味	冷却后熟室	关键技能六
工序10 检验装箱	按照国家标准指标检验合格后,进行贴标、上盖、喷码、装箱	贴标要规范牢固,封盖要严实稳固、喷码要清晰正确,装箱数量及封口符合要求,抽检合格后直接装箱出库	码垛机	关键技能七
工序11 冷链运输、销售	低温酸乳要求最好在4℃左右运输、贮藏。贮藏期为21天	避光、防尘和避免高温;避免强烈震动,保持冷链连续性	冷链运输车	模块二项目1 关键技能九

模块	模块四 发酵乳智能化生产			
项目	项目2 搅拌型酸乳生产			
生产工序	工艺要点	流程解析	关键设备	书内链接
工序1 原料乳检验及预处理	酸度18°T以下,细菌总数不高于50万CFU/mL,总乳固体不低于11.5%,非脂乳固体不低于8.5%	原料乳不得使用病畜乳和抗生素、杀菌剂、防腐剂残留的牛乳		模块一项目1关键技能一~三、模块一项目2关键技能四、项目1关键技能一
工序2 标准化	发酵乳脂肪含量≥3.1%,风味发酵乳脂肪≥2.5%,非脂乳固体≥8.1%,发酵乳蛋白含量≥2.9%,风味发酵乳蛋白≥2.3%	直接加混原料或乳脂分离后,通过计量泵调节原料中乳脂率达到产品要求	计量泵	模块二项目1关键技能二
工序3 配料	40℃左右加入乳粉搅拌溶解,50℃左右加蔗糖溶化,加糖量为6.5%~8%;65℃时,循环泵过滤与净化	现代智能化的生产,应用智能化辅添加系统,实现糖、牛乳等物料在线均匀混合,避免人工加料的交叉污染和比例误差	酸乳配料罐	模块三项目3关键技能三
工序4 接种发酵	41~43℃、2~3h,与凝固型酸乳不同的是发酵是在发酵罐中进行	料液在发酵罐中形成凝乳,发酵罐上部和下部温度差不高于1.5℃	发酵罐	关键技能一
工序5 搅拌	发酵完成后,快速降温地进行适度搅拌,以破碎凝乳,获得均一的组织状态	搅拌应注意凝胶体的温度、pH值及固体含量等,开始用低速,然后用高速	涡轮搅拌器	关键技能二
工序6 冷却	酸乳完全凝固(pH值4.6~4.7)时开始冷却,冷却过程应稳定进行	冷却温度会影响灌装充填期间酸度的变化,当生产批量大时,充填所需的时间长,应尽可能降低冷却温度	板式冷却器	关键技能二

续表

模块	模块四 发酵乳智能化生产			
项目	项目2 搅拌型酸乳生产			
生产工序	工艺要点	流程解析	关键设备	书内链接
工序7 加果料	果蔬、果酱和各种类型的调香物质等可在酸乳自缓冲罐到包装机的输送过程中加入,可通过一台变速的计量泵将杀菌的果料连续加入酸乳中	果蔬混合装置固定在生产线上,计量泵与酸乳给料泵同步运转,保证酸乳与果蔬混合均匀,搅拌型酸乳常用的果料混合方法	搅拌罐	关键技能三
工序8 灌装	混合均匀的酸乳和果料,直接流入灌装机进行灌装	产品上部的空隙要尽可能小,酸乳的计量要准确,灌装机必须保持清洁,不要把包装材料弄湿	酸乳灌装机	关键技能四
工序9 冷藏后熟	后熟2℃～7℃,12～24h 同凝固型酸乳	立即移入0～4℃冷库中冷却,成熟阶段风味成分双乙酰含量会上升,赋予酸乳清凉爽口的风味	冷却后熟室	项目1 关键技能六
工序10 冷链运输、销售	低温酸乳要求最好在4℃左右运输、贮藏。贮藏期为21天	避光、防尘和避免高温;避免强烈震动,保持冷链连续性	冷链运输车	模块二 项目1 关键技能九

模块	模块四 发酵乳智能化生产			
项目	项目3 乳酸菌饮料生产			
生产工序	工艺要点	流程解析	关键设备	书内链接
工序1 配料	乳酸菌饮料的配方中包括酸乳、糖、果汁、稳定剂、酸味剂、香精和色素等	蔗糖、稳定剂、水要杀菌后加入，最后加入香精	搅拌罐	关键技能一
工序2 均质	均质压力为20~25MPa，温度为53℃左右	加入配料充分混合	均质机	模块二 项目1 关键技能三
工序3 后杀菌	95~108℃、30s 或110℃、4s，活性乳酸菌饮料不需要后杀菌	原料乳的质量必须合格并保证杀菌条件，所有设备、管路必须保证杀菌合格，生产环境的空气细菌数应≤300个/m^3，酵母菌、霉菌≤50个/m^3	杀菌机组	关键技能二

续表

模块	模块四 发酵乳智能化生产			
项目	项目3 乳酸菌饮料生产			
生产工序	工艺要点	流程解析	关键设备	书内链接
工序4 灌装封口	注意灌装环境的无菌和封口的密封性	严格执行操作程序；进行漏杯试验，进行消毒处理。包装合格的产品就可以检验出售了	灌装机	
工序5 成品检验	依据国家标准进行微生物学检测、化学成分检测	测定活性乳酸菌数量、总酸度等	显微镜	关键技能三

模 块	模块五 干酪生产			
项 目	项目1 天然干酪生产			
生产工序	工艺要点	流程解析	关键设备	书内链接
工序1 原料乳预处理	1. 原料符合生乳或相应标准； 2. 经净乳、标准化调整乳脂肪与非脂乳固体比例以及酪蛋白与脂肪比例	准确测定原料乳的乳脂率和酪蛋白含量，按工艺需求调整比例	离心净乳机	关键技能一
工序2 杀菌	保温杀菌罐63℃、30min； 板式杀菌机71～75℃、15s	为防止或抑制丁酸菌等产气芽孢杆菌，添加适量的硝酸盐或过氧化氢，保证杀菌效果	保温杀菌罐 板式杀菌机	关键技能二
工序3 添加发酵剂	混合菌种发酵剂； 30～32℃，搅拌5min，预酸化10～15min	将干酪槽中的牛乳冷却；边搅拌边加入发酵剂，保持30～32℃充分搅拌3～5min；加入发酵剂短时间发酵，结束后取样测定酸度	干酪槽	关键技能三

续表

模块	模块五 干酪生产			
项目	项目1 天然干酪生产			
生产工序	工艺要点	流程解析	关键设备	书内链接
工序4 加入添加剂	添加氯化钙5%~20%；色素3%~6%；CO_2；硝酸盐，调整总酸度0.21%左右	发酵剂加入30~60min后，酸度为0.02%~0.22%，用1mol/L的盐酸调整酸度至0.21%左右	干酪槽	
工序5 添加凝乳酶	粉状酶用1%的食盐水（或灭菌水）配成2%溶液，28~32℃下保温30min；液体酶2倍灭菌水稀释	将酶溶液加到乳中，小心搅拌均匀后加盖；2℃静置30min，乳凝固。活力1∶10000~1∶15000的液体凝乳酶的剂量在每100kg乳中可用到30mL	干酪槽	关键技能四
工序6 凝块切割	干酪刀将凝块均匀切割成0.7~1.0cm³的小立方体	干酪刀钢丝刃间距一般为0.79~1.27cm，切割时先沿着干酪槽长轴用水平式刀平行切割，再用垂直式刀沿长轴垂直切后，沿短轴垂直切割；动作要轻、稳，防止将凝块切得过碎或不均匀	干酪刀	关键技能五
工序7 凝块的搅拌及加温	热烫升温的速度控制：初始时每3~5min升高1℃，温度升至35℃时，则每隔3min升高1℃，温度达到38~42℃	凝块切割后用干酪耙或干酪搅拌器搅拌15~20min；干酪槽夹层中通入热水热烫，升温速度应严格控制，停止加热并维持此时温度	搅拌器	关键技能六

续表

模块	模块五 干酪生产			
项目	项目1 天然干酪生产			
生产工序	工艺要点	流程解析	关键设备	书内链接
工序8 排出乳清	排出乳清脂肪含量一般约为0.3%，蛋白质0.9%	搅拌升温后期，乳清酸度达0.17%～0.18%时，凝块收缩至原来一半，用手捏干酪粒感觉有适度弹性或用手握一把干酪粒，有弹性	干酪槽	关键技能七
工序9 堆积	压重物以0.2kg乳（每千克重物）为标准	凝块堆放在干酪槽的一侧，排放掉大部分乳清，利用少量乳清没过凝乳块保温，压上重物30min，进一步排出乳清	干酪槽	关键技能八
工序10 压榨成型	1. 预压榨：压力0.35～0.4MPa，时间为20～30min； 2. 正式压榨：压力0.4～0.5MPa 10～12h，最后压榨1～2天	堆积后干酪块切成方砖形或小立方体，装入成型器定型压榨，结束后，从成型器中取出干酪，切除多余边角	压榨机	关键技能九

续表

模块	模块五 干酪生产			
项目	项目1 天然干酪生产			
生产工序	工艺要点	流程解析	关键设备	书内链接
工序11 加盐	在添加原始发酵 5~6 h 后，pH 在 5.3~5.6 时在凝块中加 1.5%~2.5%盐	加盐量根据成品所需含盐量确定，湿法加盐，置于一定浓度盐水中；干法加盐，食盐撒在干酪粒表面；混合法，先涂布加盐再浸入盐水中	干盐机 盐渍池	关键技能十
工序12 成熟	一般持续2周或3周至2年时间，成熟贮藏期间，需经常翻转干酪块；成品干酪贮藏条件5℃，相对湿度80%~90%	放入温度、湿度适宜的成熟库，每天洁净棉布擦拭表面，防止霉变；擦拭后翻转放置，持续15~20天；食用色素染成红色，待完全干燥，160℃挂蜡。成熟库继续成熟2~6个月	成熟库	关键技能十一

模 块	模块五 干酪生产			
项 目	项目2 再制干酪生产			
生产工序	工艺要点	流程解析	关键设备	书内链接
工序1 原料干酪的选择	保证产品平均成熟度在4～5个月，含水量35%～38%，可溶性氮0.6%左右	选择细菌成熟的硬质干酪并将多种成熟度的干酪混合使用		关键技能一
工序2 原料干酪的预处理	去掉干酪的包装材料，削去表皮，清拭表面	1.除去原料干酪最外层的塑料薄膜； 2.用刮刀刮除表面食蜡和包膜涂料剂		关键技能二
工序3 切碎、粉碎	粉碎成4～5cm长的面条状	1.先用切碎机将原料干酪切成块状； 2.再用粉碎机粉碎成4～5cm长的面条状	切碎机 粉碎机	

续表

模块	模块五 干酪生产			
项目	项目2 再制干酪生产			
生产工序	工艺要点	流程解析	关键设备	书内链接
工序4 熔融、乳化	1. 熔融釜中添加：适量水、调味料、色素等添加物，粉碎后的原料干酪以及乳化剂； 2. 升高温度至60~70℃，保温20~30min； 3. 抽真空脱气	1. 加水量通常为原料干酪质量5%~10%； 2. 根据产品配料要求可调整酸度，使产品pH为5.6~5.8； 3. 温度升高50℃左右加入乳化剂，同时加快釜内搅拌器的搅拌速度； 4. 抽真空脱气前进行水分、pH、风味等的检测	熔融釜	关键技能三
工序5 填充、包装	趁热进行充填包装	1. 根据产品特点可在包装前进行切片； 2. 将物料输送到再制干酪包装机内立即包装	全自动拉伸膜包装机	关键技能四
工序6 贮藏	10℃以下贮藏		冷藏库	关键技能五

模 块	模块六 其他乳制品生产			
项 目	项目1 奶油生产			
生产工序	工艺要点	流程解析	关键设备	书内链接
工序1 原料乳验收及预处理	1. 乳、稀奶油原料标准验收，关注碘值； 2. 预处理后，60～69℃ 15s预杀菌，冷却贮存； 3. 含抗生素或消毒剂稀奶油不能用于酸性奶油	利用现代自动化乳成分测定仪进行原料乳指标分析检测；牛乳经过平衡槽需要脱气处理或预热杀菌后被泵入板式热交换器冷却	冷却罐	模块一项目1 关键技能 一～三
工序2 稀奶油分离	1. 间歇方法生产时，稀奶油含脂率30%～35%； 2. 连续法生产时，稀奶油含脂率为40%～45%	分离后的稀奶油标准化的含脂率通过控制系统保持恒定。皮尔逊法计算调节稀奶油含脂率	分离机	关键技能一
工序3 中和	甜性奶油生产pH值保持在6.4～6.8	分离后稀奶油添加适量石灰或碳酸钠进行中和，添加时调成20%的乳剂，经计算后加入		关键技能二
工序4 真空脱气	去除牛乳中5.5%～7.7%非结合分散性气体	稀奶油加热到78℃后输送至真空脱气机，62℃稀奶油沸腾去除挥发性异味物质	真空脱气罐	模块一项目2 关键技能二

续表

模块	模块六 其他乳制品生产			
项目	项目1 奶油生产			
生产工序	工艺要点	流程解析	关键设备	书内链接
工序5 杀菌	85~90℃保持10s	脱气后稀奶油输送到板式热交换器杀菌后冷却	板式热交换器	关键技能三
工序6 发酵（酸性奶油特有工序）	1. 发酵菌种：乳酸链球菌、乳脂链球菌、柠檬明串珠菌、丁二酮乳链球菌； 2. 添加量1%~5%； 3. 一般酸度达到30~40°T左右时，发酵基本结束	杀菌冷却的稀奶油输送到发酵成熟罐，保持18~20℃，每间隔1h搅拌5min	发酵罐	关键技能四
工序7 物理成熟	迅速冷却至8℃，保温2h，27~29℃的水徐徐加热到20~21℃，保温2h，冷却到约16℃，12~15h成熟	杀菌冷却后的稀奶油输送成熟罐中，生产酸性奶油，在发酵前或后，或与发酵同时进行	成熟罐	关键技能五

续表

模块	模块六 其他乳制品生产			
项目	项目1 奶油生产			
生产工序	工艺要点	流程解析	关键设备	书内链接
工序8 奶油的调色	杀菌后加入0.01%～0.05%安那妥溶液，搅拌均匀。成熟后稀奶油搅拌和调色同时进行	以"标准奶油色"的标本为对照，调整色素的加入量，通常在搅拌前直接加到搅拌器中		
工序9 搅拌	稀奶油送入搅拌器装入量为搅拌器的40%～50%，调整温度，冬季11～14℃，夏季8～10℃	成熟后的稀奶油打入搅拌器，40r/min左右转速非连续操作的滚筒式搅拌打碎脂肪聚集成奶油团粒	搅拌罐	关键技能六
工序10 排出酪乳和洗涤奶油粒	1. 洗涤用水要符合饮水标准。加水量为稀奶油量50%左右，水温根据奶油软硬程度而定；2. 3～10℃水洗2～3次，根据季节不同稍加调整	排出酪乳，洗涤水洗涤时注意控制好水温、水量和次数		关键技能七
工序11 加盐	酸性奶油一般不加盐，甜性奶油有时加盐。奶油成品中食盐含量以2%为标准，但由于压炼时部分食盐流失，所以添加时，通常按2.5%～3%加入，静置10min左右，开始压炼	食盐120～130℃下烘焙3～5min，过30目筛，奶油搅拌机内洗涤水排出后，将盐均匀筛在奶油表面		关键技能八

续表

模块	模块六 其他乳制品生产			
项目	项目1 奶油生产			
生产工序	工艺要点	流程解析	关键设备	书内链接
工序12 压炼	奶油粒压成奶油层,压炼后奶油含水量在16%以下,水滴达到极微小状态,奶油切面不允许有流出的水滴	将洗涤和加盐过的奶油输送到连续压炼机中,进行压炼		关键技能九
工序13 包装	1. 小包装用硫酸纸、塑料夹层纸、特质的铝箔纸、小型马口铁罐、塑料盒包装; 2. 大包装用较大型的马口铁罐、木桶或纸箱包装	经压炼后的奶油传送到奶油仓,小包装用半机械压型手工包装或自动压型包装机包装	自动化灌装机	关键技能十
工序14 检验	出厂前按照GB 19646—2010检验	合格的产品直接装箱贮藏,对有问题的产品进行复检,不合格的产品销毁处理		关键技能十一
工序15 奶油贮藏运输	1. 贮存期只有2～3周,放入0℃冷库中;贮存6个月以上,放入-15℃冷库;贮存期超过1年,放入-20～-25℃冷库; 2. 冷藏车低温运输,常温运输成品奶油到达供货部门时温度不得超过12℃	将包装好的奶油,送入冷库中贮存	冷藏车	模块二 项目1 关键技能九

模块	模块六 其他乳制品生产			
项目	项目2 浓缩乳生产			
生产工序	工艺要点	流程解析	关键设备	书内链接
工序1 原料乳验收及预处理	1. 乳、稀奶油原料标准验收； 2. 预处理后，60～69℃ 15s 预杀菌，冷却贮存； 3. 调整乳中脂肪（F）与非脂乳固体（SNF）的比值为 8∶20	利用现代自动化乳成分测定仪进行原料乳分析检测指标；牛乳经过平衡槽需要脱气处理或预热均质后冷却入贮乳罐	贮乳罐	模块一项目1 关键技能一～三
工序2 预热杀菌	80～85℃、10min，或 95℃、3～5min，或 120℃、2～4s	标准化后的原料乳输送到板式热交换器预热杀菌	板式热交换器	关键技能一
工序3 加糖	加蔗糖量 62.5%～64.5%	加入糖充分搅拌或吸入真空浓缩罐进行浓缩		关键技能二
工序4 浓缩	1. 浓缩条件：45～55℃，78.45～98.07kPa； 2. 波美计 30～40°Bé	单效蒸发器中可能需要 30～40min 左右，在多效蒸发器中总停留时间大概为 15～25min。出料浓度一般要求达到总乳固体含量在 28%～32%，蔗糖含量在 45%～50%	真空浓缩罐	关键技能三
工序5 浓乳均质	炼乳加工采用一次或二次均质，压力一般在 10～14MPa，温度为 50～60℃	浓缩后的甜炼乳进入均质机均质，对乳中脂肪球进行机械处理，使其呈较小的脂肪球均匀一致分散	均质机	关键技能四

续表

模块	模块六 其他乳制品生产			
项目	项目2 浓缩乳生产			
生产工序	工艺要点	流程解析	关键设备	书内链接
工序6 冷却结晶	1. 保持结晶最适温度，及时投入晶种，迅速搅拌冷却，形成大量微晶，炼乳组织柔润细腻； 2. 晶种添加量为甜炼乳成品0.02%~0.03%	均质后甜炼乳输送到蛇管冷却结晶器，迅速冷却到32~35℃，加入总量为0.025%乳糖粉，缓慢搅拌40~60min，冷却至17~18℃，继续搅拌1~2h	冷却结晶器	关键技能五
工序7 灌装、包装	1. 除去气泡装满，封罐后洗去罐上附着的炼乳或其他污物，贴商标； 2. 大型工厂多用自动装罐机，罐内装入一定数量的炼乳后，移入旋转盘中采用离心力除去其中的气体，或用真空封罐机进行封罐； 3. 手工装罐炼乳需静置12h，待排出气泡后再封罐	冷却结晶后的甜炼乳进入装罐机中灌装，封罐，贴标签、装箱	灌装-压盖一体机	项目1 关键技能十
工序8 成品检验	产品在出厂前按照（GB 13102—2022、RHB 301/302—2004）进行各项指标检验，完成质量鉴定	检查合格的产品直接装箱贮藏，对有问题的产品进行复检，不合格的产品销毁处理		
工序9 贮藏	放置干燥、通风良好处，温度≤15℃且恒温，湿度≤85%场所或冷藏室贮存	装箱后的甜炼乳放入冷藏室贮存。贮藏中每月进行1~2次翻罐，防止乳糖沉淀		

评价单

项　目					
评价类别	评价内容	评价标准	学生评价 30%	校内教师评价 50%	企业导师评价 20%
专业能力（60分）	资讯（10分）	查找资料，自主学习（5分）			
		引导问题回答（5分）			
	拟生产计划（5分）	计划书制定的合理性（3分）			
		设备用具材料选择（2分）			
	项目实施（20分）	操作完整性（7分）			
		工序完成的效果（8分）			
		过程记录单填报准确性（5分）			
	完成检查（10分）	完成规范流畅（5分）			
		场所清场（2分）			
		实施过程中出现问题应急处理（3分）			
	完成质量（10分）	任务完成的质量情况（10分）			
	作业报告（5分）	及时、高质量完成报告（5分）			
社会能力（40分）	学习能力（10分）	快速全面获取信息和知识的能力（5分）			
		适应时代发展要求的创新能力（5分）			
	团队协作（10分）	团队成员有效合作（5分）			
		团队贡献率（5分）			
	依标生产、严守质量、敬业精神（20分）	"依标生产、严守质量"的职业素养（10分）			
		爱岗敬业和吃苦耐劳精神（10分）